U0819933

21 世纪全国高职高专电子信息系列技能型规划教材

综合电子设计与实践

钱卫钧　赵云伟　李　倩　孙红亮　编　著

北京大学出版社
PEKING UNIVERSITY PRESS

内容简介

本书与《模拟电子技术》《数字电子技术》《单片机应用技术》等教材的内容紧密结合，是职业院校参加各级电子技能大赛赛前训练的基本教材。

本书共分7个项目。项目1电子制作基础，介绍常用电子元器件的性能、作用、分类、识别和检测方法，以及部分常用手工工具的类型、作用、使用方法；项目2设计与制作基本单元模拟电路，列举了常用的基本单元电路的设计；项目3设计与制作数字电路，通过几个典型例子介绍数字电路中常用电路；项目4常用传感器及应用，介绍常用的几种传感器原理、特性及典型应用电路；项目5围绕着STC89C51开发板的设计，介绍单片机常用设计及C51程序设计；项目6介绍Proteus在电路设计及单片机系统开发中的应用；项目7介绍4个历届电子设计大赛的设计案例。

本书可作为自动化、电气工程、电子信息、通信工程、计算机等电类专业学生的教材，同时对电子工程技术人员、电子爱好者也具有很好的参考价值。

图书在版编目(CIP)数据

综合电子设计与实践/钱卫钧等编著. —北京：北京大学出版社，2011.8
(21世纪全国高职高专电子信息系列技能型规划教材)
ISBN 978-7-301-19326-6

Ⅰ.①综… Ⅱ.①钱… Ⅲ.①电子电路—电路设计—高等职业教育—教材 Ⅳ.①TN702

中国版本图书馆CIP数据核字(2011)第154883号

书　　名: 综合电子设计与实践
著作责任者: 钱卫钧　赵云伟　李　倩　孙红亮　编著
策 划 编 辑: 赖　青　张永见
责 任 编 辑: 李　辉
标 准 书 号: ISBN 978-7-301-19326-6/TP·1180
出　版　者: 北京大学出版社
地　　址: 北京市海淀区成府路205号　100871
网　　址: http://www.pup.cn　http://www.pup6.com
电　　话: 邮购部62752015　发行部62750672　编辑部62750667　出版部62754962
电 子 邮 箱: pup_6@163.com
印　刷　者: 北京京华虎彩印刷有限公司
发　行　者: 北京大学出版社
经　销　者: 新华书店
787mm×1092mm　16开本　12.25印张　273千字
2011年8月第1版　2018年1月第4次印刷
定　　价: 25.00元

《综合电子设计与实践》编写成员

著　　者　钱卫钧　赵云伟　李　倩　孙红亮

统　　稿　赵云伟　赵　辉

图　　片　路荣亮　赵　辉　刘元永　李　倩

参　　编　路荣亮　刘元永　周伟伟　赵　辉

前　言

本书是针对全国电子设计大赛的特点，为满足高职高专院校电类专业参加各级电子技能大赛而编写的培训教材。本书介绍常用电子元器件的识别、检测方法，常用装配工具的使用方法，常用的基本单元电路的设计，常用传感器的典型应用电路，单片机最小系统及C51程序设计，Proteus电路仿真，最后给出4个历届大赛的设计案例。本书在编写过程中，主要考虑了以下几个方面。

(1) 系统性。由于本书是在学生修完“电子技术基础”等课程后进行的实践教学环节，所以选择的内容尽可能与前后课程连贯，与整个“电子技术”课程体系进行有机地结合。

(2) 实用性。本书的最突出特点就是针对刚学完“电子技术基础”的学生，内容简单、翔实，所列举的电子电路设计题目都是经过实践验证的实用设计题目，均配有电子套件，可直接引用。

(3) 便于教学。本书每个项目各成体系，可集中教学，也可根据教学实际情况分散教学，以适应不同的教学对象。

(4) 使用范围广。本书可作为自动化、电气工程、电子信息、通信工程、计算机等电类专业学生的教材，同时对电子工程技术人员、电子爱好者也具有很好的参考价值。

本书的编写分工为：李倩、周伟伟编写项目1、项目2，路荣亮编写项目3，刘元永编写项目4，赵云伟编写项目5，孙红亮编写项目6，钱卫钧、赵辉编写项目7。编者曾长期从事电子技术、单片机技术理论教学、实践教学，对电子设计过程有切实的体会和经验，因此本书在编写的过程中力求结合实际，为广大读者提供有益的帮助。

为方便教学，本书配有电子课件、仿真电路、源程序和电子套件等，凡需要的老师和学生均可来电或邮件索取，0533-8407909或zhaoyun2090@sina.com。

由于编者自身的水平有限，若书中存在不妥之处，敬请读者指正。

编　者

2011年

目　　录

项目 1

电子制作基础

教学目标及要求

1. 知识目标及要求

掌握常用电子元器件的性能、作用、分类、识别和检测方法，以及部分常用手工工具的类型、外形结构、作用及使用方法。

2. 技能目标及要求

(1) 注重动手能力的培养，能根据电子元器件的特性分析电路工作原理。

(2) 排除简单的电路故障。

(3) 学会使用常用的手工工具。

3. 素质目标及要求

(1) 具有认真扎实的学习态度。

(2) 能够通过学习建立自己的知识体系。

(3) 能够具有将理论知识转化为实际工作的能力。

项目导读

很多大型游戏主机厂商推出体感游戏，这种游戏模式越来越被玩家接受，但是这种体感游戏的设备价格高昂，很多玩家难以承受。因此，Cornell 大学的研究小组自制了一台低成本的体感游戏机，如图 1.1所示。这款游戏机使用了 ATmega644PA 8 位微控制器、TLC5540 闪存转换器、CM－26N CMOS 摄像头模块等配件，以及一些不同的电阻和电容等零件，由自己设计定制电路板并进行编程。

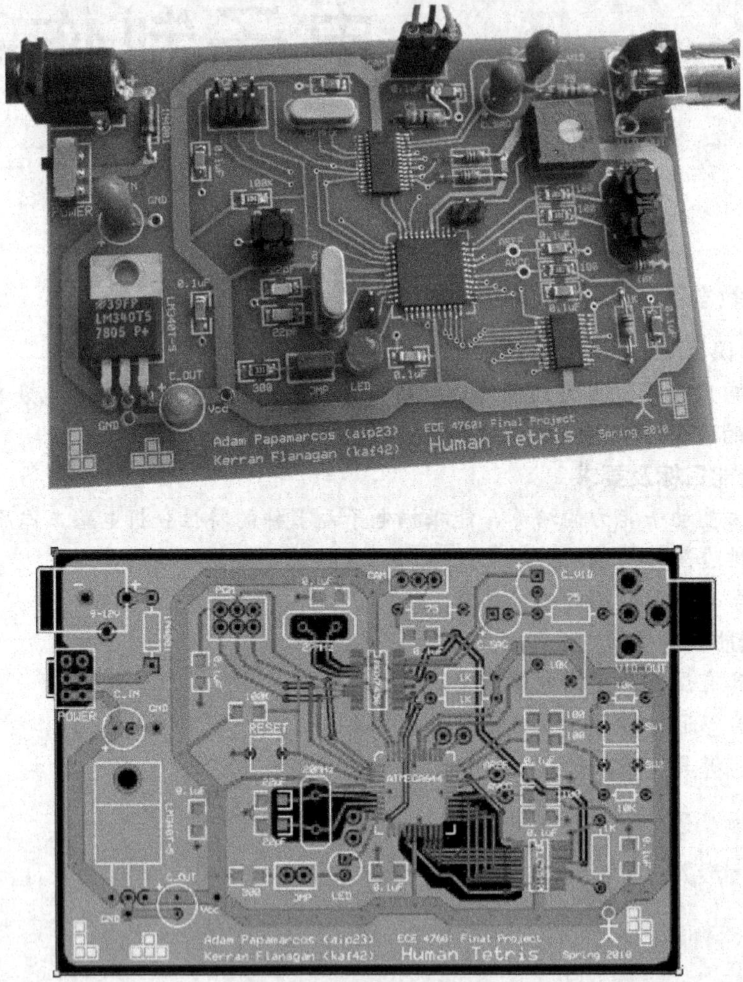

图 1.1　体感游戏机电路板

最后制作成功的游戏机可以成功地追踪到人体的动作，并转化为可用的信号，结合游戏输出为 8 位游戏画面。在视频中可以看到打砖块的游戏与原作保持一致，而人体俄罗斯方块让要求人摆出不同的姿势才能过关。

从图 1.1 中可以看到，电路是由电阻、电容等电子元器件组成的。电子元器件是组成电子整机电路中的最小元素，也是进行电子制作学习的基础，只有把基础知识掌握熟练，才能逐步建立系统知识体系，才能更加轻松自如地驾驭之后的学习。

本项目介绍常用电子元器件的性能、作用、分类、识别和检测方法，以及部分常用手工工具的类型、外形结构、作用及使用方法，为以后的电路设计及制作做准备。

1.1　常用电子元器件的识别

1.1.1　电阻器

1. 电阻器及其作用

电阻器简称电阻，是利用某些材料对电流具有阻碍作用的特性制成的电子元件。电阻在电路中用符号“R”表示，基本单位是欧姆“Ω”，常用单位有“kΩ”、“MΩ”、“GΩ”，$1G\Omega=10^3 M\Omega=10^6 k\Omega=10^9 \Omega$。电阻器的主要作用有限流、分压、分流、耦合、检测、负载等。常见电阻器电路符号如图 1.2 所示。

图 1.2　常见电阻器电路符号

2. 常见固定电阻器

常见固定电阻器特点解说见表 1-1。

表 1-1　常见固定电阻器特点解说

名称	制作材料	特点及应用
碳膜电阻器(RT)	石墨	温度漂移大、精度不高，但价格低廉、应用广泛
金属膜电阻器(RJ)	合金	利用合金材料制作，性能稳定、精度高，适应温度范围广，但不宜应用于脉冲电路中
金属氧化膜电阻器(RY)	金属氧化物	抗氧化性和热稳定性好，常用于在一些恶劣环境中的电路上
线绕式电阻器(RX)	电阻线绕在耐热瓷体上	具有工作稳定、精度高、功率大、耐高温、耐冲击等特性，多应用于精密仪器设备中，但不适合在高频电路中工作
熔断电阻器(RF)	用陶瓷或水泥封装，内有热熔性电阻丝	当工作功率超过额定功率时，会在规定时间内熔断，从而起到保护电路的作用，常用于电视机、录像机中作为大功率限流电阻
金属玻璃釉电阻器(RI)	金属玻璃釉电阻浆料	具有阻值范围宽、温度系数小、耐高温、耐潮湿等优良特性，常被制成小型贴片电阻
敏感类电阻器(M)		电阻值对于某种物理量(如温度、湿度、光照、电压、机械力以及气体浓度等)具有敏感特性，当这些物理量发生变化时，敏感电阻的阻值就会随物理量变化而发生改变，呈现不同的电阻值。根据对不同物理量敏感，敏感电阻器可分为热敏、湿敏、光敏、压敏、力敏、磁敏和气敏等类型，广泛应用于各种自动化控制电路和保护电路中

常见固定电阻器外形如图 1.3 所示。

3. 可变电阻器及电位器(W)

可变电阻器是阻值可以调整的电阻器，用于需要调节电路电流或需要改变电路阻值的

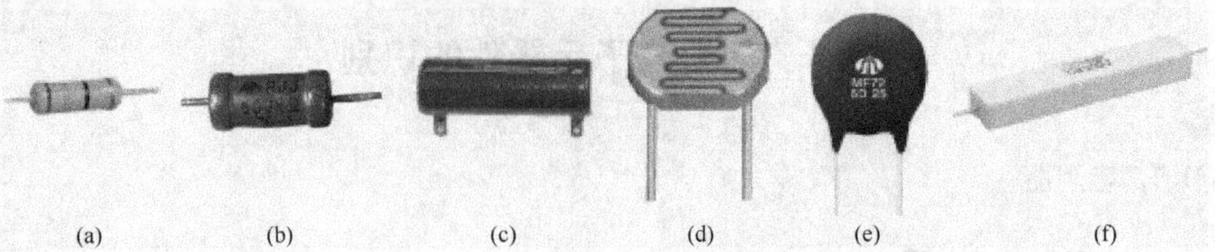

图 1.3　几种常见固定电阻器图形

(a) 碳膜电阻；(b) 金属膜电阻；(c) 线绕电阻；(d) 光敏电阻；(e) 热敏电阻；(f) 水泥电阻

图 1.4　线绕式可变电阻器及旋转式电位器图形

场合。电位器与可变电阻工作原理相近，但可变电阻器阻值变化范围小，可应用于一些要求电阻器值变动而又不常变动的场合。电位器阻值变化范围大。线绕式可变电阻器及旋转式电位器图形如图 1.4 所示。

4. 国产电阻器的命名方法

电阻器的命名主要有 4 个部分，每个部分含义如图 1.5 所示。

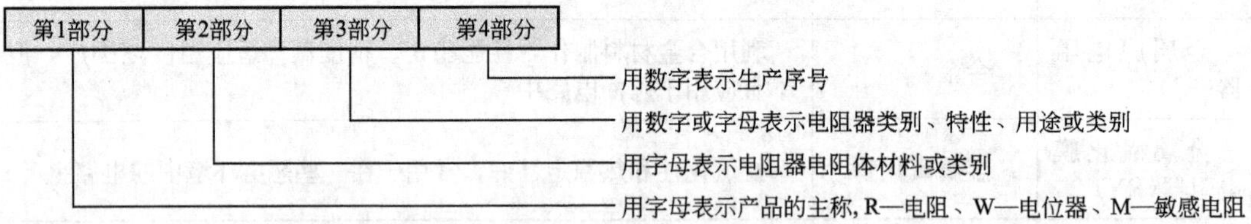

图 1.5　电阻器命名方法示意图

例：WX52 表示高温线绕电位器；MF41 表示旁热式负温度系数热敏电阻；RJ71 表示精密金属膜电阻，如图 1.6 所示。

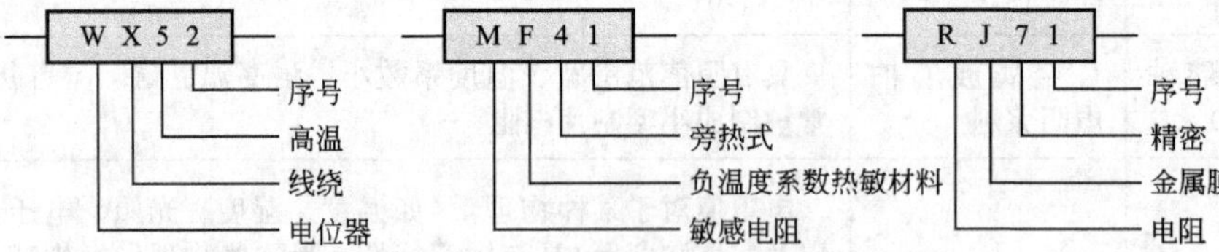

图 1.6　型号识别实例图

5. 电阻器的主要性能参数

1) 标称阻值及允许偏差

标称阻值是指电阻上所标注的阻值，是电阻生产的规定值，这是使用电阻器时最重要的一个参数。为了方便生产和使用，国标规定了一系列阻值作为产品的标准，即标称阻值系列。常用的有 E6、E12、E24 系列。

允许偏差指标称阻值与实际阻值之间的误差，表示电阻的精度。允许偏差越小，电阻精度越高。常用电阻器的允许偏差为±5%、±10%、±20%。精密电阻器允许偏差要求更高，如±2%、±0.001%等。

2）额定功率

在正常大气压和额定温度下，长期连续工作的电阻所允许承受的最大功率，又称为电阻的标称功率，其单位为瓦(W)。通常额定功率越大，电阻器体积就越大。

常用电阻的额定功率有 1/16W、1/8W、1/4W、1/2W、1W、2W、3W、5W、10W、20W 等。

电阻器的参数一般都以各种方法标记在电阻体上，其标记方法有以下 4 种。

(1) 直标法。用数字、单位、符号直接在电阻体上标出其主要参数的标示方法称为直接标注法。一般应用于体积较大的电阻器，标注信息丰富，有些甚至连商标和生产日期也标注。一般用“Ⅰ”表示±5%，“Ⅱ”表示±10%，“Ⅲ”表示±20%，如图 1.7 所示，阻值可直接读出为 3.6kΩ，允许偏差为±5%。

(2) 文字符号法。用数字与文字符号有规律的组合来表示阻值和允许偏差，并将这些信息直接标注在电阻体上。一般常用字母来表示偏差，不标记表示偏差未定。如图 1.8 所示，3R6 表示标称值为 3.6Ω、K 表示允许偏差为±10%、5W 表示额定功率为 5W。

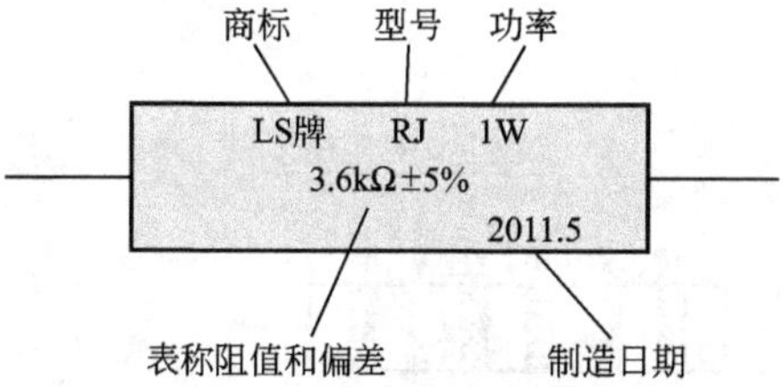

图 1.7　直标法

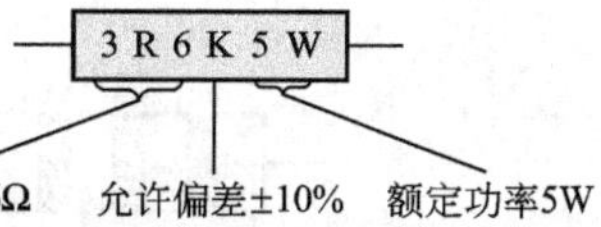

图 1.8　文字符号法

又如，4k7J 表示标称值 4.7kΩ，允许偏差为±5%；R33J 表示标称值为 0.33Ω，允许偏差为±5%；1k5M 表示标称值为 1.5kΩ，允许偏差为±20%。

(3) 数码标注法。对体积更小的贴片电阻，直接用 3 位或 4 位数码标注其阻值。如图 1.9 所示：数值 223 中，“22”表示有效数字，“3”表示倍乘 10^3，即阻值为 $22\times10^3\Omega=22k\Omega$；数值 1502 中，“150”表示有效数字，“2”表示倍乘 10^2，即阻值为 $150\times10^2\Omega=15k\Omega$。采用这种方法标注，不能表示出电阻器的额定功率，对额定功率的判定只能依赖于封装。

图 1.9　数码标注法

(4) 色环标注法。用不同颜色的色环表示标称阻值和允许偏差，通常有 4 环和 5 环两种表示方法。用 4 色环标记时，第 1、第 2 环是有效数值，第 3 环是乘数，第 4 环是允许偏差。用 5 色环标记时，第 1、第 2、第 3 环是有效数值，第 4 环是乘数，第 5 环是允许偏差。色环颜色与数字的对应关系见表 1-2，其中金、银、无色专用于表示 4 环电阻的允许偏差。

表 1-2　色环颜色与数字的对应关系

色环颜色	有效数字	倍率	允许偏差
黑	0	10^0	
棕	1	10^1	±1%
红	2	10^2	±2%
橙	3	10^3	
黄	4	10^4	
绿	5	10^5	±0.5%
蓝	6	10^6	±0.25%
紫	7	10^7	±0.1%
灰	8	10^8	
白	9	10^9	±20%～50%
金		10^0	±5%
银		10^0	±10%
无色		10^0	±20%

如图 1.10 所示，4 环电阻阻值为 1kΩ，偏差为±10%；5 环电阻阻值为 47kΩ，偏差为±1%。

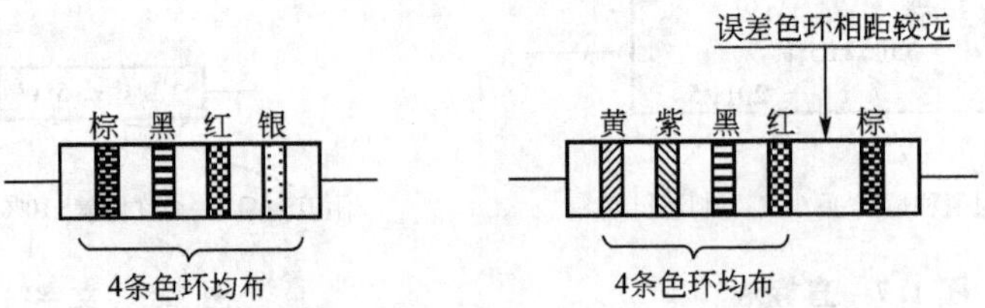

图 1.10　色标法

【思考】

4 环电阻“红、橙、棕、绿”及 5 环电阻“绿、蓝、黑、棕、棕”的标称阻值及允许偏差。

6. 电阻器的检测

电阻器的检测主要采取直观法和测量法两种方式。

(1) 直观法是用肉眼直接观察电阻，看电阻有无烧焦、引脚有无脱落及松动的现象。

(2) 测量法是指利用万用表的欧姆挡来测量电阻的阻值，将测量值和标称值进行比较，如果实际阻值超出标称值的允许偏差范围，就算不合格。

1.1.2 电容器

1. 电容器及其作用

电容器简称电容，是由两个互相靠近的导体中间隔以介质(绝缘材料)构成的具有存储电荷功能的器件。电容的基本单位是法拉“F”，常用单位有“μF”、“nF”、“pF”，1F＝

$10^6\mu F=10^9 nF=10^{12} pF$。

电容器在电路中的作用可概括为通交流、隔直流，通高频、阻低频，具体应用有耦合、谐振、隔直、滤波、延时、退耦、旁路、延时等作用。常用电容器电路符号如图1.11所示。

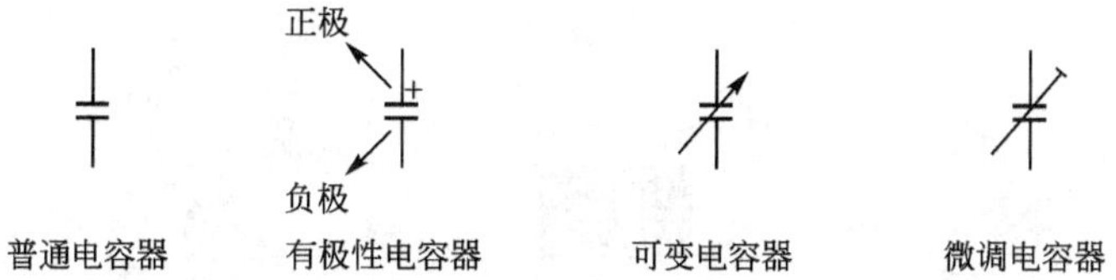

图1.11　常用电容器电路符号

2. 常见电容器

按介质分类，电容器主要分为有机介质电容器、无机介质电容器、电解电容器、气体电容器；按容量是否可变，电容器主要分为固定电容器、可变电容器、微调电容器。

表1-3为常见固定电容器特点解说。

表1-3　常见固定电容器特点解说

名称	特点及应用
涤纶电容器(CL)	其体积小、漏电小、质量轻、容量小、耐热耐湿性好，一般用于低频电路中，起耦合、滤波、去耦、旁路等作用
瓷介电容器(CC或CT)	以陶瓷材料为介质，又称陶瓷电容器，分为高频瓷介(CC)、低频瓷介(CT)电容器。CC型电容器耐高温、绝缘电阻大、损耗小、容量小、性能稳定，常用于高频、脉冲、温度补偿电路中；CT型电容器绝缘电阻小、损耗大、性能稳定性相对较差、容量大、精度高，常用于低频电路中做旁路、耦合元件
云母电容器(CY)	精度高、性能稳定、损耗小、绝缘电阻很高、耐压高、高频特性好，是一种优质电容器。但容量小、体积大、价格高，主要用于对稳定性和可靠性要求较高的高频电路中
独石电容器	又称多层陶瓷电容器，体积特别小、容量大、可靠性高、耐高温
电解电容器	以金属氧化膜作为介质，金属为阳极，电解质为阴极，使用时必须注意其极性，如果接反会使电容器漏液、容量下降，甚至发热、击穿、爆炸。常见的主要有铝电解电容器(CD)和钽电解电容器(CA)，铝电解电容器容量大、价格低、但性能非常一般(绝缘性差、损耗大、温度稳定性及频率特性差)，电解液易干涸老化，不耐用，常用于电源滤波、低频耦合、旁路、退耦等电路中；钽电解电容器性能相对较好，且耐用、不易老化，但成本高、额定电压低，主要用于对电气性能要求较高的电路中
可变电容器(CB)	电容量的大小可通过旋转转轴改变，主要用在需要经常调整电容量的场合，如收音机的频率调谐电路
微调电容器(CCW)	用于高频电路中不经常需要频率调节的场合，在较小的范围内改变容量(几十皮法)，如频率校正，一旦调准，便不再调节

常见电容器的外形如图 1.12 所示。

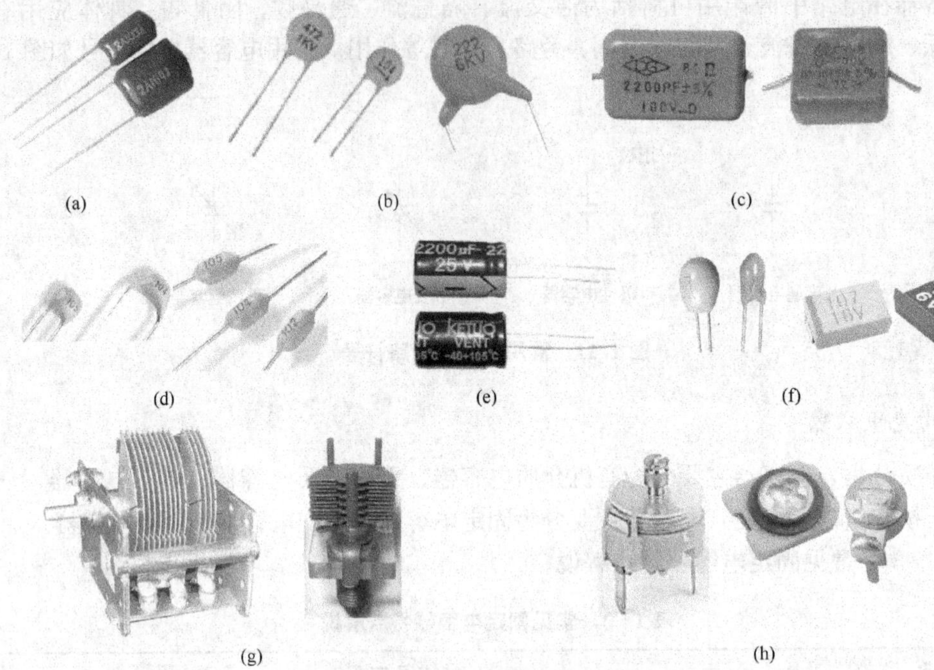

(a) (b) (c) (d) (e) (f) (g) (h)

图 1.12　常见电容器外形

(a) 涤纶电容器；(b) 瓷介电容器；(c) 云母电容器；(d) 独石电容器；(e) 铝电解电容器；(f) 钽电解电容器；(g) 空气介质可变电容器；(h) 微调电容器

3. 电容器的命名方法

图 1.13 为电容器命名方法示意图。

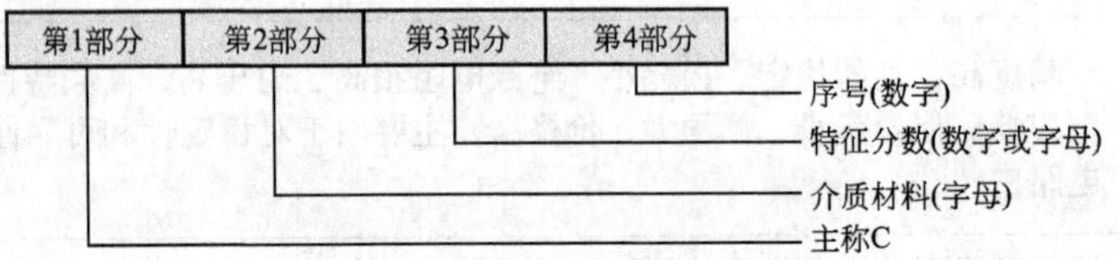

图 1.13　电容器命名方法示意图

例：CJ1－63－0.022－K 为非密封金属化纸介电容器，耐压 63V，容量 0.022μF，偏差±10%；CT1－100－0.01－J 为圆片形低频瓷介电容器，耐压 100V，容量 0.01μF，偏差±5%。

4. 电容器的主要性能参数

1）标称容量与允许偏差

二者含义与电阻器相同，也分许多系列，常用的是 E6、E12、E24 系列。通常，电容的容量为几个皮法(pF)到几千个微法(μF)；允许偏差常用的是±5%、±10%、±20%。

2）额定电压

电容器长期安全工作所允许施加的最大直流电压或交流电压的有效值。如果实际加在电容器两端的电压超过额定电压，电容器将被击穿。

3）绝缘电阻

绝缘电阻又称漏电电阻，是指电容器两极之间的电阻。电容器的绝缘电阻一般为10^8～$10^{10}\Omega$。绝缘电阻越小，漏电越严重，损耗越大，不仅影响电容器的寿命，而且会影响电路的工作，故绝缘电阻越大越好。

电容器的参数表示方法与电阻器参数表示方法类似，只是单位不同，本节不再详细介绍其定义，常用标记方法有以下4种。

(1) 直标法。标注容量时有时不标注单位，其识读方法为：容量大于1的无极性电容器，其容量单位为pF，如2200J表示容量为2200pF，J表示偏差为±5%；容量小于1的电容器，其容量单位为μF，如0.01表示容量为0.01μF；有极性电容器，其容量单位是μF，如470表示容量为470μF，如图1.14所示。

(2) 文字符号法。p33表示容量为0.33pF，偏差默认为±10%；3n9表示容量为3.9nF；1μ75C表示容量为1.75μF，C表示偏差为±0.25%，如图1.15所示。

(3) 数码标注法。用3位数表示电容容量的方法。从左到右，前两位为有效数字，第三位为乘数，单位是pF。如103就表示容量为10×10^3pF，偏差默认为±10%。

特别提示

若第三位是“9”，则表示10^{-1}，而不是10^9。如339K表示容量为33×10^{-1}pF，偏差为±10%，如图1.16所示。

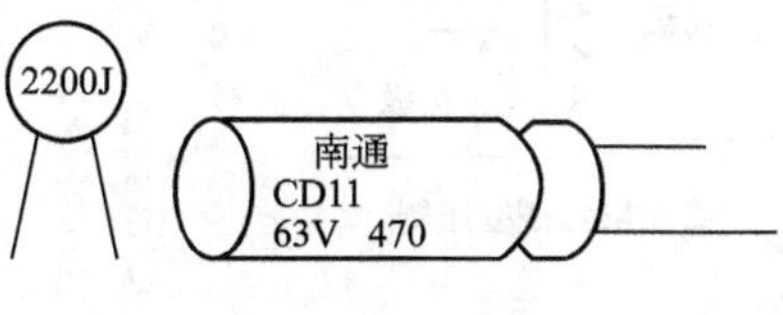

图1.14　直标法

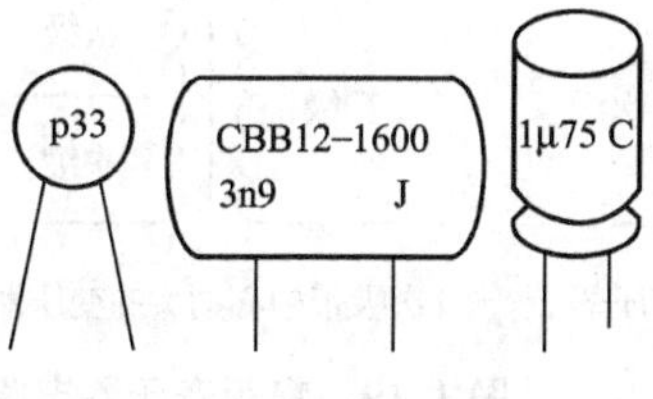

图1.15　文字符号法

图1.16　数码标注法

(4) 色标法。4色环“黄、紫、橙、银”表示容量为47×10^3pF，偏差为±10%；5色环“红、红、黑、黑、金”表示容量为220×10^0pF，偏差为±5%。如有第6环表示电容的工作电压或其特性，如图1.17所示。

图1.17　色标法

5. 电容器的检测方法

电容较电阻出现故障的概率大，电容的常见故障有开路、击穿、漏电或容量减小等。除了准确的容量要用专用仪表测量外，其他故障可采用指针式万用表的电阻挡进行检测。

一般应选用电阻挡的最高量程(R×1kΩ 或 R×10kΩ)检测，电解电容用 R×100Ω 挡检测。注意，测量前应先将电容放电。

1.1.3 电感器和变压器

1. 电感器、变压器及其作用

电感器简称电感，又称电感线圈，是由导线绕制而成或利用电磁感应原理制成的电子元件。与电容一样，电感也是一种储能元件，电感的电路符号为“L”，基本单位是亨利“H”，常用的单位有“mH”、“μH”。电感器在电路中的作用可概括为通直流、阻交流，通低频、阻高频，具体应用有耦合、调谐、振荡、滤波、阻流、延迟、补偿等。常用电感器电路符号如图 1.18 所示。

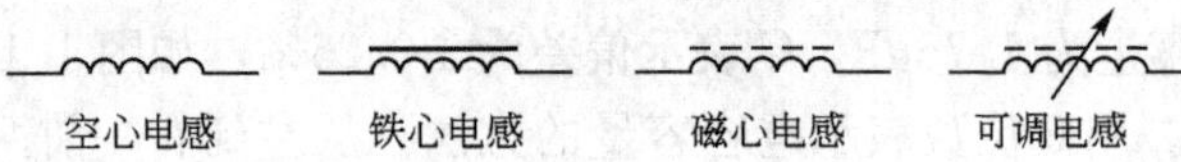

图 1.18 常用电感器电路符号

变压器是一种对交流电具有变压特性的元件，主要由初级线圈(绕组)、次级线圈和铁心(磁心)组成。它实质上是电感的一种特殊形式。变压器的电路符号为“B”或“T”。变压器具有变压、变流、变阻抗、耦合、匹配、缓冲隔离等主要作用。常用变压器电路符号如图 1.19 所示。

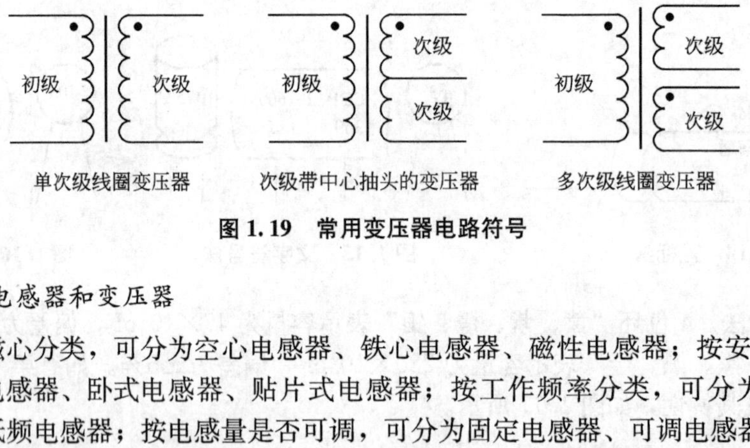

图 1.19 常用变压器电路符号

2. 常见电感器和变压器

按有无磁心分类，可分为空心电感器、铁心电感器、磁性电感器；按安装形式分类，可分为立式电感器、卧式电感器、贴片式电感器；按工作频率分类，可分为高频电感器(扼流圈)、低频电感器；按电感量是否可调，可分为固定电感器、可调电感器。

(1) 空心电感器。广泛用于振荡、阻流、高频发射及无线电接收电路中，其 Q 值高，性能稳定。

(2) 色码电感器。采用色环方法标注，适用于频率范围为 10kHz～200MHz 的各种电路中。

(3) 扼流圈。用来阻止某些频率的交流电流通过。分铁心阻流圈和磁心阻流圈，铁心阻流圈一般用来阻止低频电流通过，主要用于低频电路中，又称低频阻流圈；磁心阻流圈一般用来阻止高频电流通过，用于工作频率比较高的电路中，又称高频阻流圈。阻流圈广泛用于电源、音频等的滤波电路中。

(4) 可调电感器。其电感量可变，例如用于收音电路中的振荡线圈、电视机电路中的行线性线圈、行振荡线圈等。常见电感器外形如图 1.20 所示。

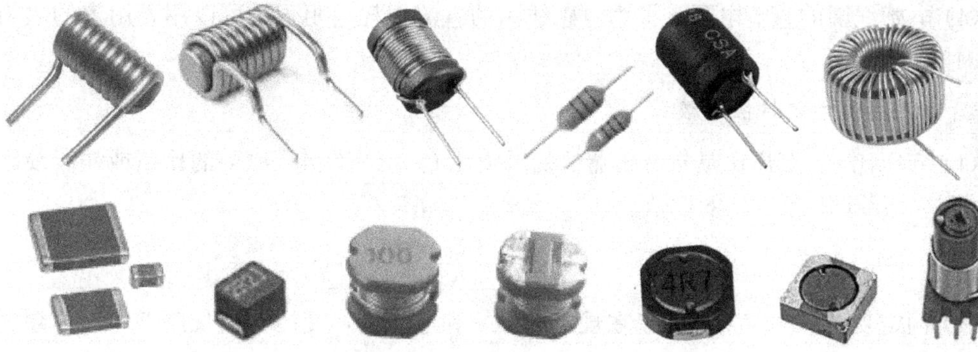

图 1.20　常见电感器外形

(5) 电源变压器。其主要作用是变换交流电压，初级输入电压为交流市电(即 220V 交流电压)，其次级根据电路的实际需要输出各种不同大小的交流电压。

(6) 音频变压器。其主要作用是实现阻抗匹配，无畸变地传送信号电压和信号功率，对直流电具有隔离作用。分为级间耦合变压器、输入变压器和输出变压器。

(7) 中频变压器。具有变压、变流、变阻抗、选频的作用，广泛用于收音机、电视机及其他一些设备的选频电路中。通过调节其磁心可以改变线圈的电感量，从而改变对中频信号的选择性和通频带。

(8) 恒压变压器。具有稳压、抗干扰和自动短路保护等功能，当输入电压在－20％～＋10％范围变化时，其输出电压的变化不超过±1％，即使恒压变压器输出端出现短路故障，30min 内也不会出现任何损坏。

(9) 开关电源变压器。用于彩色电视机、显示器等电子设备的开关稳压电源电路中，工作于脉冲状态下，起脉冲变压作用。其工作频率高、效率高、体积小、功耗小。常见变压器外形如图 1.21 所示。

图 1.21　常见变压器外形

3. 电感器主要性能参数

(1) 标称电感量及允许偏差。标称电感量是反映电感线圈自感应能力的物理量，电感量的大小与线圈的直径、匝数、绕制方式和磁心材料有关。允许偏差表示实际电感量与标称电感量之间的误差。

(2) 品质因数(Q值)。$Q=\frac{\omega L}{R}$，反映线圈损耗的大小，Q值越高，损耗功率越小，电路效率越高，选择性越好。一般谐振电路要求电感器的Q值高，以便获得更好的选择性。

(3) 分布电容(寄生电容)。它是指线圈的匝数之间形成的电容效应。这些电容的作用可以看做一个与线圈并联的等效电容。低频时，分布电容对电感器的工作没有影响；高频时，会改变电感器的性能。

(4) 电感线圈的直流电阻，即为电感线圈的直流损耗电阻 R，可以用万用表的欧姆挡直接测量出来。

4. 变压器的主要特性参数

(1) 变压比 n。变压比是指变压器的初级电压 U_1 与次级电压 U_2 的比值或初级线圈匝数 N_1 与次级线圈匝数 N_2 的比值。

$$n=\frac{U_1}{U_2}=\frac{N_1}{N_2}$$

(2) 额定功率。额定功率是指在规定的频率和电压下，变压器能长期工作而不超过规定温升的输出功率，单位为“VA”。

(3) 效率。效率是指变压器的输出功率与输入功率的比值，用来表示变压器对电能的损耗程度。一般来说，变压器的容量越大，损耗越小，其效率越高，变压器质量越好。

(4) 绝缘电阻。变压器各绕组之间以及各绕组对铁心(或机壳)之间应该完全绝缘，但实际上做不到，存有一定的电阻称为绝缘电阻。若绝缘电阻过低，会使仪器和设备机壳带电，造成工作不稳定，甚至对设备和人身带来危险。

5. 电感器的检测

电感器的检测分为直观法和测量法两种。

(1) 直观法。检查电感有无断线、烧焦，磁心有无松动，线圈是否发霉的情况。

(2) 测量法。用万用表欧姆挡测量直流电阻大小，将其与标称值对比判断。

6. 变压器的检测

检测变压器前，先了解该变压器的连线结构。观察在没有电气连接的地方，其电阻值应为无穷大；有电气连接之处，有其规定的直流电阻(可查资料得知)。

特别提示

测试时应切断变压器与其他元件的连接；变压器局部短路不宜用万用表测量，一般需用专用仪器，其表现为 Q 值下降、整机特性变差，或用空载通电法进行检查。

1.1.4 二极管

1. 二极管及其作用

二极管又叫做晶体二极管，是常用的半导体器件之一，由一个 PN 结、阳极(A)引线、阴极(K)引线及外加密封管壳制成，在电路中用符号“VD”或“D”表示。它具有单向导电特性，硅管的正向导通电压为 0.6～0.7V、锗管的正向导通电压为 0.2～0.3V。二极管的主要作用有整流、检波、变频、变容、稳压、极性保护、开关、光/电转换等。常见二极管电路符号如图 1.22 所示。

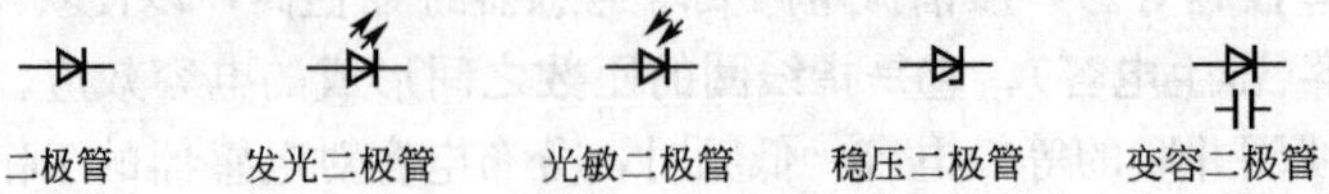

图 1.22 常见二极管电路符号

2. 常见二极管

按管芯结构不同，可以分为点接触型、面接触型。点接触型二极管 PN 结面积小，结电容小，允许通过的电流和承受的反向电压也较小，适用于检波、变频、小信号整流、高频开关电路中。面接触型二极管 PN 结面积大，结电容大，允许通过的电流较大，多用于频率较低的整流电路。面接触型二极管中用得较多的一类是平面型二极管，平面型二极管允许通过更大的电流，一般在脉冲数字电路中用作开关管。

按制作材料不同，可分为硅二极管和锗二极管。硅二极管的反向电流小，但正向导通电压较高，适用于信号较强、温度变化较大的电路中；锗二极管正向导通电压较低，但反向电流大，温度稳定性较差，一般在小信号高频电路中，用作检波以及限幅。

按用途不同，二极管主要可分为以下几类，见表 1－4。

表 1－4　常见二极管特点解说

名称	特点及应用
整流二极管	主要用于整流电路，可将交流电变成脉动的直流电。将 4 只低频整流二极管封装在一起，内部接成桥式整流的形式，这种器件叫整流桥。常用型号有 1N4001～1N4007
检波二极管	可将高频信号上的低频信号检出，广泛应用于收音机、电视机及通信等设备的小信号电路中，其工作频率较高，处理信号幅度较弱。常用检波二极管型号有 2AP9、1N60、1N341 等
稳压二极管	指工作于反向击穿区，用于稳定电压作用的二极管，应用时需串联限流电阻
开关二极管	具有开关速度快、反向电压高、反向电流小、体积小、寿命长、可靠性高等特点，常在脉冲、开关、高频电路中用作电子开关。常用开关二极管型号有 1N4148
发光二极管	可将电能转换成光能，在电路中常用于工作状态的指示，具有功耗低、体积小、寿命长等优点。当有正向电流通过时可发光，发光颜色有红、黄、绿、白、红外等，正向电流越大，亮度越高，但电流不允许超过最大值，以免烧毁，使用时应加限流电阻
光电二极管	可将光能转换为电能，其管壳上有入射光窗口，以便于接收光线。工作在反向工作区，反向电流(光电流)与光照成正比，用于各种光电控制电路中，如红外遥感、光纤通信、光电转换器等；不加电压时，也可当做微型光电池
变容二极管	指具有可变电容器功能的二极管。工作于反向偏置状态，在一定范围内，结电容与管子上反向电压的变化成反比，多用于调谐电路和自动频率微调电路中
肖特基二极管	具有低功耗、大电流、超高速、反向电压小、工作频率高等特点，反向恢复时间极短，正向压降 0.4V 左右，正向电流可达几千安。可在高频、低压、大电流环境下用于整流、续流、保护、快速开关，也可在微波通信电路中作整流二极管、小信号检波二极管使用

常见二极管外形如图 1.23 所示。

图 1.23　常见二极管外形

3. *半导体器件的命名方法*

1）国产半导体器件命名方法

图 1.24 为国产半导体器件命名方法示意图。

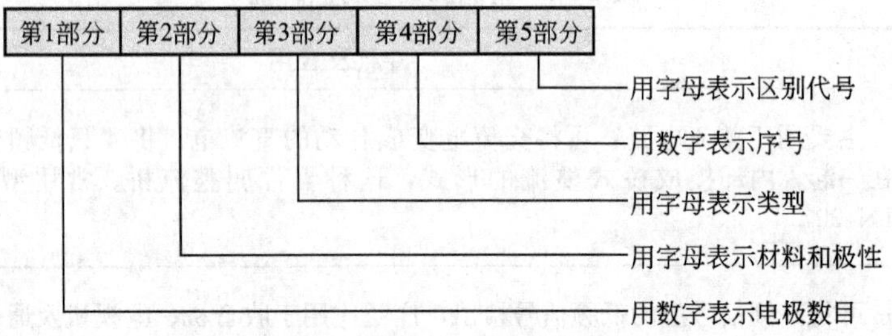

图 1.24　国产半导体器件命名方法示意图

例：2AP9 为 N 型锗材料普通二极管；2CZ10 为 N 型硅材料整流二极管；3DG6 为 NPN 型硅材料高频小功率晶体管；3AX81 为锗材料 PNP 型低频小功率三极管。

2）日本半导体器件命名方法

图 1.25 为日产半导体器件命名方法示意图。

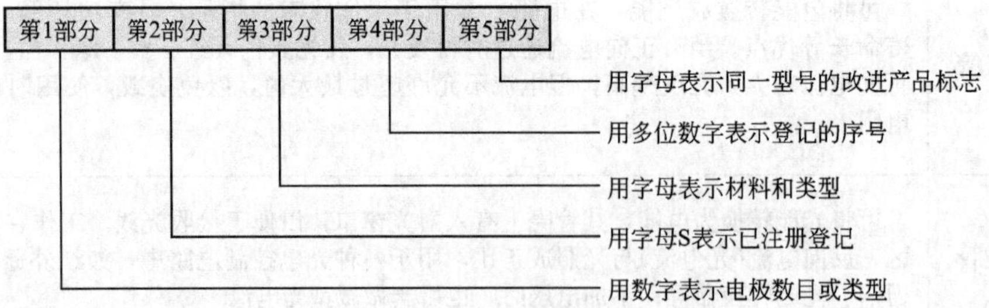

图 1.25　日产半导体器件命名方法示意图

例：2SD1427 表示 NPN 型低频三极管，实际标注时 2S 一般简化省略。

3）美国半导体器件命名方法

图 1.26 为美产半导体器件命名方法示意图。

例：JAN2N3251A 表示 PNP 型硅材料高频小功率开关三极管，JAN－军用品、2－三极管、N－EIA 注册标志、3251－EIA 登记顺序号、A－2N3251A 挡。又如，2N3464 为硅 NPN 型高频大功率管；2N3465 为 N 沟道场效应管。第一部分没有标注说明为非军用品。

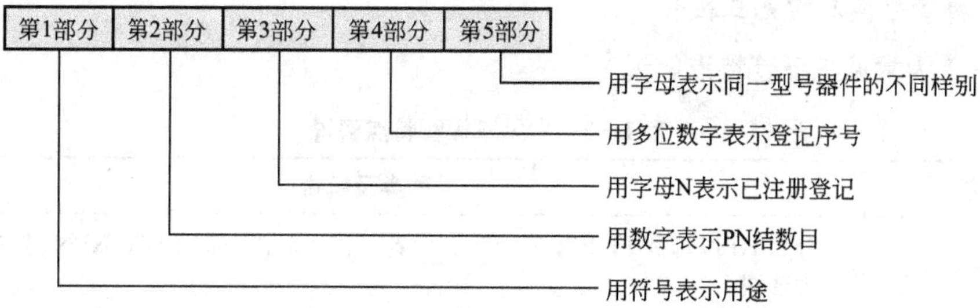

图 1.26　美产半导体器件命名方法示意图

4. 二极管的主要性能参数

(1) 最大正向电流 I_M：指长期工作时二极管允许通过的最大正向平均电流。正向电流通过二极管时，PN 结要发热，在一些大电流的整流电路中，要给二极管加散热片。

(2) 最高反向工作电压 U_{RM}：指正常工作时二极管所能承受的反向电压的最大值，约为击穿电压的一半。

(3) 最高工作频率 f_M：指二极管能保持良好工作条件下的最高工作频率。

(4) 反向饱和电流 I_{CO}：指二极管未击穿时的反向电流值。反向饱和电流主要受温度影响，该值越小，说明二极管的单向导电性越好。

5. 二极管的识别与检测

1) 直观法判别二极管的极性

(1) 若电路符号被画在二极管外壳上，可根据电路符号直接判断正负极。

(2) 若二极管外壳上一端用色环(色点)标注，则该端为负极端。

(3) 螺栓型二极管，带螺纹一端是负极。

(4) 透明壳二极管，可直接看出极性，即内部连触丝的一头是正极，连半导体片的一头是负极。

2) 二极管的检测

(1) 使用数字式万用表的“二极管”挡，测量二极管正、反方向的管压降。

(2) 使用指针式万用表的 R×100Ω 或 R×1kΩ 挡，测量二极管的正、反向电阻。注意，一般不用 R×1Ω 或 R×10kΩ 挡。因为 R×1 挡的电流太大，容易烧坏二极管，R×10kΩ 挡的内电源电压太大，易击穿二极管。

根据二极管的单向导电性，结合所测得的管压降或正、反向电阻值，可判断二极管的材料、极性和好坏。

1.1.5　三极管

1. 三极管及其作用

三极管由两个 PN 结(发射结和集电结)、三根电极引线(基极、发射极和集电极)及外加密封管壳构成。在电路中用符号“VT”或“T”表示。它具有电流放大、开关、控制等作用，是各种电子电路的核心器件。常见三极管电路符号如图 1.27 所示。

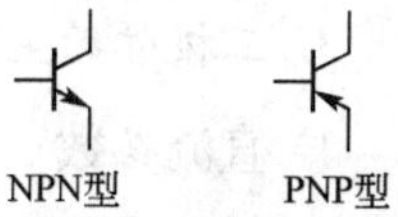

图 1.27　常见三极管电路符号

2. 三极管分类及常见三极管

表 1-5 为常见三极管特点解说。

表 1-5 常见三极管特点解说

划分方法	种类及解说
按极性不同	分为 NPN 型和 PNP 型三极管。两者工作时电流方向不同，NPN 型三极管使用较为普遍
按材料不同	分为硅三极管和锗三极管。硅管温度特性优于锗管，锗管导通电压低，更适合在低压电路中工作
按工作频率不同	分为低频三极管和高频三极管，低频管工作频率在 3MHz 以下，可用于直流放大器、音频放大器电路中，高频管的工作频率可以达到几百 MHz 甚至更高
按功率不同	分为小功率三极管、中功率三极管、大功率三极管，小功率管可用于前级放大器电路，大、中功率管可用于功率放大器末级或输出级
按封装不同	分为塑料封装三极管和金属封装三极管，一般小功率三极管采用塑封形式，大功率和高频三极管采用金属封装形式
按用途不同	开关三极管是一种饱和与截止状态变换速度较快的三极管，广泛用于各种脉冲电路、开关电路及功率输出电路中
	带阻三极管是将一只或多只电阻与三极管连接后封装在一起构成，常在进口家电中作小功率管使用，通常采用片状塑封形式
	达林顿管，也称复合晶体管，采用复合连接方式，将两只输出功率大小不等的三极管按一定接线规律复合而成，具有较大的电流放大系数及较高的输入阻抗，主要用于大功率的开关电路和继电器驱动电路上
	光电三极管是在光电二极管的基础上发展起来的光电器件，本身有放大功能，因此灵敏度较高

常见三极管外形如图 1.28 所示。

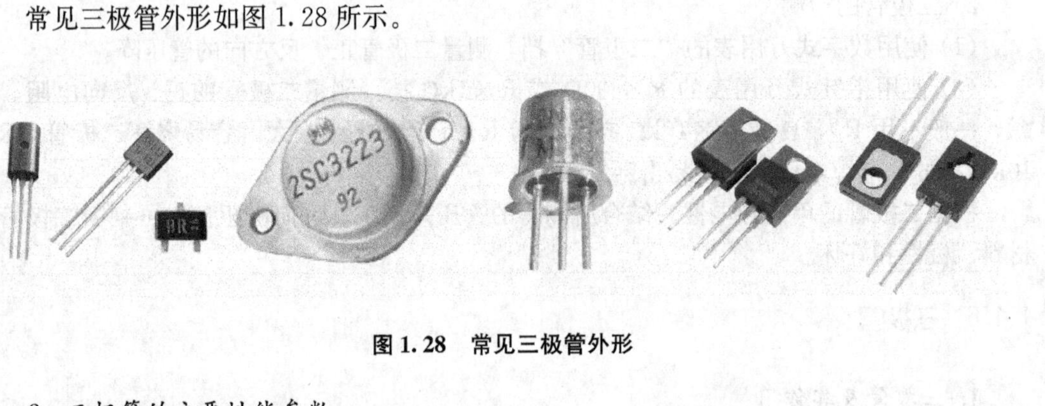

图 1.28 常见三极管外形

3. 三极管的主要性能参数

1) 直流参数

(1) 共发射极直流电流放大系数 $\overline{\beta}$。

(2) 反向电流 I_{CBO} 与 I_{CEO}。影响管子的热稳定性，其值越小越好。

2) 交流参数

(1) 共发射极交流放大系数β。它是表明三极管放大能力的重要参数。

(2) 特征频率。三极管工作频率升高，电流放大系数β下降。当$\beta=1$时，三极管将失去放大作用，此时的工作频率称为特征频率。

3) 极限参数

(1) 集电极最大允许电流I_{CM}。集电极电流上升会导致β下降，当β下降到正常值的2/3时，集电极电流即为I_{CM}。

(2) 最大反向击穿电压U_{CBO}、U_{EBO}、U_{CEO}。三极管在工作时所允许施加的最高工作电压。

(3) 集电极最大允许耗散功率。指三极管参数变化不超过规定允许值时的最大集电极耗散功率。大功率三极管应设置散热片，可提高耗散功率的数值。

4. 三极管的识别与检测

1) 直观法判断三极管的极性

(1) 中、小功率金属封装三极管通常在管壳上有一个小凸起，与该小凸起最近的引脚即为E。三引脚成等腰三角形排列时，处于顶点处的为B，剩余引脚为C，如图1.29(a)所示。

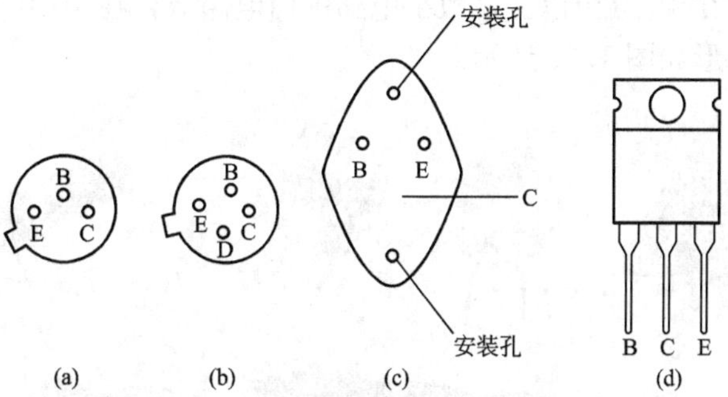

图1.29　三极管电极分布规律及识别

(2) 4根引线的三极管电极识别时，将三极管电极面朝向自己，从管壳小凸起开始，顺时针方向依次为E、B、C、D(接地电极)，如图1.29(b)所示。

(3) 大功率金属封装的三极管电极识别时，将电极朝向自己，且将距离电极较远的管壳一端向下，则左端电极为B，右端电极为E，管壳为C，如图1.29(c)所示。

(4) 带金属散热片的三极管电极识别时，管脚朝下，将其印有型号的一面对着观察者，散热片的一面为背面，则从左至右依次为B、C、E，如图1.29(d)所示。

实际应用中电极排列规律都有不符合上述规律的特例，应以实际检测结果为准。

2) 三极管的检测

(1) 使用数字式万用表的“二极管”挡或“h_{FE}”挡进行测试，可以判断三极管的材料、电极、管型、放大系数及好坏。

(2) 使用指针式万用表的R×100Ω或R×1kΩ挡，分别测量3个电极中每两极之间的正、反向电阻值，可判断三极管的材料、管型、电极及好坏。

1.1.6　集成电路

1. 集成电路的定义

集成电路简称IC，俗称芯片，它是将半导体器件(二极管、晶体管及场效应管等)、电阻、小电容、连接导线等集成在硅基片上并加以封装形成的具有特定功能的器件。在电路中用符号“IC”或“U”来表示。

自20世纪60年代开始至今，集成电路的发展速度异常迅猛，与分立元件相比，集成电路具有体积小、质量小、性能好、可靠性高、耗电低、成本低等优点。

2. 集成电路的分类和外形

按功能及用途，可分为数字集成电路和模拟集成电路两大类。

(1) 模拟集成电路用于模拟电子电路中，处理模拟信号。例如运算放大器、功率放大器、集成稳压电路、自动控制集成电路、信号处理集成电路等。

(2) 数字集成电路用于数字电路中处理数字信号，例如单片机、存储器、CMOS集成电路等。

按封装形式，可分为单列直插式、双列直插式、贴片式、金属封装、塑料封装、陶瓷封装等。

按集成度划分，可分为小、中、大、超大规模集成电路，小规模集成电路中模拟元器件数目一般少于100个，数字电路中的门电路数目一般少于30个，超大规模集成电路中模拟元器件数目一般在10万个以上，数字电路中门电路数目在1000个以上。

常见集成电路外形如图1.30所示。

图1.30　常见集成电路外形

3. 集成电路命名方法

1) 国产集成电路命名方法

国产集成电路命令方法示意图如图1.31所示。

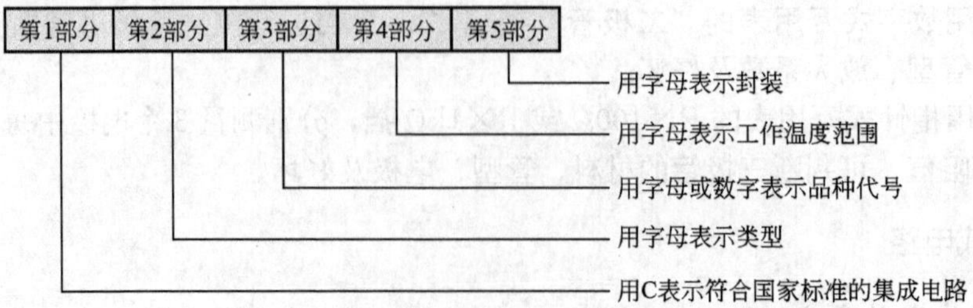

图1.31　国产集成电路命名方法示意图

2）国外集成电路命名方法

国外集成电路型号一般是由前缀、数字编号、后缀组成。前缀主要为英文字母，表示集成电路的生产厂家及类别；后缀一般用来表示集成电路的封装形式、版本代号等。例如常用的音频功率放大器 LM3886 就因为后缀形式不同分为 LM3886TF 和 LM3886T 两种类型，前者散热片绝缘，后者不绝缘，其中前缀 LM 表示该集成电路是美国国家半导体公司的产品。

4. 集成电路的主要性能参数

1）电参数

电参数是表示征集成电路性能的一组重要参数，是判断集成电路好坏的重要依据。

(1) 静态工作电流。它是指不给集成电路输入信号的情况下，电源引脚回路中电流大小。当测量集成电路静态电流大于或小于它的最大值、最小值时，集成电路很可能发生了故障。

(2) 增益。它是指集成电路放大器的放大能力。

(3) 最大输出功率。其主要用于功率放大器集成电路，是指信号失真度为一定值时(10%)，集成电路输出引脚所输出的电信号功率。

2）极限参数

极限参数包括电源电压、最大耗散功率、工作环境温度、储存温度等。

5. 集成电路的识别与检测

1）集成电路引脚的识别

集成电路通常有多个引脚，每个引脚都有其相应的功能定义，使用集成电路前，必须认真查对识别集成电路的引脚，确认电源、接地端、输入、输出、控制等端的引脚号，以免因接错而损坏器件。

(1) 单列直插式封装集成电路。其引脚只有一列，找出该集成电路的标记(缺角、色点、半圆缺口、凹坑)，将集成电路的引脚朝下、标记朝左，则从标记开始，从左到右依次为引脚 1、2、3、…，如图 1.32(a)所示。

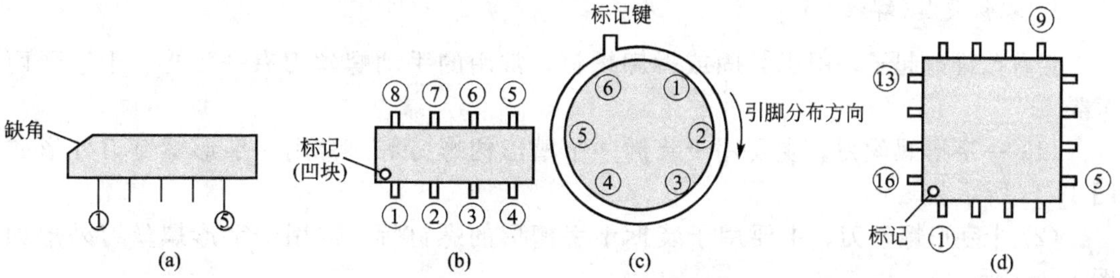

图 1.32　集成电路引脚的分布规律与识别

(2) 双列直插式封装集成电路。其引脚分为两列且两列引脚数相等，找出该集成电路的标记，最靠近标记的引脚为 1 号，从 1 脚开始，按逆时针方向绕集成电路一圈，依次为引脚的顺序读数，如图 1.32(b)所示。

(3) 圆形金属封装集成电路。其外壳是金属圆帽形，将该集成电路的引脚朝上，从小凸起处开始，顺时针方向依次为引脚的顺序读数，如图 1.32(c)所示。

(4) 四边带引脚的扁平封装集成电路。其引脚分为四列且每列引脚数相等，找出该集成电路的标记，将集成电路的引脚朝下，最靠近标记的引脚为 1 号引脚，然后从 1 脚开始，逆时针方向依次为引脚的顺序读数，如图 1.32(d)所示。

2) 集成电路的检测方法

(1) 离线测量法。在集成电路未焊入电路时，通过万用表测量各引脚对应于接地引脚之间的正、反向直流电阻值，以确定其是否正常。

(2) 在线测量法。通过万用表检测已被焊入电路中的集成电路的各项参数，以确定其是否正常。主要方法如下。

① 直流电阻检测法。用万用表的欧姆挡测量集成电路各引脚对地的正、反向直流电阻值，并与参考资料或与另一块同类型正常集成电路比较，从而判断该集成电路的好坏。测前要先断开电源，以免损坏万用表。

② 电压检测法。在通电情况下，使用万用表的直流电压挡测量集成电路各引脚对地的直流电压、直流供电电压、外围元件工作电压，并与正常值进行比较，从而判断是该集成电路有问题，还是外围电路元器件有问题。

③ 波形检测法。用示波器测量集成电路各引脚的波形，并与标准波形进行比较，从而发现问题的所在。

④ 替代法。用一块好的同类型的集成电路进行替代测试，这种方法往往是在前几种方法初步检测之后，基本认为集成电路有问题时所采用的方法。该方法的特点是：直接、见效快，但拆焊麻烦，且易损坏集成电路和线路板。

1.2 装配工具及使用方法

在电子产品制作过程中，除了要掌握基本的电工知识外，还必须掌握一些常用的五金工具、焊接工具等手工工具的使用方法、操作技能。

1.2.1 常用的五金工具

1. 螺钉旋具(螺丝刀)

俗称改锥或起子，用于紧固或拆卸螺钉。常用的手动螺丝刀有一字形、十字形两大类。

(1) 一字形螺丝刀。主要用于装拆一字槽形的螺钉等。常用一字形螺钉刀外形如图 1.33 所示。

(2) 十字形螺丝刀。主要用于装拆十字槽形的螺钉等。常用十字形螺丝刀外形如图 1.34所示。

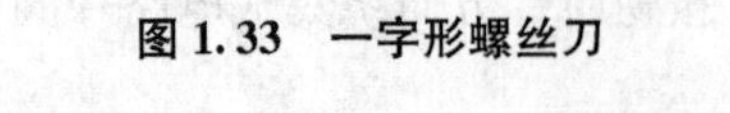

图 1.33 一字形螺丝刀

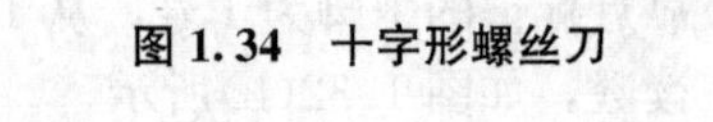

图 1.34 十字形螺丝刀

选用螺丝刀时，其头部尺寸应与螺钉槽相适应。有些螺丝刀的端部经过磁化处理，可以利用磁性吸起小螺丝钉，便于装配操作。

2. 尖嘴钳(尖头钳)

尖嘴钳主要用来剪切线径较细的单股与多股线，以及给单股导线接头弯圈、剥塑料绝缘层等，能在较狭小的工作空间操作，不带刃口者只能夹捏工作，带刃口者能剪切细小零件。常用尖嘴钳外形如图 1.35 所示。

不允许用尖嘴钳装拆螺母，不允许把尖嘴钳当锤子使用，敲击他物，也不能用于扳弯粗导线。为了确保使用者人身安全，严禁使用塑料柄破损、开裂的尖嘴钳在非安全电压下操作。

3. 斜口钳(偏口钳)

斜口钳主要用于剪切导线或其他较小金属及塑料等物。比如焊接后剪切掉多余的元器件引脚。常用斜口钳外形如图 1.36 所示。

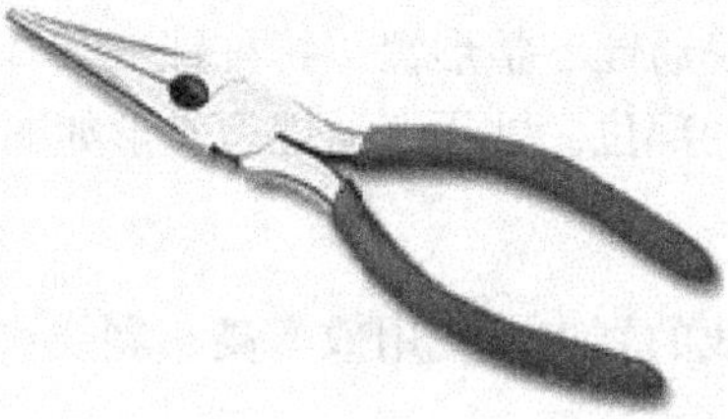

图 1.35 尖嘴钳

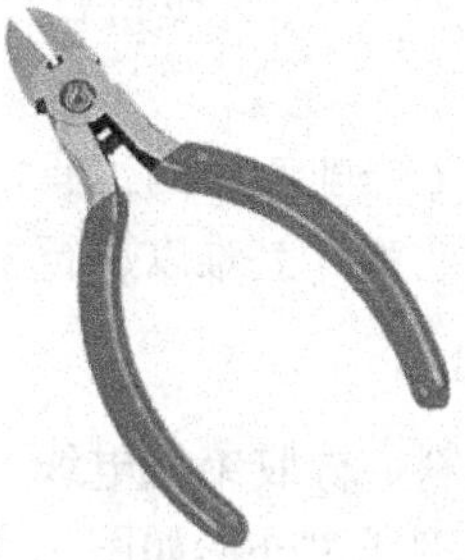

图 1.36 斜口钳

使用方法：握住斜口钳手柄末端，剪切刀口较平的一面贴近电路板，在稍高于焊接点的位置处，剪去元器件引脚多余部分。

剪线时，要特别注意防止剪下的线头飞出，伤人眼部。双目不能直视被剪物，使钳口朝下。当被剪物不易弯动方向时，可用另一手遮挡飞出的线头。

不允许用于剪切螺钉及较粗的金属件等，以免损坏钳口。只有常保持钳口结合紧密和刀口锐利，才能使剪切轻快，并使切口整齐。钳口如有轻微的损坏或变钝，可用砂轮或油石修磨。

4. 钢丝钳

钢丝钳主要用于弯曲元器件引脚或导线，亦可夹取某些零件或拧断金属薄板等，其旁刃口也可用于切断细金属丝。常用钢丝钳外形如图 1.37 所示。

5. 镊子

镊子主要用于在焊接时夹取导线和元器件，防止其移动，也可用来夹取微小器件。常用镊子外形如图 1.38 所示。

图 1.37 钢丝钳

图 1.38 镊子

6. 剪刀(剪线剪)

除常用的普通剪刀外，还有剪切金属线材的剪刀。这种剪刀的头部短而宽，为的是使剪切方便有力。它的把柄有两种形式，一种与普通剪刀相似；另一种加有弹簧。后者使用时可自动复原，方便灵活，可代替斜口钳剪掉印制线路板插件后多余的线头。常用剪刀外形如图 1.39 所示。

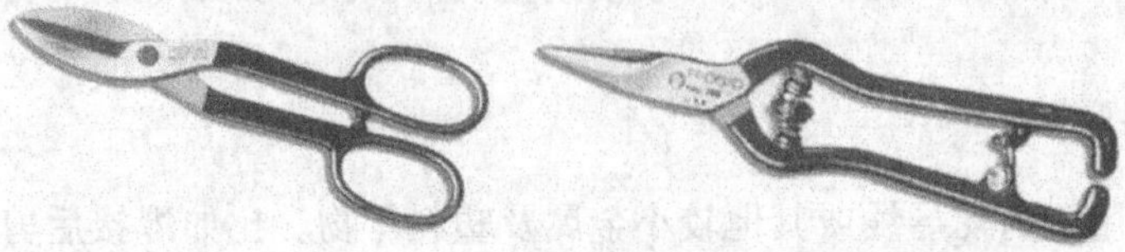

图 1.39　剪刀

7. 锉刀

锉刀是钳工锉削使用的工具。锉刀分普通锉、整形锉、特种锉三类。其中整形锉用于修整精密表面或零件上难以进行机械加工的部位。常用普通锉刀外形如图 1.40 所示。

8. 剥线钳

适用于塑料、橡胶绝缘电线、电缆芯线的剥皮。使用效率高、剥线尺寸准确、不易损伤芯线。常用剥线钳外形如图 1.41 所示。

图 1.40　普通锉刀

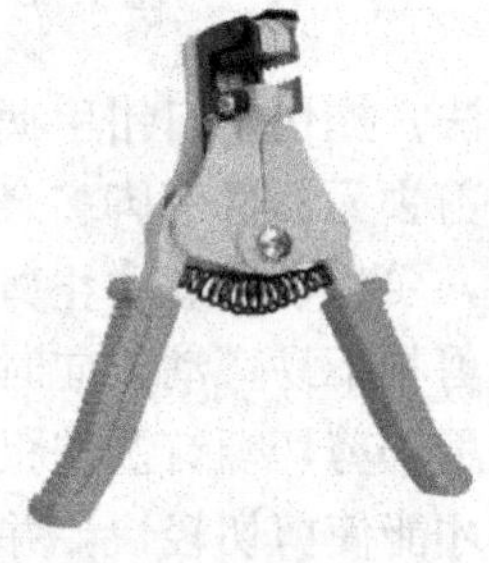

图 1.41　剥线钳

剥线钳的钳口有数个不同直径的槽口，使用时应根据待剥导线的线径选用合适的槽口，以达到既能剥掉绝缘层又不损坏导线的目的。

1.2.2　手工焊接工具

1. 电烙铁

电烙铁是手工焊接的主要工具，它的主要作用是加热焊接部位，熔化焊料，使焊料和被焊金属牢固连接起来。常用的电烙铁由烙铁头、烙铁心、手柄及引线组成。电烙铁的工作原理是：烙铁心内的电热丝通电后，将电能转换成热能，经烙铁头把热量传给被焊工件，对被焊接点部位的金属加热，同时熔化焊锡，完成焊接任务。

根据电烙铁的发热器件的位置，通常将电烙铁分为内热式和外热式两种。

内热式电烙铁的烙铁心安装在烙铁头内部，特点是热效率高(85％～90％)、发热快、体积小、耗电低，但易损坏。内热式电烙铁的规格多为小功率的，常用的有 20W、25W、35W、50W 等。功率越大，烙铁头的温度就越高。常用内热式电烙铁外形如图 1.42 所示。

外热式电烙铁的烙铁心安装在烙铁头外面，使用寿命长，长时间工作时温度平稳，焊接时不易烫坏元器件。常用规格有 25W、45W、75W、100W、200W 等。常用外热式电烙铁外形如图 1.43 所示。

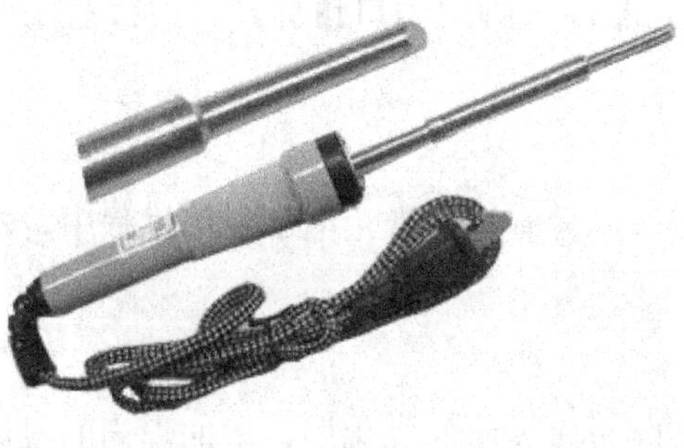

图 1.42 内热式电烙铁(烙铁头为圆斜面式)

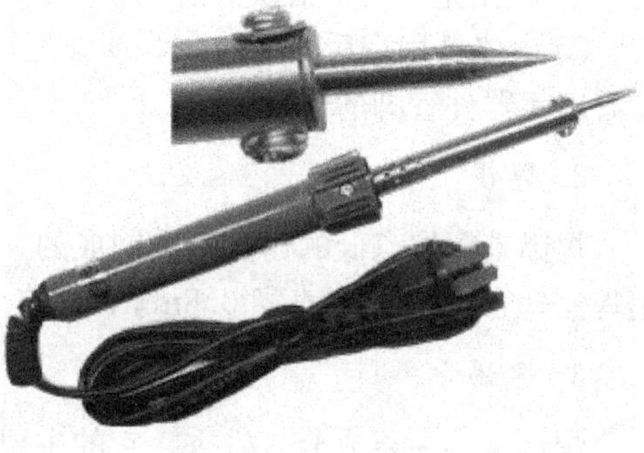

图 1.43 外热式电烙铁(烙铁头为尖锥式)

在电子制作过程中，通常选用 20W 的内热式电烙铁(电热丝的电阻值约为 2.4kΩ)或 35W 的外热式电烙铁(电热丝的电阻值约为 1.3kΩ)，两者工作时头部温度均可达 350℃。

(1) 使用电烙铁前，要注意以下几点。

① 检查电线是否破损(如果破损，用绝缘胶裹好)。

② 检查烙铁头是否光亮(如果不光亮或凹凸不平，可以用锉刀或细砂纸修整，然后给烙铁头“镀锡”)。

③ 检查烙铁头通电是否发热(如果不发热，可能是电源的开关没开启、插头没插好、电线或烙铁心损坏，可通过万用表直流电阻挡测试烙铁心的电阻值来判断)。

(2) 使用电烙铁时，要注意以下几点。

① 注意安全，避免烫人、烫物、触电。

② 如果烙铁头上挂有很多的锡，不易焊接，可在带水的海绵或者烙铁架的钢丝上抹去多余的锡，不可在工作台或者其他地方抹去。

③ 电烙铁不可通电时间过长，长时间通电将造成烙铁头温度过高，从而使烙铁头氧化变黑，导热性变差，不粘锡。亦会使烙铁心烧断，缩短烙铁使用寿命。

(3) 使用电烙铁焊接方法如下。其中图 1.44 为手工焊接步骤。

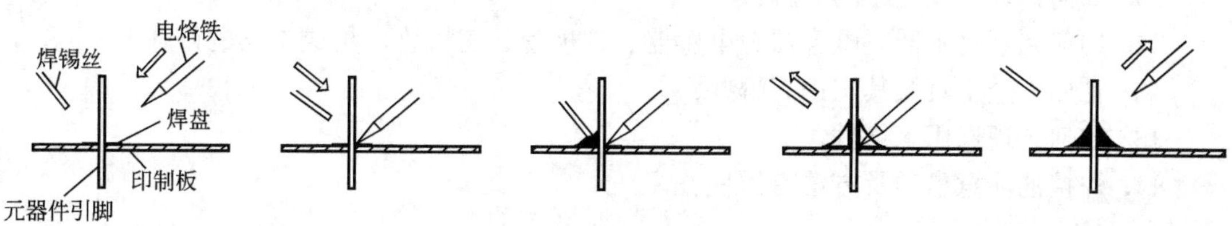

图 1.44 手工焊接步骤

① 将电烙铁的插头插在右手边插座上，电源线放置在手背外，将电烙铁手柄握在手心(和握笔方式相同，千万不要碰到电烙铁的金属部件)。

② 用烙铁头给元器件脚和电路板的焊盘同时加热。

③ 加热面积越大，传热效果越好，加热时间不宜过长，20W 内热式电烙铁的焊接时间一般为 2～3s。

④ 送入焊锡丝，焊锡丝从烙铁对面接触焊件，并尽量与烙铁头正面接触。焊锡不要过多，过多容易造成短路。标准焊点应是顶尖底圆像小山，圆滑光亮无短路、虚焊。

⑤ 焊接完毕，将烙铁头沿元器件脚向右上 45°方向提起。

⑥ 电烙铁用完后，要放在烙铁架上，多余的元器件管脚用偏口钳剪掉，剪掉后刚好能看出元器件管脚的轮廓为止。

2. 焊锡

焊锡是用熔点低的锡镉合金制成的，有的焊锡丝内含有焊锡膏，电子制作过程中，常用焊锡丝含锡 63%，直径 0.8mm，熔点 183℃。

3. 焊锡膏

焊锡膏的主要成分是松香，它的主要作用是清除金属表面的氧化层，增加焊锡的浸润作用，主要用于导线镀锡。

思考与实践

1. 元器件上常用的参数标注方法有哪些?

2. 已知电阻上色标排列次序如下，试写出各对应的电阻值及允许偏差。“橙、白、黄、金”、“灰、红、橙、银”、“绿、蓝、紫、黑、棕”、“灰、红、黑、银、棕”。

3. 电阻器如何命名? 电阻器的主要技术指标有哪些?

4. 电容器的主要作用是什么? 电容器的主要性能参数有哪些? 常用电容器有哪几种? 它们的特点及应用有哪些?

5. 电感器的主要作用是什么? 电感器的主要性能参数有哪些? 常用电感器有哪几种? 它们的特点及应用有哪些?

6. 变压器的作用有哪些? 变压器的种类、特点和用途有哪些?

7. 二极管的特性及主要作用是什么? 二极管的分类有哪些?

8. 三极管的特性及主要作用是什么? 三极管的分类有哪些?

9. 半导体器件的命名方法有哪些?

10. 如何识别集成电路的引脚?

11. 如何判断电阻器、电容器、电感器、二极管、三极管、集成电路的好坏?

12. 常用五金工具及其用途有哪些?

13. 如何合理选用电烙铁?

14. 焊接的注意事项及方法有哪些?

项目 2

设计与制作基本单元模拟电路

教学目标及要求

1. 知识目标及要求

(1) 掌握各种基本单元电路的基本原理及组成。

(2) 掌握各种基本单元电路的功能及应用。

2. 技能目标及要求

学会应用各种基本单元电路。

3. 素质目标及要求

(1) 有一定的电子技术、单片机课程的基础知识。

(2) 有饱满的学习热情。

(3) 有一定的创新能力。

项目导读

通过《模拟电子技术》课程的学习，掌握了各种单元放大电路和集成运算放大器主要应用电路的工作原理，并对电路的主要技术指标进行了分析和计算。本项目主要从电路的设计和实际应用方面考虑，介绍几种常用单元电路的设计方法，并给出具体电路。

2.1 直流稳压电源电路

2.1.1 直流稳压电源的基本原理

直流稳压电源由变压器、整流电路、滤波电路、稳压电路4个部分组成，它的方框图如图2.1所示，其中变压器把有效值为220V、频率为50Hz的交流电变换为幅值为几伏到几十伏的交流电；整流电路将交流电转为具有直流电成分的脉动直流电；滤波电路将脉动直流中的交流成分滤除，减少交流成分，增加直流成分；稳压电路对整流后的直流电压采用稳压及负反馈技术进一步稳定直流电压。

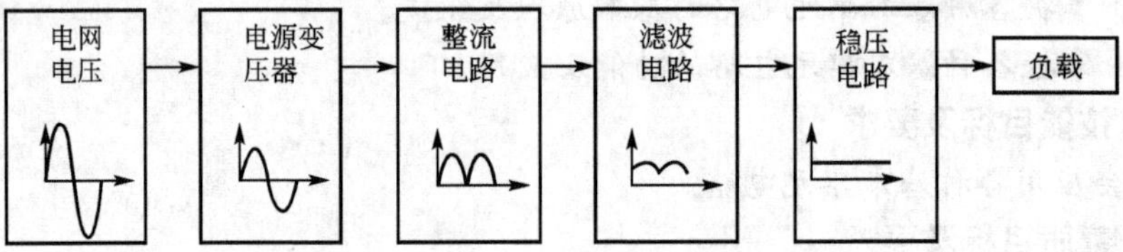

图2.1　直流稳压电源基本原理图

2.1.2 采用集成三端稳压器制作的稳压电源

国产集成三端稳压器按其性能和用途不同可分为两大类：一类是输出固定电压(W7800：正电压。W7900：负电压)的三端集成稳压器系列；另一类是输出可调电压(W317：正电压。W337：负电压)的三端集成稳压器系列。W78××和W317的主要参数见表2-1。

表2-1　W78××和W317的主要参数

参数 / 型号	输出电压U_o	最大输出电流I_{omax}/V	最大输入电压U_{imax}/V	最小输入与输出电压差(U_i-U_o)	电压调整率S_v
W78××	5，6，9，12，15，18，24	1.5	35	2～3V	0.1%～0.2%
W317	1.25～37	1.5	40	2～3V	0.01%

1. 三端固定式稳压器

常见外形及电路符号如图2.2所示，要特别注意，不同型号、不同封装的集成稳压器

3 个电极的位置是不同的，要查手册确定。

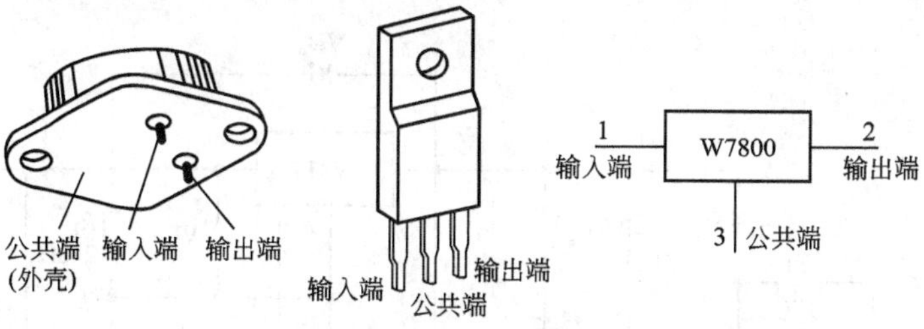

图 2.2　三端固定式稳压器常见外形及电路符号

2. 三端固定式稳压器的基本应用

以三端固定式稳压器 W7800 为例，其构成的稳压电路如图 2.3 所示，将输入端接整流滤波电路的输出，将输出端接负载电阻，公共端接地。为了抑制高频干扰并防止电路自激，在它的输入、输出端分别并联电容 C_2、C_3。

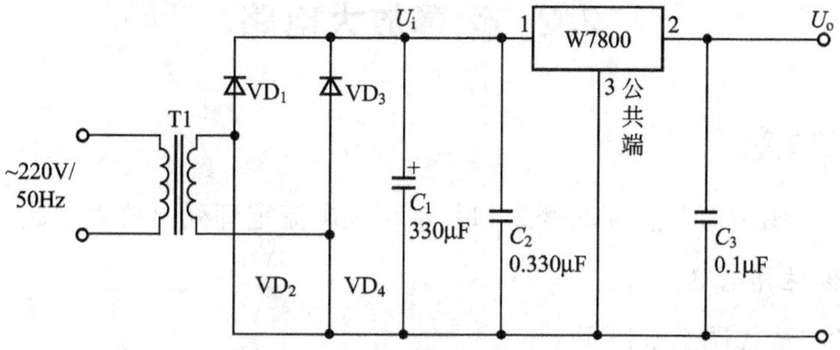

图 2.3　W7800 基本应用电路

3. 三端可调式稳压器

三端可调式稳压器输出电压可调，稳压精度高，只需外接两只不同的电阻即可获得各种输出电压。其中 W317 系列稳压器输出连续可调的正电压，W337 系列稳压器输出连续可调的负电压。其常见外形及电路符号如图 2.4 所示。

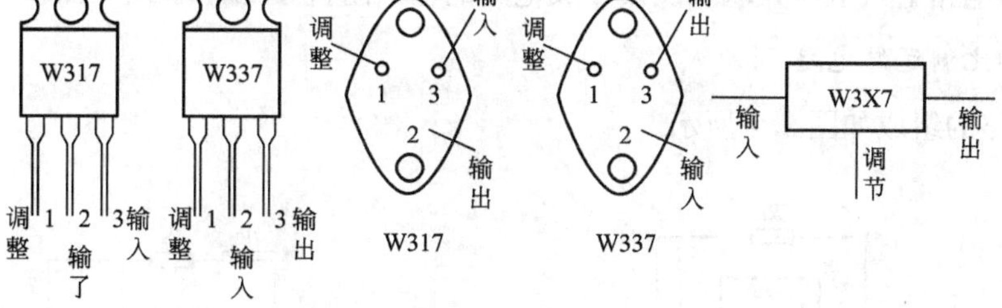

图 2.4　三端可调式稳压器常见外形及电路符号

4. 三端可调稳压器的基本应用

如图 2.5 所示是以 W317 为核心的输出电压可调稳压电路，电阻 R_1 和可变电阻 R_2 构成取样电路，C_3 是为了减小取样电阻 R_2 两端的波纹电压而并联的旁路电容，C_2、C_4 的作用与图 2.3 中的 C_2、C_3 相同，VD_6 是保护二极管，防止输入端短路时 C_4 放电导致内部调整管损坏，VD_5 则防止输出短路时 C_3 两端的电压作用在内部放大管而造成击穿。

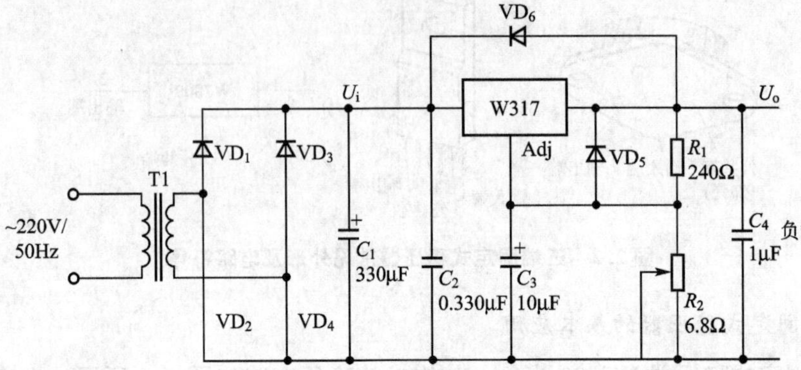

图 2.5　W317 基本应用电路

2.2　运算放大电路

2.2.1　比例运算电路

分析方法：利用虚短、虚断的概念和基尔霍夫电流定理列出放大倍数表达式。

1. 反相比例运算电路

(1) 电路的组成如图 2.6 所示。

(2) 电路的放大倍数及特点，由分析得电路的放大倍数为

$$A_u = -R_f/R_1$$

电路特点如下。

① 输入信号接入反相输入端，其输出信号与输入信号反相。

② 电路不存在共模信号。

③ 放大倍数可以大于 1，可以小于 1，也可以等于 0。

④ 因为电路引入电压并联负反馈，故电路的输入阻抗较低，即 $R_i = R_1$。

2. 同相比例运算电路

(1) 电路的组成如图 2.7 所示。

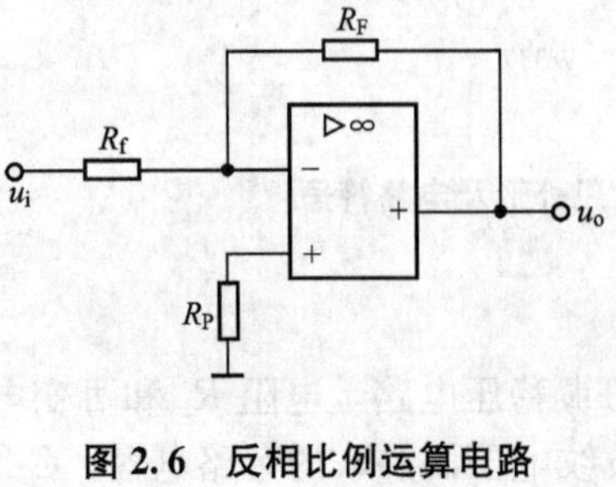

图 2.6　反相比例运算电路

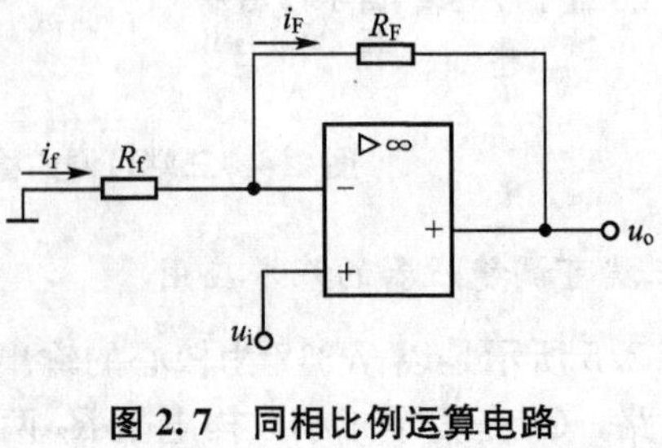

图 2.7　同相比例运算电路

（2）电路的放大倍数及特点，由分析得电路的放大倍数为

$$A_u=1+R_f/R_1$$

电路特点如下。

① 输入信号接入同相输入端，故其输出信号与输入信号同相。

② 电路存在共模信号，故应选用共模抑制比高的集成运放。

③ 放大倍数只能大于或等于1。

④ 因为电路引入电压串联负反馈，故其输入阻抗很高。

2.2.2　加减运算电路

分析方法：利用虚短、虚断的概念、节点电压法或叠加定理列出输出方程。

1. 反相求和运算电路

（1）电路的组成如图2.8所示。

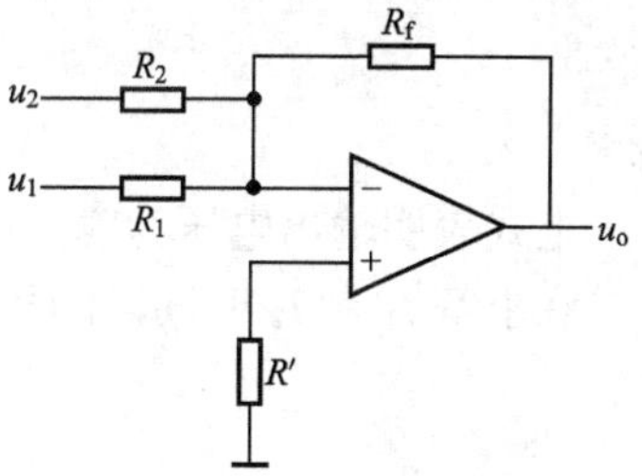

图2.8　反相求和运算电路

（2）电路的分析及特点，电路的输出表达式为

$$u_o=-\left(\frac{R_f}{R_1}u_1+\frac{R_f}{R_2}u_2\right)$$

电路的特点与反相比例运算电路的特点类似。

2. 同相求和运算电路

（1）电路的组成如图2.9所示。

（2）电路的分析及特点，电路的输出表达式为

$$u_o=\left(1+\frac{R_f}{R_1}\right)\left(\frac{R_3}{R_2+R_3}u_1+\frac{R_2}{R_2+R_3}u_2\right)$$

电路的特点与同相比例运算电路的特点类似。

3. 加减运算电路

（1）电路的组成如图2.10所示。

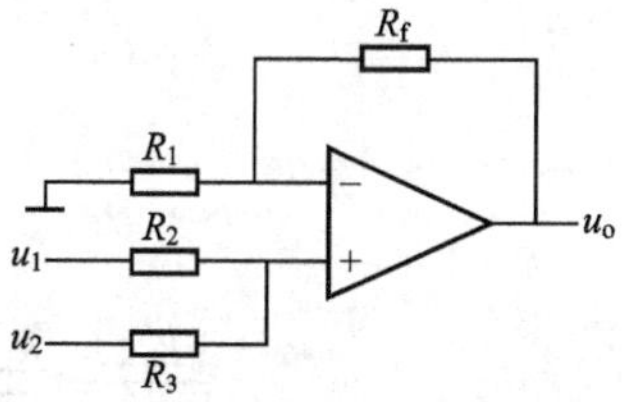

图2.9　同相求和运算电路

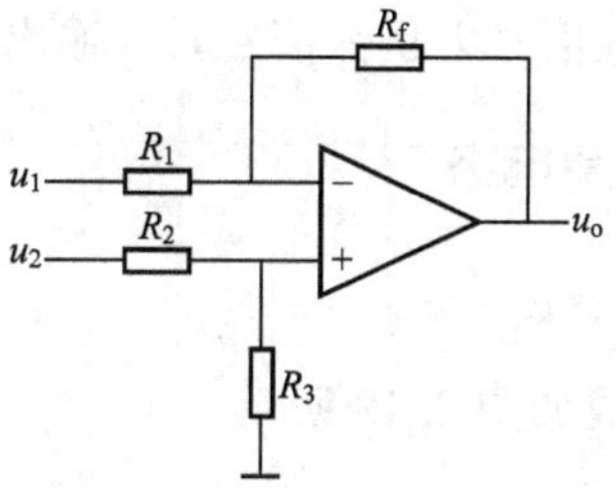

图2.10　加减运算电路

（2）电路的分析及特点，电路的输出表达式为

$$u_o=\left(1+\frac{R_f}{R_1}\right)\left(\frac{R_3}{R_2+R_3}u_2\right)-\frac{R_f}{R_1}u_1$$

如果选取电阻值满足$R_f/R_1=R_3/R_2$，则有

$$u_o=\frac{R_f}{R_1}(u_2-u_1)$$

即输出电压与两个输入电压之差成比例。

该电路也存在共模信号，故应选用共模抑制比高的集成运放，才能保证一定的运算精

度。另外该电路还可用两级反相求和运算电路实现，此时电路不存在共模信号。

2.2.3 积分运算电路

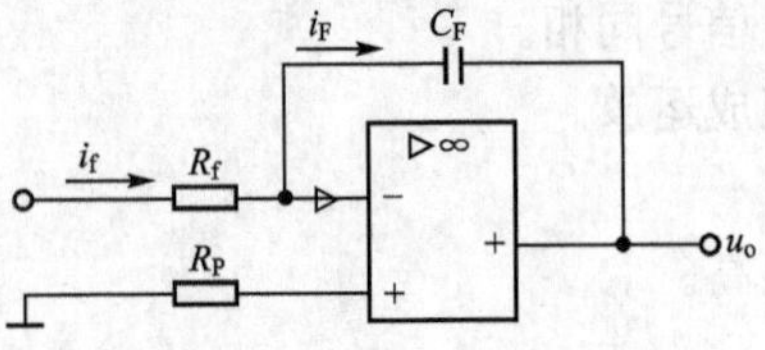

图 2.11 积分运算电路

分析方法：利用虚短、虚断的概念和基尔霍夫电流定理及电容端电压与通过它的电流的关系列出输出方程。

1. 电路的组成

电路的组成如图 2.11 所示。

2. 电路的分析及特点

利用上述分析方法可得电路的输出表达式

$$u_o = -\frac{1}{RC}\int u_1 \mathrm{d}t$$

上式表明输出电压为输入电压对时间的积分。

在求解 t_1 到 t_2 时间段的积分电压值时，

$$u_o = -\frac{1}{RC}\int_{t_1}^{t_2} u_1 \mathrm{d}t + u_o(t_1)$$

式中 $u_o(t_1)$——t_1 时刻电容上存的初始电压。

电路对不同输入信号的响应如下。

(1) 当输入信号为阶跃信号时，在它的作用下，电容将以近似恒流方式进行充电，输出电压与时间成近似线性关系。因此，

$$u_o \approx -\frac{u_1}{RC}t$$

但由于受集成运放最大值的限制，当输出电压达到最大饱和电压后，将不再变化。

(2) 当输入信号为方波信号时，输出信号为三角波。

(3) 当输入信号为正弦信号时，输出信号为滞后 90°的正弦波。

2.2.4 微分运算电路

1. 电路的组成

电路的组成如图 2.12 所示。

2. 电路的分析及特点

电路的输出表达式为

$$u_o = -RC\frac{\mathrm{d}u_i}{\mathrm{d}t}$$

上式表明输出电压正比于输入电压对时间的微分。

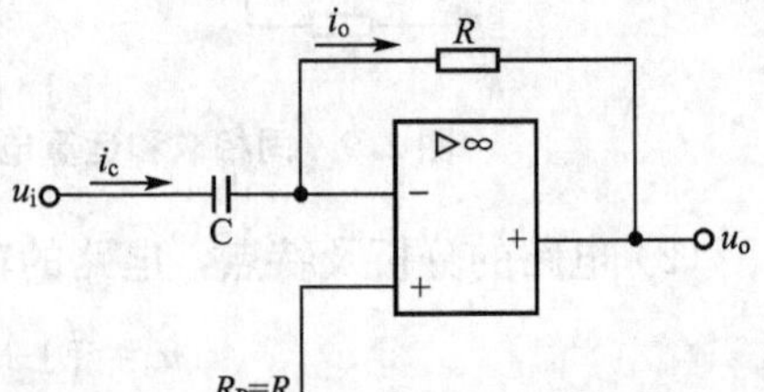

图 2.12 微分运算电路

2.2.5 测量放大电路结构与特性

在精密测量和控制系统中，需要把来自各种传感器的电信号在共模条件下按一定的

倍数精确地放大，这些电信号往往是微弱的差值信号，这就要求放大电路具有很大的共模抑制比、极高的输入电阻，放大倍数能在大范围内可调，且误差小、稳定性好等特点，这样的放大电路称为测量放大电路，又称为精密放大电路或仪用放大电路。典型的测量放大电路如图 2.13 所示，图中所有电阻均采用精密电阻。

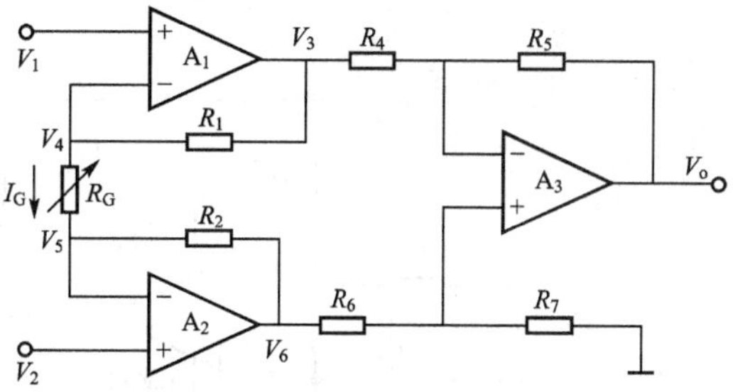

图 2.13 三运放测量放大电路

如图 2.13 所示是由 3 个运算放大器组成的测量放大电路，2 个对称的同相放大器 A_1、A_2 构成第一级，差动放大器 A_3 构成第二级。为提高电路的抗共模干扰能力和抑制漂移的影响，应使电路上下对称，即取 $R_1=R_2$、$R_4=R_6$、$R_5=R_7$。若 A_1、A_2、A_3 都是理想运放，则 $V_1=V_4$、$V_2=V_5$，故有

$$V_3=V_1+\frac{V_1-V_2}{R_G}R_1$$

$$V_6=V_2-\frac{V_1-V_2}{R_G}R_2$$

由上两式，可得

$$\frac{1}{2}(V_3+V_6)=\frac{1}{2}(V_1+V_2)$$

$$A_{f1}=\frac{V_3-V_6}{V_1-V_2}=\left(1+\frac{2R_1}{R_G}\right)\frac{R_5}{R_4}$$

整个放大器的闭环放大倍数

$$A_f=\frac{V_o}{V_1-V_2}=-\left(1+\frac{2R_1}{R_G}\right)\frac{R_5}{R_4}$$

调节 R_G 可方便地改变放大倍数，且 R_G 接在运放 A_1、A_2 的反相输入端之间，它的阻值的改变不会影响电路的对称性。

由此可见，测量放大电路具有以下特点。

(1) 测量放大器是一种带有精密差动电压增益的器件。

(2) 具有高输入阻抗、低输出阻抗的特点。

(3) 具有强抗共模干扰能力、低温漂、低失调电压和高稳定增益等特点。

(4) 在检测微弱信号的系统中被广泛用作前置放大器。

2.3 信号产生电路

2.3.1 方波产生电路

矩形波产生电路是一种能够直接产生矩形波的非正弦信号发生电路。由于矩形波包含极丰富的谐波，因此，这种电路又被称为多谐振荡器。

1. 由运放组成的矩形波产生电路

由运放组成的矩形波产生电路如图 2.14 所示，图中参数 R_1、R_2、R_3、R_4、R_w 可根据具体应用情况调整，而振荡频率取决于 R、C 的大小，频率计算公式为 $f=\frac{1}{1.39RC}$。

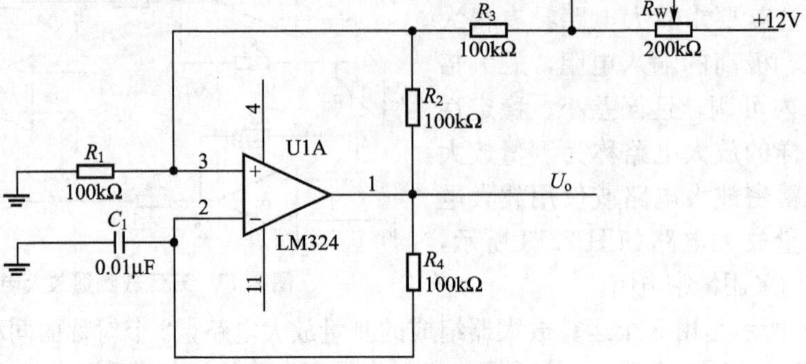

图 2.14　由运放组成的矩形波产生电路

2. 晶振和运放组成的矩形波产生器

图 2.15 中的输出信号频率决定于晶振的频率，其中电阻 $R_4=2\mathrm{k}\Omega$ 用作运算放大器输出级集电极开路的负载。

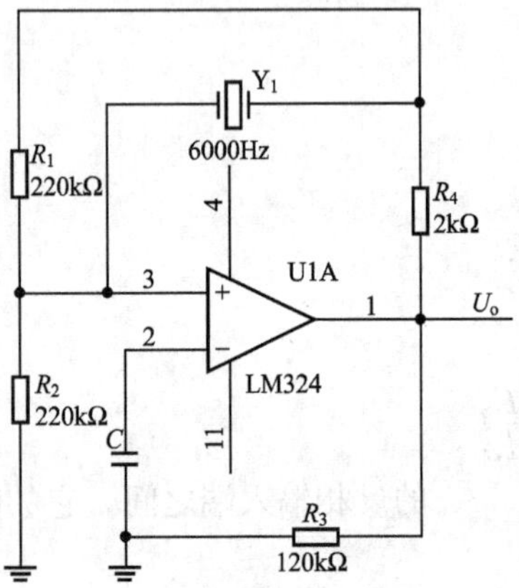

图 2.15　由晶振和运放组成的矩形波产生器

3. 555 电路组成的矩形波产生电路

电路图如图 2.16 所示。电路特点：充放电电路分开。充电路径：$tw_1=RAC\ln 2$，放电路径：$tw_2=RBC\ln 2$

占空比：$q=tw_1/(tw_1+tw_2)=(R_1+R_{2a})/(R_1+R_2+R_{2a}+R_{2b})$，通过调节 R_2 来调节占空比。

2.3.2　正弦波产生电路

图 2.17 是一个桥 T 形 RC 振荡器，电路中 $C_1=C_2=C_3$，振荡频率为 $f_0=\dfrac{1}{2\pi R_m C}$，$R_m=\dfrac{R_1+R_2}{2}$。为了减小失真，$Q$ 值不大于 5，$R_1/R_2=100$，正反馈系数为 $F=R_3/(R_3+R_4)$。

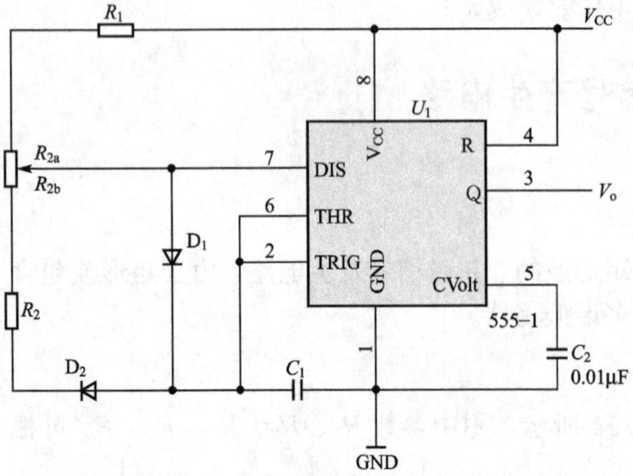

图 2.16　由 555 电路组成的矩形波产生电路

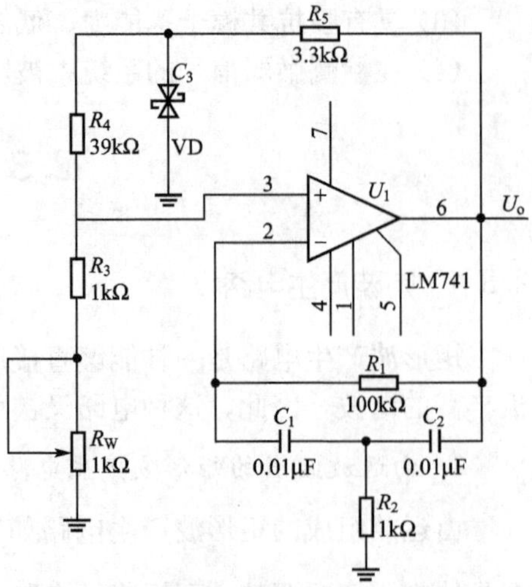

图 2.17　正弦波产生电路

2.3.3　三角波产生电路

图 2.18 中运放采用 4136，U1A 是一个门限检测器，U1B 是一个积分器，R_{V1}用于幅度调节，R_{V2}控制 C_1 的充电电流，进行频率调节。

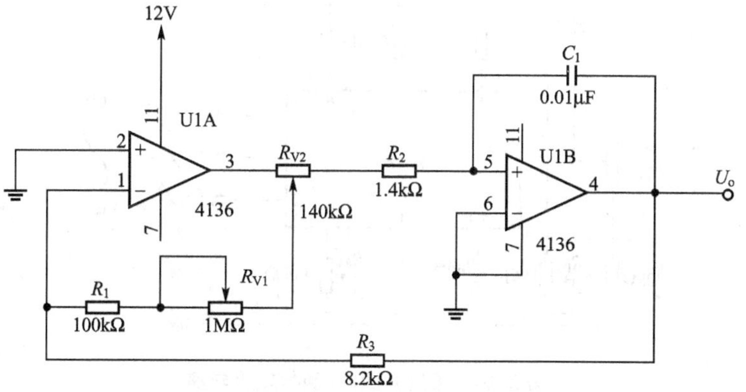

图 2.18　三角波产生电路

2.3.4　多种信号发生器

该信号发生器电路简单、成本低廉、调整方便。555 定时器接成多谐振荡器工作形式，C_2 为定时电容，C_2 的充电回路是 $R_2 \to R_3 \to R_P \to C_2$；$C_2$ 的放电回路是 $C_2 \to R_P \to R_3 \to I_C$ 的 7 脚(放电管)。由于 R_3 $R_P \gg R_2$，所以充电时间常数与放电时间常数近似相等，由 IC 的 3 脚输出的是近似对称方波。按图 2.19 所示元件参数，其频率为 1kHz 左右，调节电位器 R_P 可改变振荡器的频率。方波信号经 R_4、C_5 积分网络后，输出三角波。三角波再经 R_5、C_6 积分网络，输出近似的正弦波。C_1 是电源滤波电容。发光二极管 VD 用作电源指示。

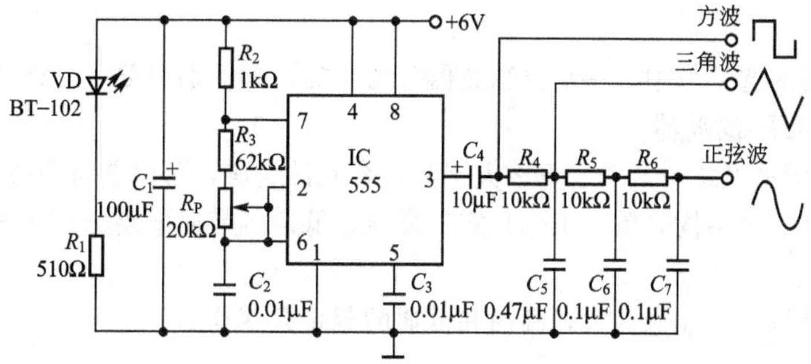

图 2.19　由 555 组成的多种信号发生器

如图 2.20 所示为采用 8038 的函数发生电路。采用集成电路芯片 8038 构成的函数发生器可同时获得方波、三角波和正弦波。三角波通过电容恒流放电而直接形成；方波由控制信号获得；正弦波由三角波通过折线近似电路获得。通过这种方式获得的正弦波不是平滑曲线，其失真率为 1%左右，可满足一般用途的需要。电路中的电位器 R_{P1} 用于调整频率，调整范围为 20Hz 到 20kHz。R_{P2}用于调整波形的失真率，R_{P3}用于调整波形的占空比。

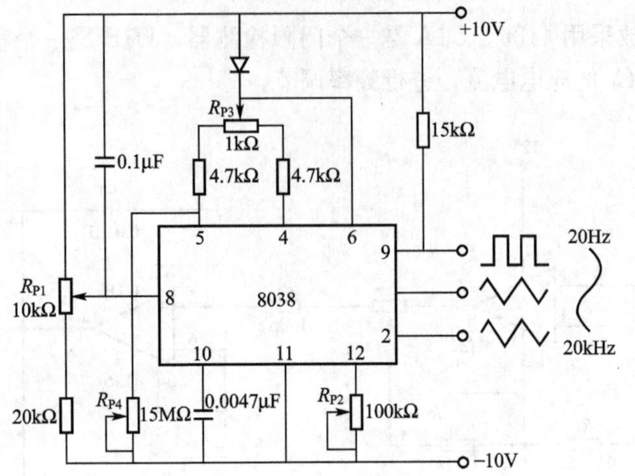

图 2.20　采用 8038 的函数发生电路

2.4　信号处理电路

信号处理电路主要由集成运算放大器或专用模拟集成电路，配以少量的外接元件构成，主要功能有信号放大、信号滤波、电平变换、电压—电流转换、电压—频率转换等。

2.4.1　有源滤波器

滤波器的种类很多，这里主要介绍由运算放大器和阻容元件组成的有源滤波器。这种滤波器具有许多独特的优点，运算放大器的增益和输入电阻高、输出电阻低，能提供一定的信号增益和缓冲作用；不用电感元件，减免了电感的非线性特性、损耗、体积和重量过大等缺点。

根据滤波器的选频作用，一般将滤波器分为 4 类，即低通(LPF)、高通(HPF)、带通(BPF)和带阻(BEF)滤波器。

如图 2.21 所示电路由 3 个运算放大器和阻容元件组成，可以获得高通、低通、带通 3 种滤波特性。该电路结构简单，工作稳定。高通、低通、带通电路分别由 3 个运放的输出端输出。

当输入信号从反相端输入时，高通和低通的截止频率均为

$$w_c=1/(R_fC_f)$$

$$Q=(1+R/R_Q)(1/(2+R/R_G))$$

当输入信号从反相端输入时，带通中心频率为

$$w_c=1/(R_fC_f)$$

$$Q=0.5(1+R/R_G+R/R_Q)$$

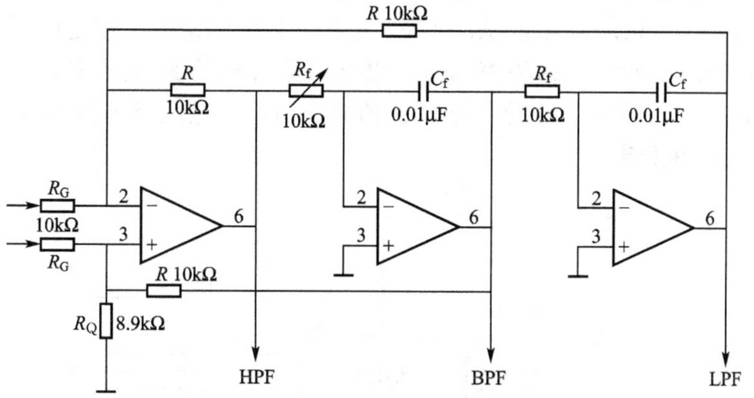

图 2.21　多功能滤波器

2.4.2　电压-电流转换器

电压-电流转换器将输入的电压信号变换为相应的电流信号。

如图 2.22 所示为电压-电流转换器。运放 A_1 为反相比例运算电路，将输入信号 $V_I=0\sim10V$ 变成 $-1.6\sim0V$ 的电压输出。运放 A_2 为电压-电流变换部分，将输入的电压信号变换为 4～20mA 的电流经电阻 R_{11} 向外输出。

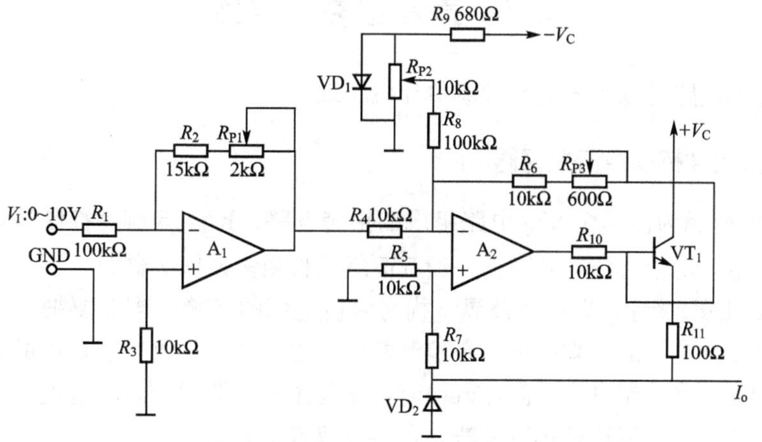

图 2.22　电压-电流转换电路

2.4.3　电压-频率转换器

电压-频率转换器将输入的电压信号变换为相应的脉冲频率。

电压-频率转换器 VFC 是一种实现模数转换功能的器件，将模拟电压变换为脉冲信号，该输出脉冲信号的频率与输入电压的大小成正比。电压-频率转换实际上是一种模拟量和数字量之间的转换技术。实现电压-频率转换有很多的集成芯片可以利用，其中 LM331 是一款性能价格比较高的芯片，由美国 NS 公司生产，是一种目前十分常用的电压-频率转换器，还可用作精密频率电压转换器、A/D 转换器、线性频率调制解调、长时间积分器及其他相关器件。

如图 2.23 所示是由 LM331 组成的典型的电压-频率变换器。其输出频率与电路参数的关系为 $u_o = V_I \cdot R_s/(2.09 \cdot R_1 \cdot R_t \cdot C_t)$。电路参数的理论值为该变换器可以将 1～5V 的电压转换成 200～2000Hz 的频率信号，电路参数理论值为 $R_t = 18\Omega$、$C_t = 0.022\mu F$、$R_1 = 100k\Omega$、$R_s = 16.5528\Omega$，电路参数理论值确定后，通过调节电位器 R_s，可以实现所需电压与频率的线性变换。

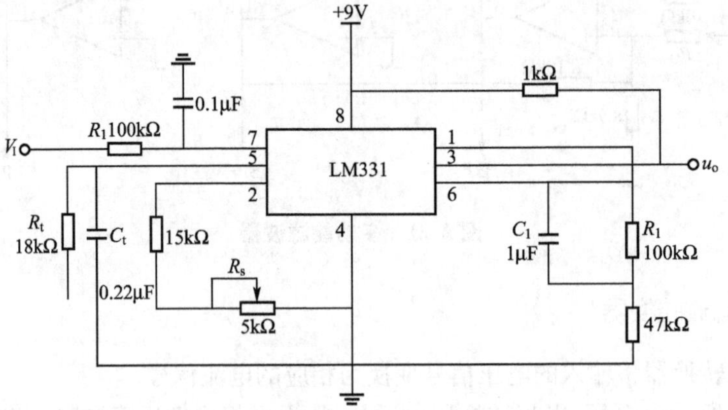

图 2.23　由 LM331 组成的电压频率转换器

2.5　声音报警器电路

声音报警器电路可以用分立元件或单片机实现。

2.5.1　由分立元件构成声音报警器

如图 2.24 所示为由两个 555 电路组成的报警电路，IC_1：5 脚为控制端，片内接比较器的反相输入端，电位为$(2/3)V_{CC}$。一般 555 组成自激多谐振荡器时，将 5 脚通过一个小电容(0.01～0.1μF)接地，以防止外界干扰对阈值电压的影响，当需要把它变成可控多谐振荡器时，可以在电路的 5 脚外加一个控制电压，这个电压将改变芯片内的比较电平，从而改变振荡频率，当控制电压升高(降低)时，振荡频率降低(升高)，这就是控制电压对振荡信号频率的调制。利用这种调制方法，可组成双音报警器。

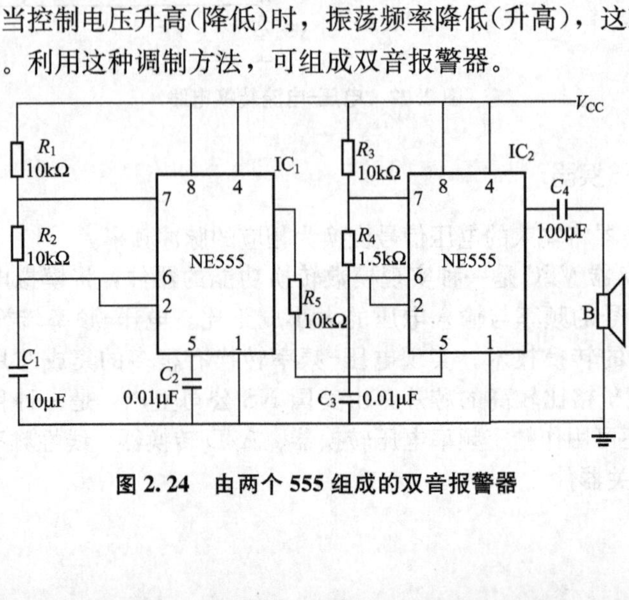

图 2.24　由两个 555 组成的双音报警器

IC1 输出的方波信号通过 R_5 控制 IC_2 的 5 脚电平。当 IC_1 输出高电平时，IC_2 的振荡频率低，当 IC_1 输出低电平时，IC_2 的振荡频率高。因此 IC_2 的振荡频率被 IC_1 的输出电压调试为两种音频，使扬声器发出双音声响。

2.5.2　由单片机构成的声音报警器

如图 2.25 所示为单片机声音报警器，用 AT89S51 单片机产生“嘀、嘀、……”产生频率为 1kHz 的报警声从 P1.0 端口输出，根据图 2.25 可知：1kHz 方波从 P1.0 输出 0.2s，接着 0.2s 从 P1.0 输出电平信号，如此循环下去，就形成所需的报警声了。

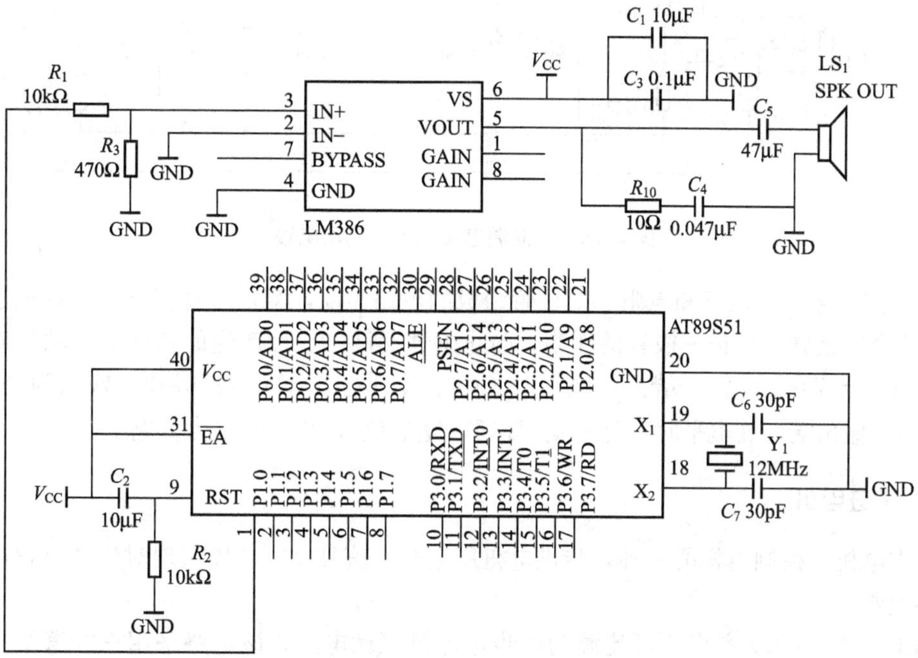

图 2.25　单片机声音报警器

2.6　功率驱动电路

2.6.1　直流电机驱动

直流电机驱动电路主要用来控制直流电机的转动方向和转动速度。改变直流电机两端的电压可以控制电机的转动方向。双向调速直流电机驱动电路如图 2.26 所示。

输入信号线由 Port 引入，Port1 脚是电机方向信号输入端，Port2 脚是 PWM 信号输入端，Port3 脚是地线。注意 Port3 脚对地连接了一个 2kΩ 的电阻。当驱动板与单片机分别供电时，这个电阻可以提供信号电流回流的通路。当驱动板与单片机共用一组电源时，这个电阻可以防止大电流沿着连线流入单片机主板的地线造成干扰。或者说，相当于把驱动板的地线与单片机的地线隔开，实现“一点接地”。电容 C_1 防止电机突然启动造成电压的突降。与非门 U1A 实现 PWM 信号与电机方向信号的调制，转换成接近功率电源电压

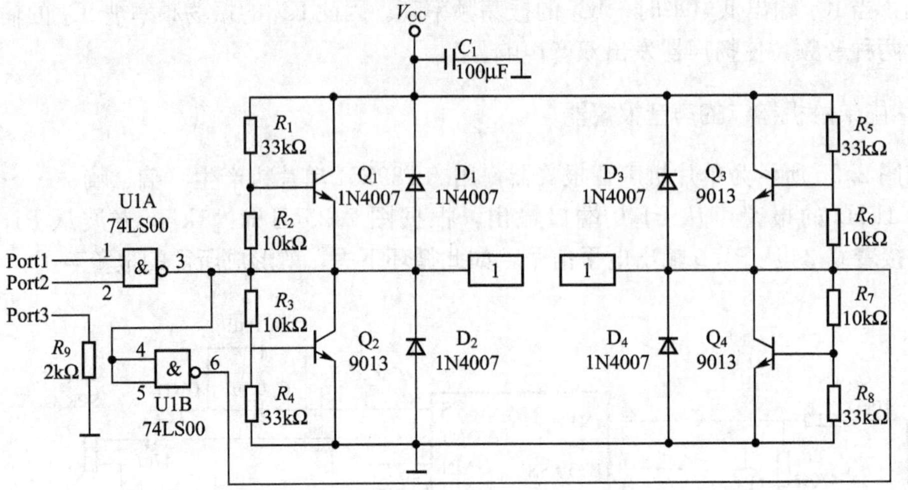

图 2.26　双向调速直流电机驱动电路

幅度的方波信号。三极管和电阻、二极管组成的电路驱动，实现对直流电机可调速正反转驱动。4 个二极管起保护三极管的作用，防止感性元件(电机)产生的负感应电动势对三极管的冲击。当 74LS00 输出端为低电平时，Q_2、Q_4 截止，Q_1、Q_3 导通，输出为高电平。当 74LS00 输出端为高电平时，Q_2、Q_4 导通，Q_1、Q_3 截止，输出为低电平。

2.6.2　步进电机

步进电机是控制电机的一种，步进电机用电脉冲信号控制，以实现对生产过程或设备的数字控制。

如图 2.27 所示为单电压恒流源功放步进电机驱动电路，该电路采用三极管组成的恒流源，使系统的时间常数变小。

如图 2.28 所示为一简单的双电源驱动电路。图中 U_1 为高电压电源，U_2 为低电压电

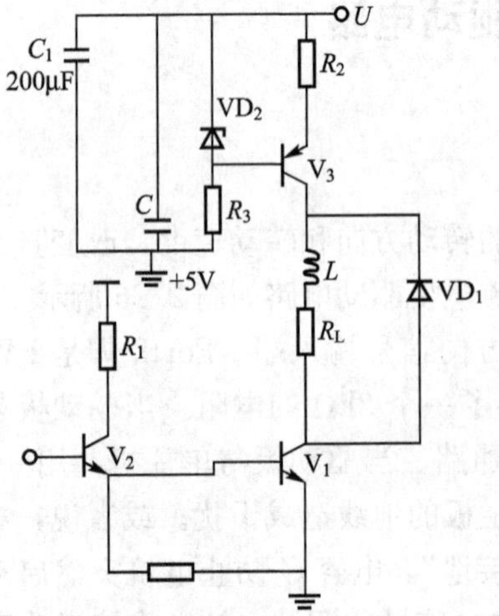

图 2.27　恒流功放步进电机驱动电路

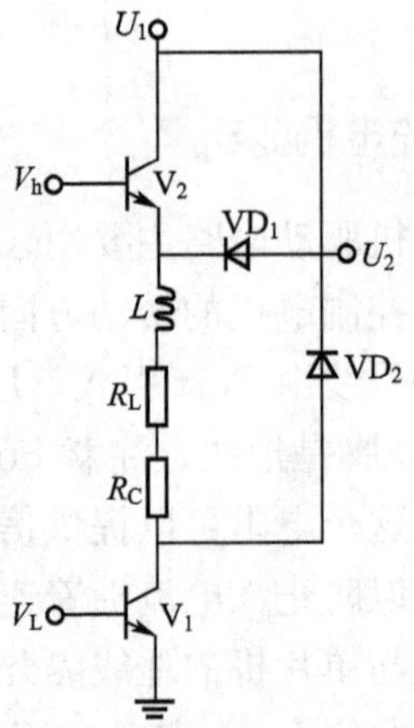

图 2.28　双电源驱动电路

源。为保证在前延时高电源电压起作用，正常驱动时高压不起作用，而由低压起作用，整个电路的控制信号不能共用一个，必然产生一个高压驱动信号。高压驱动信号和正常工作信号相互配合完成一步驱动工作。

思考与实践

1. 设计一直流稳压电源

1）技术指标

要求电源输出电压为±12V(或±9V/±5V)，输入电压为交流 220V，最大输出电流为 I_{omax}=500mA，纹波电压为 $\Delta V_{OP-P}\leqslant$5mV，稳压系数为 $S_r\leqslant$5%。

2）设计要求

(1) 设计一个能输出±12V/±9V/±5V 的直流稳压电源。

(2) 拟定测试方案和设计步骤。

(3) 根据设计要求和技术指标设计好电路，选好元件及参数。

(4) 要求绘出原理图，并用 Protel 画出印制板图。

(5) 在万能板或面包板或 PCB 板上制作一台直流稳压电源。

(6) 测量直流稳压电源的内阻。

(7) 测量直流稳压电源的稳压系数、纹波电压。

(8) 撰写设计报告。

3）设计提示

稳压电路若使用分离元件要有取样、放大、比较和调整 4 个环节，晶体管选用 3DD 或 3DG 等型号；若用集成电路选 78××和 79××稳压器。

测量稳压系数：在负载电流为最大时，分别测得输入交流比 220V 增大和减小 10%的输出 ΔV_o，并将其中最大的一个代入公式计算 S_r，当负载不变时，$S_r=\Delta V_o V_I/\Delta V_I V_o$。

测量内阻：在输入交流为 220V 时，分别测得负载电流为 0 及最大值时的 ΔV_o，$r_o=\Delta V_o/I_L$。

纹波电压测量：叠加在输出电压上的交流分量一般为 mV 级。可将其放大后，用示波器观测其峰一峰值 ΔV_{OP-P}；用可用交流毫伏表测量其有效值 ΔV_O，由于纹波电压不是正弦波，所以用有效值衡量存在一定误差。

2. 设计一简易信号发生器

1）技术指标

频率范围：100Hz～1kHz，1～10kHz。

输出电压：方波 $V_{P-P}\leqslant$24V，三角波 V_{P-P}=6V，正弦波 V_{P-P}=1V；方波 t_r 小于 1μs。

2）设计要求

(1) 电路能输出正弦波、方波和三角波 3 种波形。

(2) 输出信号的频率要求可调。

(3) 拟定测试方案和设计步骤。

(4) 根据性能指标，计算元件参数，选好元件，设计电路并画出电路图。

(5) 在面包板或万能板或 PCB 板上安装电路。

(6) 测量输出信号的幅度和频率。

(7) 撰写设计报告。

3) 设计提示

(1) 可先产生正弦波，然后通过整形电路将正弦波变成方波，再由积分电路将方波变成三角波；也可先产生三角波—方波，再将三角波变成正弦波。

(2) 也可用单片集成芯片 IC8038 实现，采用这种方案时要求幅度可调。

项目3

设计与制作数字电路

教学目标及要求

1. 知识目标及要求

(1) 掌握数字电子技术的基础知识及常见数字电子集成芯片的功能及应用。

(2) 常用电子测试、测量工具的基本原理和使用要求。

(3) 学会设计简单数字电路。

2. 技能目标及要求

(1) 能装配、调试简单的电子装置。

(2) 学会手工制作印刷电路板。

(3) 会排除简单电路故障。

3. 素质目标及要求

(1) 培养学生浓厚的学习兴趣。

(2) 培养学生较强的责任心。

(3) 培养学生良好的心理素质。

(4) 培养学生良好的合作精神、创新能力。

(5) 培养学生在电子设计中树立正确的科学观和方法论。

项目导读

数字逻辑电路的设计包括两个方面：基本逻辑功能电路设计和逻辑电路系统设计。关于基本逻辑功能电路设计一般在《数字电路技术基础》教材中均有较详细的介绍，这里主要介绍数字逻辑电路系统的设计，即根据设计的要求和指标，将基本逻辑电路组合成逻辑电路系统。

数字逻辑电路通常由输入电路、控制运算电路、输出电路、电源电路4部分组成，如图3.1所示。

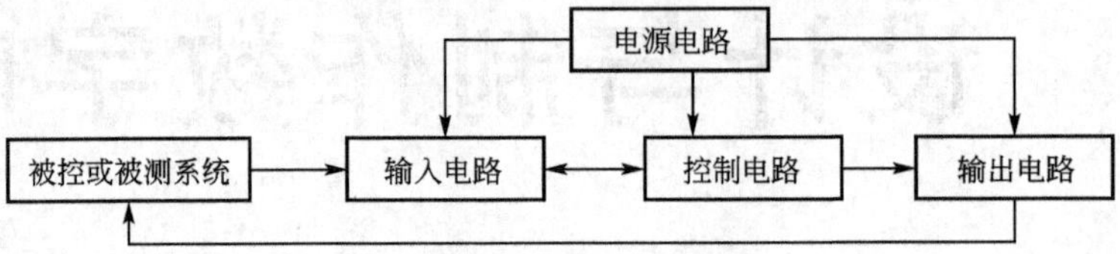

图3.1　数字逻辑电路组成图

数字逻辑电路总体方案设计的基本方法如下。

(1) 根据总的功能和技术要求，把复杂的逻辑系统分解成若干个单元系统，单元的数目不宜太多，每个单元也不能太复杂，以方便检修。

(2) 每个单元电路由标准集成电路组成，选择合适的集成电路及器件构成单元电路。

(3) 考虑各个单元电路间的连接，所有单元电路在时序上应协调一致，满足工作要求，相互间电气特性应匹配，保证电路能正常、协调工作。

3.1　数字显示4路抢答器的设计

本设计是采用触发器数字集成电路制成的数字显示4路抢答器，它利用数字集成电路的锁存特性，实现优先抢答和数字显示功能，具体设计要求如下。

(1) 设计一个可供4名选手参加比赛的4路数字显示抢答器。

(2) 电路具有第一抢答信号的鉴别与保持功能，抢答后声光提示。

(3) 主持人具有清零开关，为后一轮抢答做准备。

3.1.1　电路设计和原理分析

设计电路由开关电路、编码电路、控制电路、锁存电路和显示电路构成，其流程图如图3.2所示。

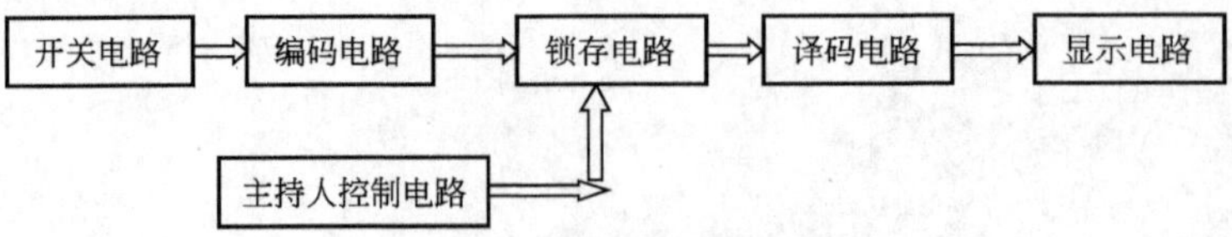

图3.2　4路抢答器流程图

其中开关电路用来控制电压的开断，从而发出抢答信号，进而给编码电路相应的高低电平(编码器选用74LS148)，编码器发出信号给触发锁存电路，锁存相应的抢答信号(锁存器选用74LS279)，然后将锁存信号送入数码管译码电路进行译码(译码器用74LS48)，译码后将信号送入共阴极七段数码管显示。而主持人控制电路通过开关的开断触发锁存电路控制信号，从而实现清零，为下一轮抢答做准备。

3.1.2　单元电路分析与设计

1. 开关电路

4位抢答者通过开断各自的开关实现抢答，给编码器输入高低电平，其中低电平为有效抢答信号。

2. 编码电路

编码电路主要用来接收开关电路送来的抢答信号，并对它进行编码，其主要由74LS148编码器完成。74LS148的引脚图如图3.3(a)所示，真值表如图3.3(b)所示，真值表中H代表高电平，L代表低电平，X代表任意。

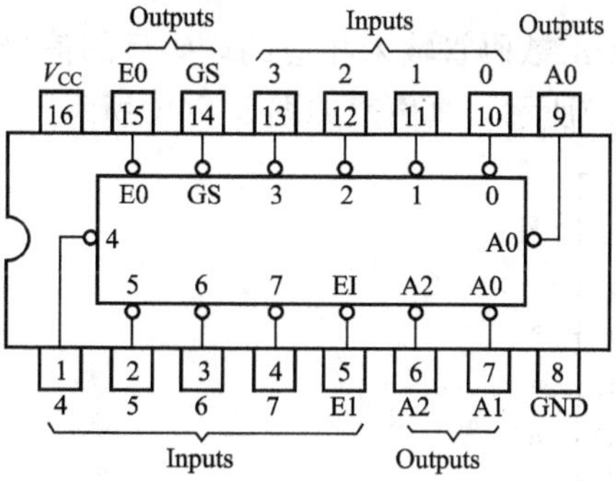

(a)

Inputs									Outputs				
EI	0	1	2	3	4	5	6	7	A2	A1	A0	GS	EO
H	X	X	X	X	X	X	X	X	H	H	H	H	H
L	H	H	H	H	H	H	H	H	H	H	H	H	L
L	X	X	X	X	X	X	X	L	L	L	L	L	H
L	X	X	X	X	X	X	L	H	L	L	H	L	H
L	X	X	X	X	X	L	H	H	L	H	H	L	H
L	X	X	X	X	L	H	H	H	L	H	H	L	H
L	X	X	X	L	H	H	H	H	H	L	L	L	H
L	X	X	L	H	H	H	H	H	H	L	H	L	H
L	X	L	H	H	H	H	H	H	H	H	L	L	H
L	L	H	H	H	H	H	H	H	H	H	H	L	H

(b)

图3.3　74LS148的引脚图和真值表

(a) 引脚图；(b) 真值表

若1号抢答者最先按下开关，则编码器的输入信号变为“HLHHHHHH”，输出信号为“HHL”，其他的以此类推(注：输入/输出均是低电平为有效信号)。

3. 锁存电路

锁存电路主要用来锁存编码器的输出信号，并向数码管译码器输入锁存信号，主要由两片74LS279组成(每片含4个$\overline{RS}$触发锁存器)。74LS279的引脚图如图3.4(a)所示，真值表如图3.4(b)所示。

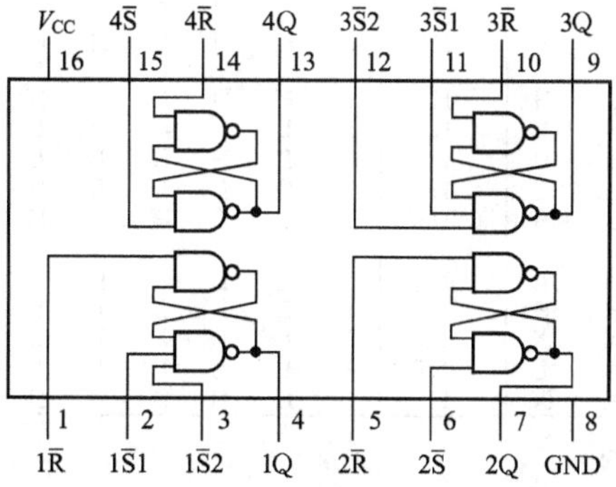

(a)

Inputs		Outputs
$\overline{S}$(1)	$\overline{R}$	Q
L	L	H
L	H	H
H	L	L
H	H	Q_0

(b)

图3.4　74LS279的引脚图和真值表

(a) 引脚图；(b) 真值表

若编码器输出的信号为“HHL”，则 3 个锁存器的输出(即 Q)为“LLH”，其他的依此类推(其中对 $\overline{RS}$ 锁存器输入低电平为有效信号)。

4. 控制电路

通过对第 4 个锁存器 74LS279 的输入端 $\overline{R}$ 端加高低电平对其进行控制，低电平(即开关闭合)时，4 个锁存器的输出(即 Q)全为低电平，而这个低电平会被传送到编码器 74LS148 的使能端 EI 和数码管译码器 74LS48 的 4 脚，使它们停止工作，数码管不显示任何数字，从而达到清除上一轮抢答结果的目的；加高电平(即开关断开)时，可以进行正常的抢答。

5. 译码电路

通过译码器对锁存器输出的信号进行译码，并给数码管输入相应的译码后的信号，其主要由 74LS48 组成。74LS48 的引脚图如图 3.5(a)所示，真值表如图 3.5(b)所示。

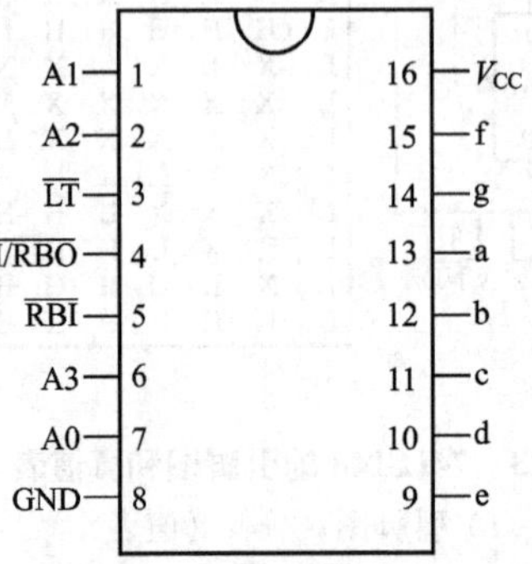

(a)

Decimal Or Function	Inputs							Outputs						
	$\overline{LT}$	$\overline{RBI}$	A_3	A_2	A_1	A_0	$\overline{BI/RBO}$	a	b	c	d	e	f	g
0 (Note 1)	H	H	L	L	L	L	H	H	H	H	H	H	H	L
1 (Note 1)	H	X	L	L	L	H	H	L	H	H	L	L	L	L
2	H	X	L	L	H	L	H	H	H	L	H	H	L	H
3	H	X	L	L	H	H	H	H	H	H	H	L	L	H
4	H	X	L	H	L	L	H	L	H	H	L	L	H	H
5	H	X	L	H	L	H	H	H	L	H	H	L	H	H
6	H	X	L	H	H	L	H	L	L	H	H	H	H	H
7	H	X	L	H	H	H	H	H	H	H	L	L	L	L
8	H	X	H	L	L	L	H	H	H	H	H	H	H	H
9	H	X	H	L	L	H	H	H	H	H	L	L	H	H
10	H	X	H	L	H	L	H	L	L	L	H	H	L	H
11	H	X	H	L	H	H	H	L	L	H	H	L	L	H
12	H	X	H	H	L	L	H	L	H	L	L	L	H	H
13	H	X	H	H	L	H	H	H	L	L	H	L	H	H
14	H	X	H	H	H	L	H	L	L	L	H	H	H	H
15	H	X	H	H	H	H	H	L	L	L	L	L	L	L
$\overline{BI}$ (Note 2)	X	X	X	X	X	X	L	L	L	L	L	L	L	L
$\overline{RBI}$ (Note 3)	H	L	L	L	L	L	L	L	L	L	L	L	L	L
$\overline{LT}$ (Note 4)	L	X	X	X	X	X	H	H	H	H	H	H	H	H

(b)

图 3.5　74LS48 的引脚图和真值表

(a) 引脚图；(b) 真值表

6. 显示电路

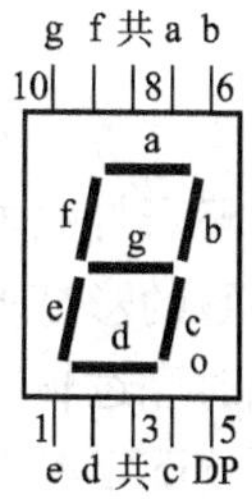

图 3.6 七段式 LED 显示管引脚功能图

显示电路主要用来显示译码器送来的信号，这里选用共阴极七段数码管(图 3.6)来显示数字信号，即为最终的抢答结果。

若译码器输出为“LHHLLLL”，则数码管显示数字“1”。

3.1.3 总原理图及元器件清单

1. 总原理图

4 路抢答器总原理图如图 3.7 所示。

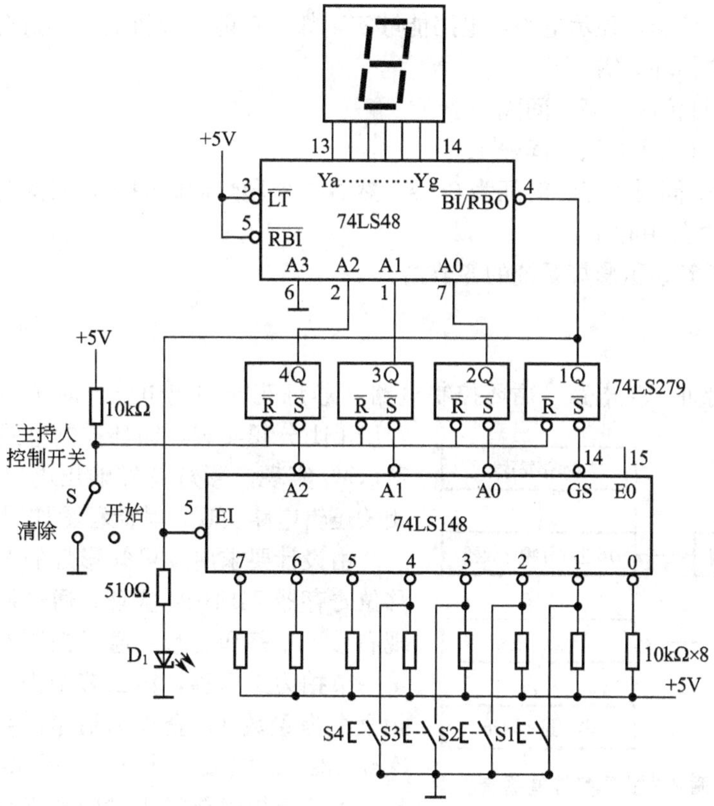

图 3.7 4 路抢答器总原理图

2. 元器件清单

(1) 电阻：10kΩ×9，510Ω×1。

(2) 发光二极管：LED(红)×1。

(3) 开关：5 个。

(4) 芯片：74LS148×1，74LS279×2，74LS48×1。

(5) 共阴极七段数码管 1 个。

(6) 导线、万能板等。

3.2 4路彩灯控制系统的设计

循环彩灯的电路很多，循环方式更是五花八门，而且有专门的可编程彩灯集成电路。绝大多数的彩灯控制电路都是用数字电路来实现的。设计4路彩灯控制器的目的在于进一步熟悉时序逻辑电路、脉冲发生电路的知识及熟悉相关数字芯片的功能和使用方法。本设计通过555定时器、74LS161计数器、74LS194移位计数器等实现一个装饰性4路彩灯控制器，通过这个控制器可以实现灯的不同花色。

3.2.1 设计任务和要求

设计一个4路彩灯显示电路，电路能够实现如下功能，开机后，彩灯分3个节拍循环工作，完成一个循环共需12s。

(1) 4个彩灯依次点亮，间隔1s。

(2) 4个彩灯依次熄灭，间隔1s。

(3) 4个彩灯同时点亮，时间为0.5s；然后4个彩灯同时熄灭，时间为0.5s。再重复步骤(3)3次，总共用时4s。

用发光二极管显示彩灯系统的各节拍。

3.2.2 设计原理

设计时钟脉冲产生电路，循环控制电路和彩灯花样输出电路。时钟脉冲产生电路由74LS161分频实现，循环控制电路由74LS161和74LS20实现，彩灯花样输出电路由74LS194和相关逻辑电路实现，其流程图如图3.8所示。

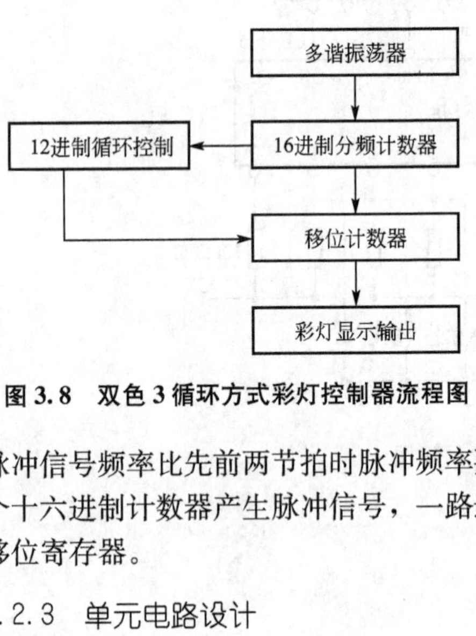

图3.8 双色3循环方式彩灯控制器流程图

由设计要求出发可知彩灯的3个节拍可以用移位寄存器74LS194实现，通过控制S0和S1实现右移、左移和送数，通过控制CLR控制清零。第一节拍为1右移，第二节拍为0左移，第三节拍全亮为置数1，全灭为清零。由于程序循环1次要12s，故需要一个十二进制的计数器控制循环。第三节拍时要求1秒内全亮全灭各1次，故脉冲信号频率比先前两节拍时脉冲频率要快1倍，而且要以相同频率控制CLR。可以用一个十六进制计数器产生脉冲信号，一路送到控制十二进制的计数器，一路经逻辑电路送到移位寄存器。

3.2.3 单元电路设计

1. 时钟脉冲电路

用555定时器构成多谐振荡器，电路输出便得到一个周期性的矩形脉冲，其周期为

$$T=0.7(R_1+2R_2)C$$

控制74LS161模块如图3.9所示，十六进制计数器的电阻值和电容值可设为$R_1=$

1kΩ，R_2=20kΩ，C=0.01μF。

由周期公式计算得 T=0.287s。

对于74LS161，在CLK出现前，即使ENP、ENT、CLR发生变化，电路的功能也不受影响。

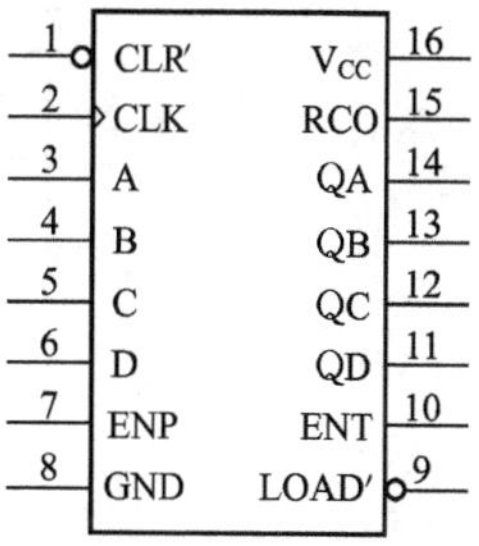

图3.9 74LS161引脚图

RCO：进位输出端。

CLK：时钟输入端(上升沿有效)。

CLR′：同步清除输入端(低电平有效)。

ENP：计数控制端。

ENT：计数控制端。

A～D并行数据输入端。

LOAD：同步并行置入控制端(低电平有效)。

QA～QD：输出端。

用555定时器构成多谐振荡器，电路输出便得到一个周期性的矩形脉冲，控制74LS161模块十六进制计数器。74LS161的A输出2倍周期的脉冲信号；B输出4倍周期的脉冲信号，大约1s。

2. 循环控制电路

循环控制电路如图3.10所示。

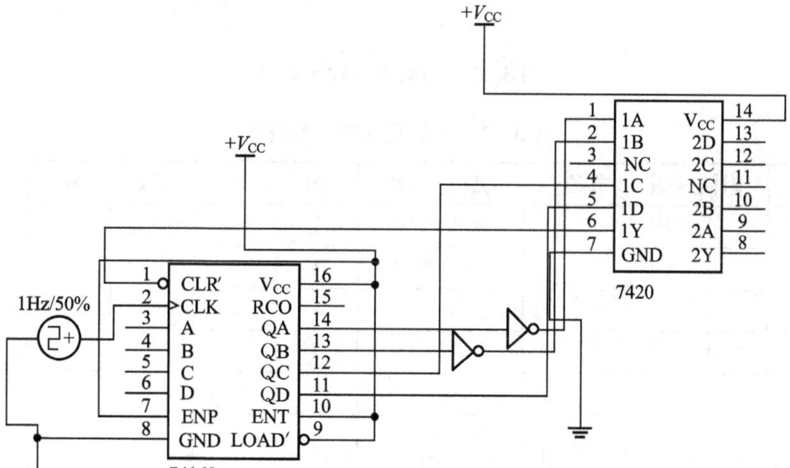

图3.10 十二进制循环控制电路

如果模 N 计数器的计数序列从最小0到最大数 $N-1$，那么 N 是多余的，可用与非门检测 N，当 N 出现时，与非门输出最低，用它控制清零端CLR′，将计数器清零。此处工作状态从0000～1011，检测1100(异步清零)。

3. 彩灯花样输出电路

彩灯花样输出电路如图3.11所示。

通过十二进制计数器的输出端的C、D信号控制移位寄存器的S0和S1及其CLR′端真值表见表3-1。

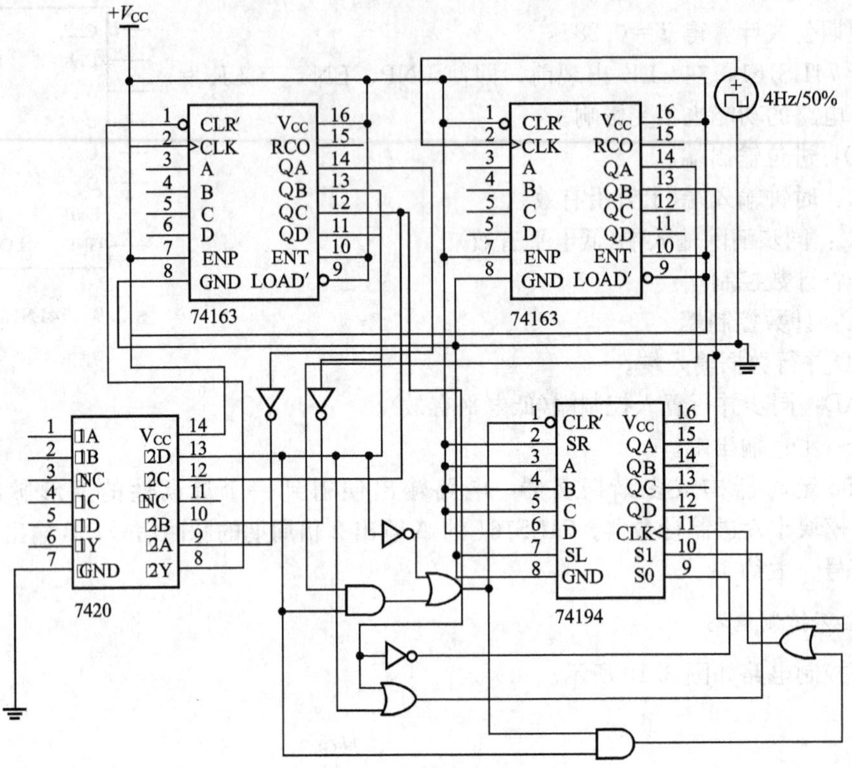

图 3.11　彩灯花样输出电路

表 3－1　彩灯花样输出逻辑表

CLK		时间/s	节拍	QD	QC	S0	S1	SR	SL	74LS194 动作
0	1Hz 脉冲 B	1	第一节拍	0	0	1	0	1	*	右移 1
1		2		0	0	1	0			
2		3		0	0	1	0			
3		4		0	0	1	0			
4		5	第二节拍	0	1	0	1	*	0	左移 0
5		6		0	1	0	1			
6		7		0	1	0	1			
7		8		0	1	0	1			
8	2Hz 脉冲 A	9	第三节拍	1	0	1	1	*	*	送 1 清零
9				1	0	1	1			
10		10		1	0	1	1			
11				1	0	1	1			
12		11		1	0	1	1			
13				1	0	1	1			
14		12		1	0	1	1			
15				1	0	1	1			

由表 3-1 得

S0=QC′

S1=QD+QC

CLR′=(QD×A+QD′)

进一步分析可知 74LS194 脉冲控制：CLK=(QD×A+QD′)×QD+B

3.2.4　总原理图及元器件清单

1. 总原理图

总原理图如图 3.12 所示。

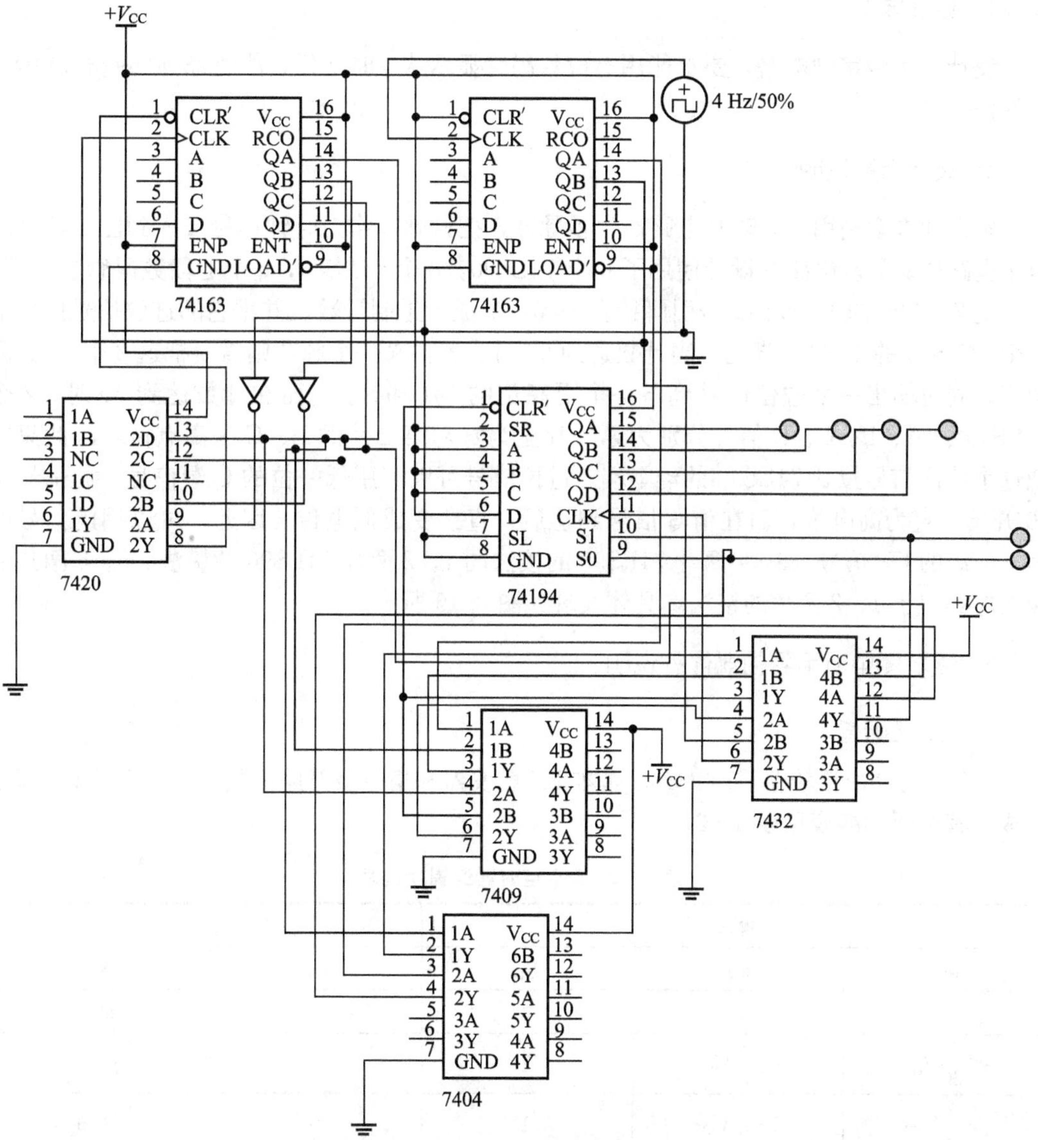

图 3.12　4 路彩灯控制器的设计电路图

2. 元器件清单

(1) 2片74LS163。

(2) 555时基电路。

(3) 1片74LS194。

(4) 74LS04、74LS09、74LS20、74LS32各1片。

(5) 电源、导线及彩灯若干。

3.3 简易数字钟设计

3.3.1 设计要求

设计一个数字钟电路，要求能用七段数码管显示从0时0分0秒到23时59分59秒之间的任一时刻。

3.3.2 设计方案说明

本设计方案利用555时基电路产生秒脉冲，把秒脉冲作为时钟信号接入到已设计好的异步电路中。异步电路的设计使用了6个74LS90，3个74LS00，6个七段数码管显示器。其中把74LS90的1号和12号引脚接在一起，形成十进制计数。并把它的进位信号拉到下一个74LS90的14号引脚上。当计数达到59时，若再来一个脉冲则需要把这2个74LS90清零，同时输出一个进位信号到下一个更高位的74LS90上。而在计数达到60时，2个74LS90的A、B、C、D信号分别为第一片全为零，第二片的B、C为高点位，因此只要把这个特征信号拉到74LS90的清零端。进位信号可以利用低一位的C端信号。此信号从40开始一直为高电位，而在清零信号到达后，直接变成低电位，因此，可以用此信号作为下一级的CP信号。3、4两片74LS90的接法同1、2两片74LS90的接法。5、6两片的接法亦类似于1、2两片的接法，具体实现如图3.15所示。

3.3.3 设计图中所用到的器件的说明

1. 555定时器

555定时器由比较器C1和C2、基本RS触发器和集电极开路的放电三极管Td三部分组成。其逻辑功能表见表3-2。

表3-2 555定时器逻辑功能表

输入			输出	
u_{I1}	u_{I2}	$\overline{R_D}$	U_o	VT
×	×	0	0	导通
$<\frac{2}{3}V_{CC}$	$<\frac{1}{3}V_{CC}$	1	1	截止
$>\frac{2}{3}V_{CC}$	$>\frac{1}{3}V_{CC}$	1	0	导通
$<\frac{2}{3}V_{CC}$	$>\frac{1}{3}V_{CC}$	1	不变	不变

2. 二一五一十进制计数器：74LS90

74LS90是按照异步十进制加法计数器的原理制成的异步十进制加法计数器。若以CLK0为计数输入端、Q0为输出端，即得到二进制计数器(或二分频器)；若以CLK1为输入端、Q1、Q2、Q3为输出端，则得到五进制计数器(或五分频器)；若将CLK1和Q0相连，同时以CLK0为输入端、Q3、Q2、Q1、Q0为输出端，则得到十进制计数器(或十分频器)。其引脚图和逻辑功能如图3.13所示，其中H代表高电平，L代表低电平，X代表任意值。

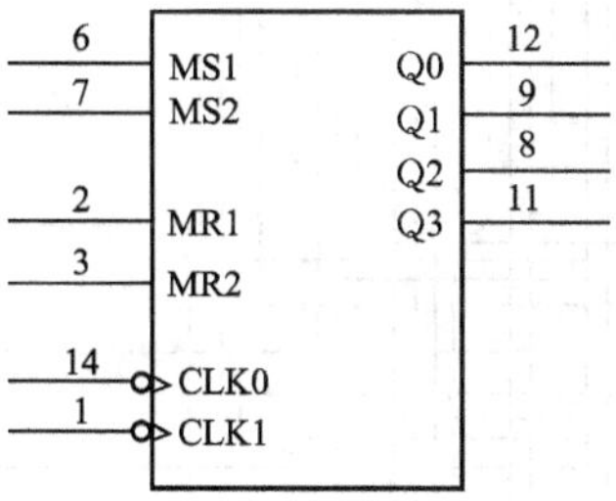

(a)

功能引脚输入				输出			
MR1	MR2	MS1	MS2	Q0	Q1	Q2	Q3
H	H	L	X	L	L	L	L
H	H	X	L	L	L	L	L
X	X	H	H	H	L	L	H
L	X	L	X	计数			
X	L	X	L	计数			
L	X	X	L	计数			
X	L	L	X	计数			
H: 高水平；　L: 低水平；　X: 任意值							

(b)

图3.13　74LS90的引脚图和功能表

(a) 引脚图；(b) 功能表

3. 四2输入与非门74LS00

74LS00采用肖特基二极管作为输入级组成与门电路，而用三极管作为输出级实现非的逻辑功能。其引脚图和真值表如图3.14所示。

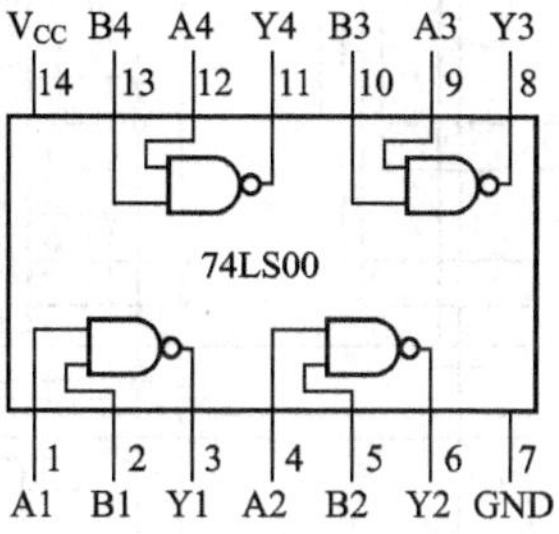

(a)

Inputs		Outputs
A	B	Y
L	L	H
L	H	H
H	L	H
H	H	L
H: 高水平；　L: 低水平		

(b)

图3.14　74LS00的引脚图和逻辑真值表

(a) 引脚图；(b) 真值表

4. 集成七段数码管

七段数码管的逻辑功能表见表3-3。

表3-3　七段数码管的逻辑功能表

输入	A	0	1	0	1	0	1	0	1	0	1
	B	0	0	1	1	0	0	1	1	0	0
	C	0	0	0	0	1	1	1	1	0	0
	D	0	0	0	0	0	0	0	0	1	1
输出		0	1	2	3	4	5	6	7	8	9

3.3.4 原理图与元器件清单

1. 总原理图

总原理图如图 3.15 所示。

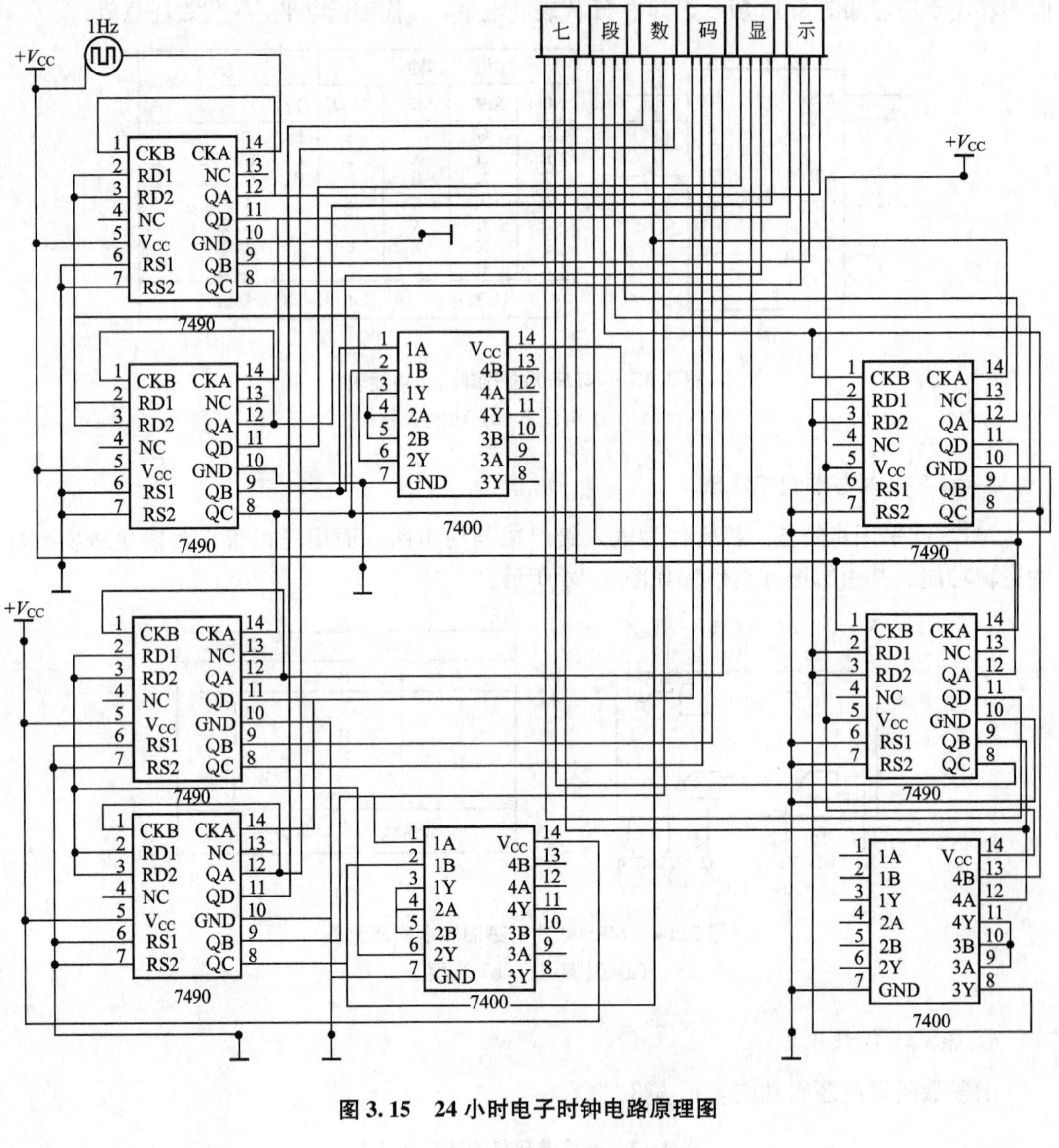

图 3.15 24 小时电子时钟电路原理图

2. 元器件清单

(1) 555 时基电路。

(2) 6 片 7490。

(3) 3 片 7400。

(4) 电源及导线若干。

3.4　简易数字频率计

3.4.1　数字频率计的性能指标要求

(1) 频率测量范围：10～9999Hz。

(2) 输入电压幅度：>300mV。

(3) 输入信号波形：任意周期信号。

(4) 显示位数：4位。

(5) 电源：220V，50Hz。

3.4.2　数字频率计的设计思路

数字频率计由4部分组成：时基电路、闸门电路、逻辑控制电路以及可控制的计数、译码、显示电路。由555定时器、分级分频系统及门控制电路得到具有固定宽度 T 的方波脉冲做控制信号，时间基准 T 称为闸门时间，宽度为 T 的方波脉冲控制闸门的一个输入端B。被测信号频率为 f_x，周期 t_x，到闸门另一输入端A。当门控制电路的信号到来时，闸门开启，周期为 t_x 的信号脉冲和周期为 T 的门控制信号结束时过闸门，于输出端C产生脉冲信号到计数器，计数器开始工作，直到门控制信号结束，闸门关闭，单稳1的暂态送入锁存器的使能端，锁存器将计数结果锁存，计数器停止计数并被单稳态清零，在整个电路中，时基电路是关键，闸门信号脉冲宽度是否精确直接决定了测量结果是否精确。

基本原理：所谓频率就是周期性信号在单位时间内(1s)内变化的次数。若在一定时间间隔 T 内测得这个周期性信号的重复变化次数 N，则其频率可表示为：$f=N/T$。如图3.16(a)所示

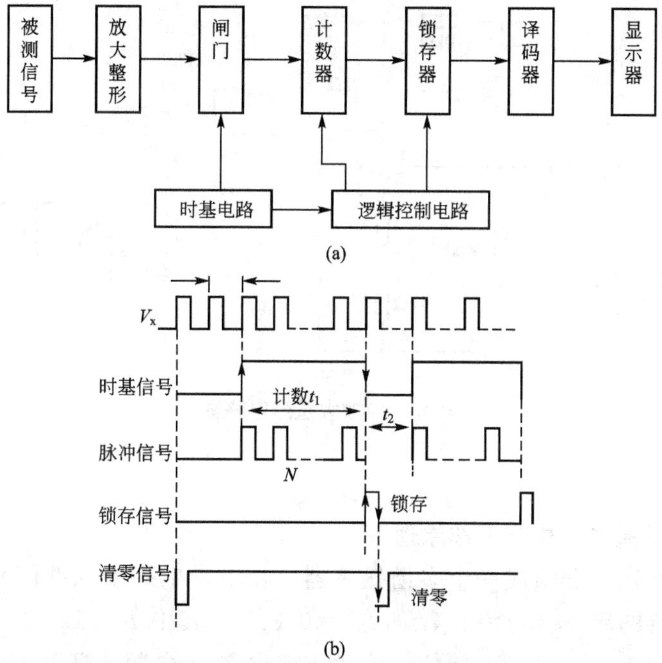

图3.16　数字频率计

(a) 数字频率计原理框图；(b) 各信号之间的时序关系图

是数字频率计的组成框图。被测信号经放大整形电路变成计数器所要求的脉冲信号 V_x，其频率与被测信号频率相同。时基电路提供标准时间基准信号，其高电平持续时间 $t_1=1s$，当 1s 信号来到时，闸门开通，被测脉冲信号通过闸门，计数器开始计数，直到 1s 信号结束时闸门关闭，停止计数。若在闸门时间 1s 内计数器得到的脉冲个数为 N，则被测信号频率 $f_x=N\text{Hz}$。逻辑控制电路的作用有两个：①产生锁存脉冲，使显示器上的数字稳定；②产生清零脉冲，使计数器测量每次从零开始计数，各信号之间的时序关系如图 3.16(b)所示。

3.4.3 数字频率计的基本单元电路设计

1. 放大整形电路

1) 放大整形电路的基本结构与工作原理

放大整形系统将正弦波输入信号 V_x 整形成同频率方波 V_o，测试信号通过开关选择输入衰减倍数，衰减器由分压器构成，幅值过大的被测信号经过分压器分压送入各级放大器，以避免波形失真。由运算放大器构成的放射级跟随器起阻抗变换作用，使输入阻抗提高。同相输入的运算放大器的放大倍数为$(R_f+R_1)/R_1$，改变 R_f 的大小可以改变放大倍数。系统的整形电路由施密特触发器组成，整形后的方波被送到闸门以便计数。

2) 放大整形电路的设计

放大整形电路由晶体管 9014 和 74LS00 等组成。其中由 9014 组成的放大器将输入频率为 f_x 的周期信号如正弦波、三角波等进行放大。由与非门 74LS00 构成的施密特触发器对放大器的输出信号进行整形，使之成为矩形脉冲，电路图如图 3.17 所示。

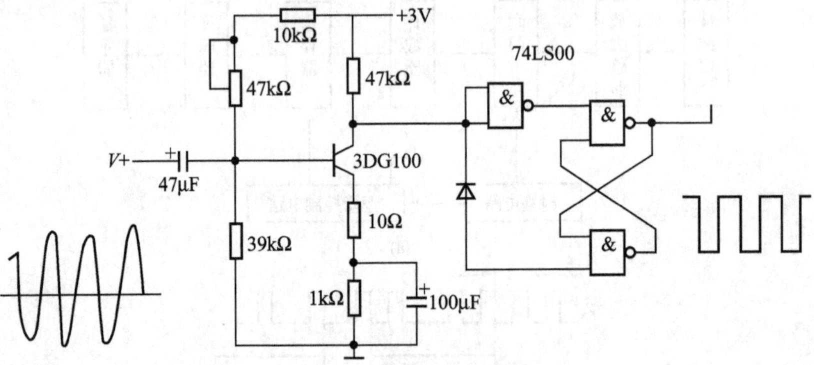

图 3.17 放大整形电路图

2. 时基电路

1) 时基电路的基本结构与工作原理

此电路由 555 定时器组成一个多谐振荡器，要求产生一个标准信号(高电平持续时间为 1s)，振荡器的频率为 $f=1/(t_1+t_2)=0.8\text{Hz}$，其中 $t_1=1s$，$t_2=0.25s$。由公式 $t_1=0.7C(R_1+R_2)$ 和 $t_2=0.7R_2\times C$，可以计算出各个参数。通过计算确定了 R_1 为 47kΩ，R_2 为 36kΩ，电容为 10μF。再加入一个 100kΩ 的可变电阻，来改变电路占空比。这样便得到了比较稳定的脉冲，并且 555 内部的比较器灵敏度较高，而且采用差分电路形式，用 555 组成的多谐振荡器的振荡频率受电源电压和温度变化的影响很小。

2）时基电路的设计

由其工作原理，可以采用 555 芯片与电阻电容组成一个多谐振荡器，来完成时基电路所需要的工作机能，时基电路图如图 3.18 所示。

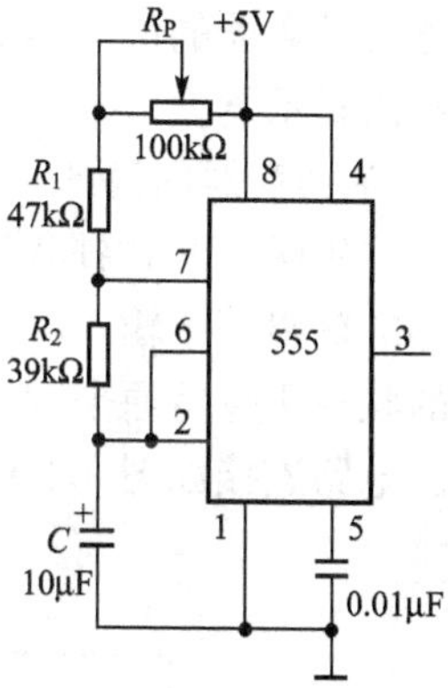

图 3.18　时基电路图

3. 逻辑控制电路

1）逻辑控制电路的基本结构与工作原理

在时基信号结束时产生的负跳变用来产生锁存信号，锁存信号的负跳变又用来产生清零信号，脉冲信号和清零信号可由双单稳态触发器 74LS123 产生，它们的脉冲宽度由电路的时间常数决定。

2）逻辑控制电路的设计

根据 $t_w = 0.7Re \times Ce$ 可以计算出各个参数。这样当脉冲从 74LS123 的 1 脚输入时可以产生锁存信号和清零信号，其要求刚好满足设计的要求。当手动开关 S 按下时，计数器清零。

设锁存信号和清零信号的脉冲宽度 t_w 相同，如果要求 $t_w = 0.02s$，则由式子 $t_w = 0.7Re \times Ce$ 可得 $t_w = 0.7Re \times Ce = 0.02s$，若取 Re＝10kΩ，则 $Ce = t_w/0.45$ Ce＝4.4μF 取标称值 4.7μF，故电路设计如图 3.19 所示。

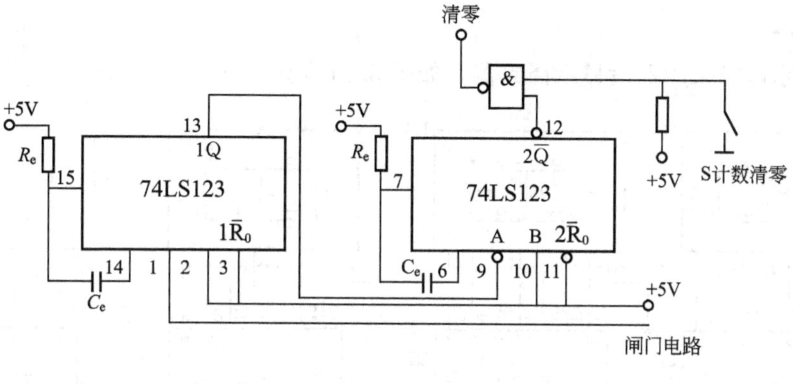

图 3.19　逻辑控制电路

4. 闸门电路

闸门电路的作用是控制计数器的输入脉冲，由与门组成，该电路有 2 个输入端和 1 个输出端，输入端的一端接门控信号，另一端接整形后的被测方波信号。当标准时间信号（1s 正脉冲）来到时，闸门开通，即门控信号为高电平“1”时，此时被测信号的脉冲通过闸门进入计数器计数；而门控信号为低电平“0”时，闸门关闭，计数器无时钟脉冲输入。可见，门控信号的宽度一定时，闸门的输出值正比于被测信号的频率，通过计数显示系统把闸门的输出结果显示出来，就可以得到被测信号的频率。

5. 锁存器

1) 锁存器的基本结构与工作原理

锁存器的作用是将计数器在 1s 结束时所计得的数进行锁存，使显示器上能稳定地显示此时计数器的值。1s 计数时间结束时，逻辑控制电路发出锁存信号，将些时计数器的值送译码显示器。

2) 锁存器的设计

选用两个 8 位锁存器 74LS273 可以完成上述功能。当锁存信号 CP 的正跳变来到时，锁存的输出等于输入，从而将计数器的输出值送到锁存器的输出端。高电平结束后，输出端的状态仍保持原来的状态不变。所以在计数期间内，计数器的输出不会送到译码显示器。电路连接如图 3.20 所示。

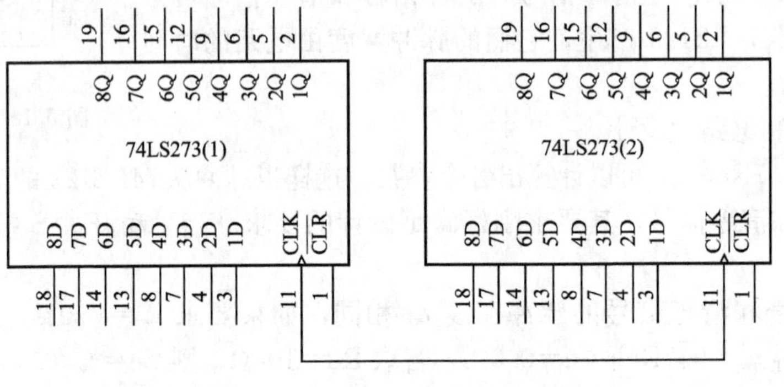

图 3.20　锁存器芯片示意电路图

6. 译码显示电路

译码显示电路采用七段显示译码器，如图 3.21 所示。

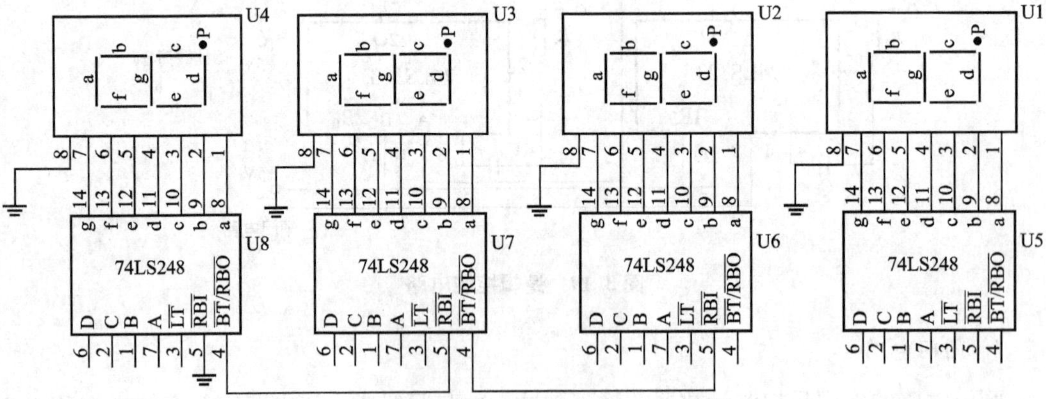

图 3.21　译码显示电路

3.4.4　数字频率计的总电路图

将放大整形电路、时基电路、逻辑控制电路、闸门电路、锁存器、计数器、译码器和显示器组合在一起，将它们各自具有的功能组合起来形成数字频率计。各 V_{CC} 接电源正极，各开关控制电路的各个部分，整个电路综合使用了与门、非门、555 定时器、显示器、74LS248 锁存器、74LS90 计数器等逻辑器件、可重触发器等模拟电子器件。根据上述独立单元电路的设计，设计的总的电路图如图 3.22 所示。

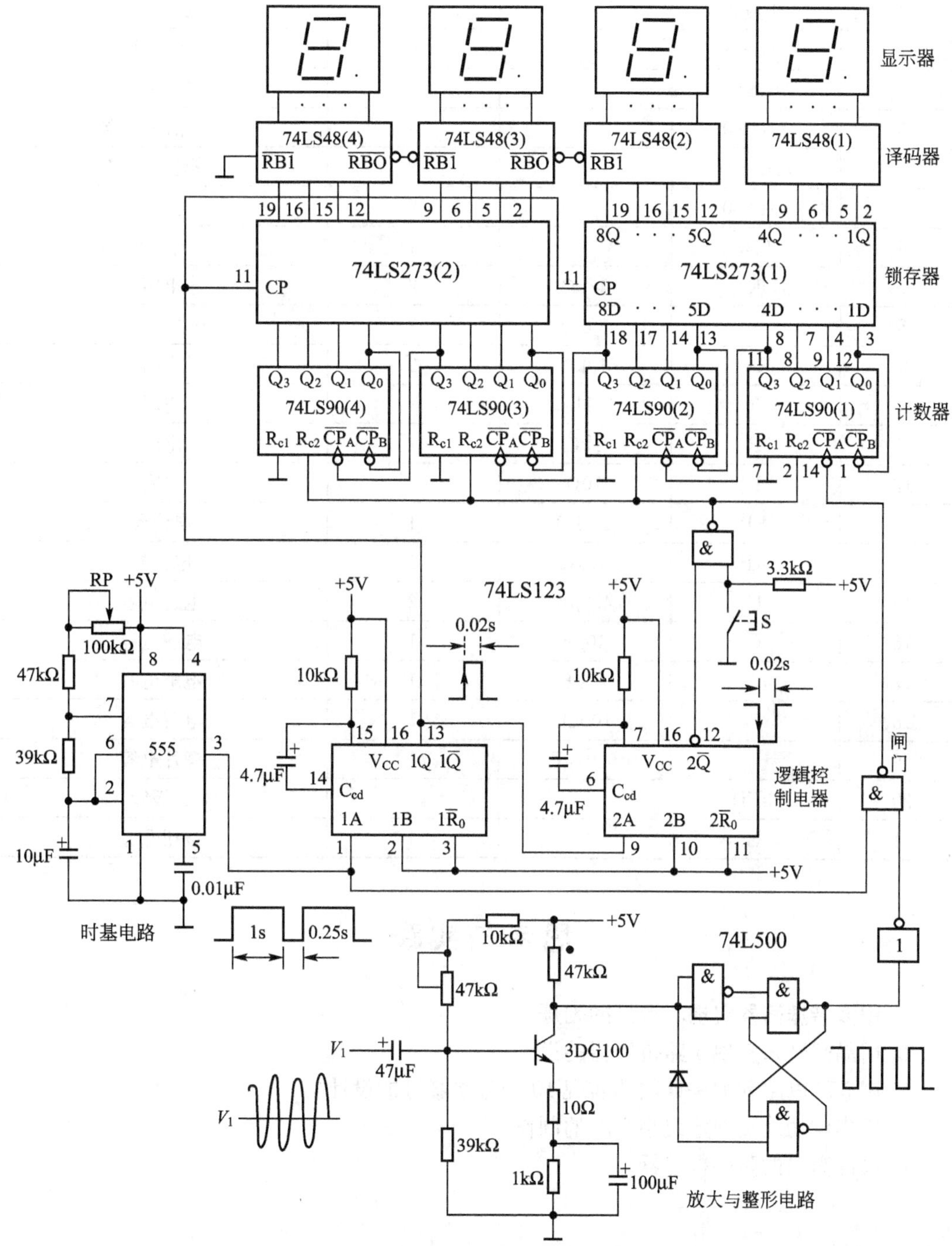

图 3.22　数字频率计总电路图

元器件清单见表 3-4。

表 3-4 数字频率计元器件清单

元件序号	型号	主要参数	数量	备注
0	8421 数码管		4	数码管
1	74LS48		4	译码管
2	74LS273		2	锁存器
3	74LS90		4	10 进制计数器
4	74LS123		2	逻辑控制电路
5	74LS00		2	与非门
6	555		1	定时器
7	R	47kΩ	2	电阻
8	R	39kΩ	2	电阻
9	R_{ext}	10kΩ	3	电阻
10	R	3.3kΩ	1	电阻
11	R	1kΩ	1	电阻
12	R	10Ω	1	电阻
13	RP	100kΩ	1	电位器
14	RP	47kΩ	1	电位器
15	C	4.7μF	2	电解电容
16	C	10μF	1	电解电容
17	C	47μF	1	电解电容
18	C	100μF	1	电解电容
19	C	0.01μF	1	瓷片电容
20	LED		1	二极管
21	S		1	按钮开关

思考与实践

1. 用多谐振荡器实现心形灯的闪烁。
2. 用晶闸管来实现 4 路抢答器的设计。
3. 用 555 电路和加法计数器实现 10 个流水彩灯的设计。
4. 用集成功放实现建议小音响的制作。
5. 设计简单的防盗报警器。

项目 4

常用传感器及应用

教学目标及要求

1. 知识目标及要求

(1) 了解传感器的概念、组成、分类和选用等。

(2) 了解温度传感器概念，理解电阻式温度传感器、热电偶温度传感器、PN结型温度传感器和集成温度传感器的原理及应用。

(3) 了解光敏传感器概念，理解光敏电阻、光敏二极管、光电倍增管和光敏三极管的原理及应用。

(4) 了解磁敏传感器概念，理解霍尔传感器的原理和霍尔集成元件的构成，掌握霍尔传感器的应用。

2. 技能目标及要求

(1) 掌握传感器的选型。

(2) 能够设计常用传感器的接口电路。

(3) 能够使用常用传感器。

3. 素质目标及要求

(1) 培养学生分析问题，解决问题的能力。

(2) 培养学生良好的合作精神及创新能力。

项目导读

现代工业生产与自动控制系统是以计算机为核心，以传感器为基础组成的。传感器是实现自动检测和控制的首要环节，没有精确可靠的传感器，就没有精确可靠的自动检测和控制系统。近年来，随着科学技术的发展，各种类型的传感器已应用到工业生产与控制的各个领域中。随着“信息时代”的到来，作为获取信息的手段——传感器技术得到了长足的进步，其应用领域越来越广泛，对其要求越来越高，需求越来越迫切。传感器技术已成为衡量一个国家科学技术发展水平的重要标志之一。因此，了解并掌握各类传感器的基本结构、工作原理及特性是非常重要的。

由于传感器能将各种物理量、化学量和生物量等信号转变为电信号，因而人们可以利用计算机实现自动测量、信息处理和自动控制，但是它们都不同程度地存在温漂和非线性等影响因素。因此，不仅要必须掌握各类传感器的结构、原理及其性能指标，还必须懂得传感器只有经过适当的接口电路调整才能满足信号的处理、显示和控制的要求，而且只有通过对传感器应用实例的原理和智能传感器实例进行分析了解，才能将传感器和信息通信以及信息处理结合起来，以适应传感器的生产、研制、开发和应用。另外，传感器的被测信号来自于各个应用领域，每个领域为了改革生产力、提高工效和时效，各自都在开发研制适合应用的传感器，于是种类繁多的新型传感器及传感器系统不断涌现。

4.1 传感器概述

1. 传感器定义

传感器至今尚无比较全面的定义。根据中华人民共和国国家标准(GB 7665—87)，传感器(Transducer或Sensor)的定义是：能感受规定的被测量并按照一定规律转换成可用输出信号的器件或装置。在有些学科领域，传感器又称为敏感元件、检测器、转换器、换能器、探测器等。这些不同提法反映了在不同的技术领域中，根据器件用途对同一类型的器件使用着不同的技术术语。传感器是实现自动检测和自动控制的首要环节。如果没有传感器对原始参数进行精确可靠的测量，那么无论是信号转换或信息处理，获得最佳数据的显示与控制都是不可能实现的。

传感器技术是测量技术、半导体技术、计算机技术、信息处理技术、微电子学、光学、声学、精密机械、仿生学和材料科学等众多学科技术相互交叉的综合性和高新技术密集型的前沿技术之一，是现代新技术革命和信息社会的重要基础，是自动检测和自动控制技术不可缺少的重要组成部分。目前，传感器技术已成为我国国民经济不可或缺的支柱产业的一部分。传感器在工业部门的应用普及率已被国际社会作为衡量一个国家智能化、数字化、网络化的重要标志。

2. 传感器的组成

传感器的组成细节有较大差异，总的来说，传感器通常由敏感元件、转换元件和其他辅助部件组成，组成框图如图4.1所示。其中，敏感元件是指传感器中能直接响应与检出被测量的信息(非电量)的部分；转换元件是指传感器中将敏感元件感受或响应的被测量转换成适于传输或测量的电信号部分。例如，应变式压力传感器由敏感元件弹性膜片和转换元件电阻应变片组成。由于传感器的输出信号一般都很微弱，因此需要有信号调节与转换电路对其进行放大、运算调制等。随着半导体器件与集成技术在传感器中的应用，传感器的信号调节与转换电路可能安装在传感器的壳体里或与敏感元件一起集成在同一芯片上。此外，信号调节转换电路以及传感器工作必须有辅助的电源，这都应作为传感器组成的一部分。

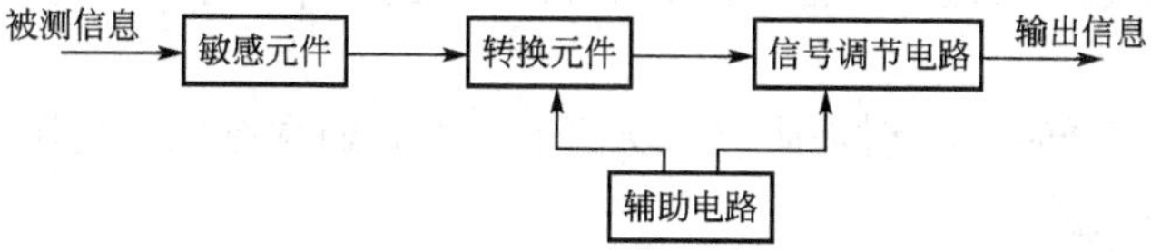

图 4.1　传感器组成框图

应当指出，并不是所有的传感器都必须包括敏感元件和转换元件，如果敏感元件直接输出的是电量，它就同时兼作转换元件。这类传感器还是很多的，如压电晶体、热电偶、热敏电阻、光电器件等。

3. 传感器的分类

传感器的品种很多，原理各种各样，检测对象五花八门，其种类十分繁多，分类方法也很多，至今尚无统一的规定。人们通常从不同角度，以某一侧面为重点进行分类。归纳起来，大致有如下 4 种分类法。

(1) 根据输入物理量可分为位移传感器、压力传感器、速度传感器、温度传感器及气敏传感器等。

(2) 根据工作原理可分为电阻式、电感式、电容式及电势式等。

(3) 根据输出信号的性质可分为模拟式传感器和数字式传感器。模拟式传感器输出模拟信号，数字式传感器输出数字信号。

(4) 根据能量转换原理可分为有源传感器和无源传感器。有源传感器将非电量转换为电能量，如电动势传感器、电荷式传感器等；无源传感器不起能量转换作用，只是将被测非电量转换为电参数的量，如电阻式传感器、电感式传感器等。

对于初学者和应用传感器的工程技术人员来说，应先从工作原理出发了解各种传感器；对工程上的被测对象应着重于如何合理选择和使用传感器。

本项目后文主要介绍温度传感器、光电传感器、霍尔传感器 3 种常用传感器。

4. 传感器的选用

传感器的型号、品种繁多，即使测量同一被测物理量，可选用的传感器也很多。这给传感器的选用带来了很大的灵活性，同时也增加了难度。虽然传感器选择时应考虑的事项很多，但不必都一一加以考虑，根据传感器使用的目的、指标、环境条件和成本等条件，从不同的侧面，优先考虑几个重要的条件就可以了。例如，测量某一物体的温度，要求传感器的量程在 0～300℃的温度范围，测量精度为±1℃，而且要多点(128 点)测量，那么选用何种温度传感器呢？能胜任这一要求的传感器有许多，在这种情况下，选用传感器的侧重点则由成本高低、测量电路和相配套设备是否简单等因素来取舍。

特别提示

在实际使用传感器时，需要考虑如下因素。

(1) 与测量条件有关的因素：测量的目的；被测试量的选择；测量范围；输入信号的幅度，频带宽度；精度要求；测量所需要的时间等。

(2) 与使用环境条件有关的因素：安装现场条件及环境条件(湿度、温度、振动等)；信号传输距离；所需现场提供的功率容量等。

(3) 与购买和维修有关的因素：价格；零配件的储备；服务与维修制度；交货日期等。

在实际选用传感器时，特别是从技术层面上来说，通常有以下选用原则和技术要求。

1) 灵敏度和检测极限

灵敏度是指传感器达到工作稳定时，输出量 y 的变化量 Δy 与引起此变化的输入量 x 的变化量 Δx 之比，即

$$k=\Delta y/\Delta x \tag{4-1}$$

从公式看，k 值越大越好，但当 k 过大后，对干扰信号也会太敏感。因此，在满足要求的情况下，尽量选用灵敏度低的传感器，以增强抗干扰能力。一般希望检测极限大、范围宽，但往往又和灵敏度相矛盾，故二者应该一起考虑。

2) 精密度和准确度

精确度用来衡量测量结果的好坏，它包括精密度和准确度。精密度指在同一条件下进行反复测试时，所得结果彼此之间的差别程度，也叫重复性。它反映了传感器的随机误差大小，精密度高，但不一定准确。

准确度是指测量结果与实际真正的数值偏离程度。同样，准确不一定精确。故在选用传感器时，要着重考虑精密度，因为准确度可用某种方法进行补偿，而精密度是传感器本身固有的，外电路无能为力。

3) 动态范围和直线性

动态范围是由传感器本身决定的，直线性和非线性相对应。若配用一般测量电路，直线性很重要，若用微机进行数据处理，则动态范围需要重点考虑，即便非线性很严重，也可以用微机等对其进行线性化处理。

4) 响应速度和滞后性

对所使用的传感器，希望其动态响应快，时间滞后短，但这类传感器的价格相应就会偏高一些。

5) 抗干扰能力和信噪比

工作环境中，尤其是工业环境中往往有各种干扰。传感器一般能经受住高低温、湿度、磁场、电场、辐射、振动、冲击等恶劣环境的考验，但都有一定的适应限度。具有高抗干扰能力和高信噪比的传感器有利于在恶劣的环境下使用，能避免噪声和外来信号的干扰。这一条往往成为选择传感器的关键。

6) 互换性

互换性是指传感器性能的一致性。值得指出的是，大多数传感器的性能的一致性不理想，在修理和调换时要特别注意。

7) 老化

传感器使用一段时间后，会出现所谓的老化现象，性能会变化；有时即便无输入信号或输入信号不变，传感器的输出也会有变化，这都影响传感器的可靠性，要定时对其进行检验。

8) 其他方面

其他方面例如：传感器输出信号的形式也是必须考虑的；输出信号要和变送器(测量电路)相适应；若用微电脑测量，最好选用脉冲输出，这样可省去 A/D 转换器；若现场距

仪表室较远，最好选用可以长距离传输而抗干扰能力强的电流输出型。输出电流国际上规定为4～20mA，信号为0时对应4mA，满输出时对应20mA，国内有用0～10mA的；一般说来，尽量选用数字式传感器，一是数字式传感器很容易和其他数字电路接口，容易实现积木化，从而容易为非专业人员所熟悉和使用，变成一个大众的传感器；二是数字化是发展的趋势，选用数字式传感器不会使产品过早被淘汰。

特别提示

为了提高测量精度，应使传感器的显示值在满量程的50%左右来选择测量范围或刻度范围；为适应输入信号的频带宽度，合理选择传感器的响应速度，从而得到高信噪比；精度很高的传感器一定要精心使用。此外，还要合理选择使用现场条件，注意安装方法，了解传感器的安装尺寸和质量等；还要注意从传感器的工作原理出发，考虑被测对象中可能会产生的负载效应问题，从而选择最合适的传感器。

4.2　温度传感器

4.2.1　概述

温度是表征物体冷热程度的物理量，是工业生产过程中一个重要而又普遍的参数。在许多生产过程中，常常需要使物料和设备的运转状态处于某一特定的温度范围。温度的测量和控制，对保证产品质量、提高生产效率、节约能源起着非常重要的作用。温度也是一个和人们生活环境、科学实验等有密切关系的重要物理量。因此，在各种传感器中，温度传感器是应用最广泛的一种。温度传感器是一种将温度变化转换为电学量变化的装置，用于检测温度和热量，因此也叫做热电式传感器。

温度传感器的种类，如果按测量方法可分为接触式和非接触式测温两大类。接触式是被测对象与测温元件有部分的接触，使两者处于同一温度，即根据测温元件的温度就可知道被测对象的温度；非接触式测温是利用被测对象的辐射传到测温元件来测量温度，由于测温元件与被测对象不接触，因此两者不必是同一温度。温度传感器的种类越来越多，应用亦越来越广泛。其中将温度变化转换为电阻变化的元件主要有热电阻、热敏电阻(NTC、PTC、CTR)和高分子热敏电阻，将温度变化转换为电势的传感器主要有热电偶和PN结式传感器，将热辐射转换为电学量的器件有热释电探测器、红外探测器，另外还有集成温度传感器、光纤温度传感器、液晶温度传感器和智能温度传感器等。

本节主要介绍热电阻、热敏电阻、热电偶和晶体管温度传感器的工作原理、特性、补偿原理及应用。

4.2.2　电阻式温度传感器

电阻式温度传感器是利用导体或半导体的电阻值随温度变化而变化的特性来测量温度的。一般把由金属导体铂、铜、镍等制成的测温元件称为热电阻，把由半导体材料制成的测温元件称为热敏电阻。常用于测量−200～500℃范围内的温度，同时在500～1200℃温度范围中也有足够好的特性。

1. 热电阻传感器的结构和测量线路

热电阻传感器一般由测温元件(电阻体)、保护管和接线盒3部分组成。铜热电阻的感温元件通常用0.1mm的漆包线或丝包线采用双线并绕在塑料圆柱形骨架上，线外再浸入酚醛树脂起保护作用。铂热电阻的感温元件一般用0.03～0.07mm的铂丝绕在云母绝缘片上，云母片边缘有锯齿缺口，铂丝绕在齿缝内以防短路，绕组的两面再盖以云母片绝缘。

热电阻温度计的测量电路采用精度较高的电桥电路。为消除连接导线电阻随环境温度变化而造成的测量误差，常采用三线或四线连接法。图4.2所示为三线连接法的电路原理图，其中，G为检流计，R_1、R_2、R_3为固定电阻，R_a为调零电阻，r_1、r_2、r_3均为导线补偿电阻，R_t为热电阻，它通过r_1、r_2、r_3的3根导线电阻和电桥连接，r_1和r_3分别接在相邻的两臂内，当温度变化时，只要它们的长度和电阻温度系数相等，它们的电阻变化就不会影响电桥的状态。三线接法中，可调电阻的触点、接触电阻和电桥臂的电阻相连，可能导致电桥的零点不稳定。四线接法中，调零电位器的接触点和检流计串联，这样接触点的不稳定不会破坏电桥的平衡和正常工作。三线式接法和四线式接法中都要求接相邻桥臂上的r_1和r_2的长度和电阻温度系数相等，这样电阻的变化不影响电桥的状态。

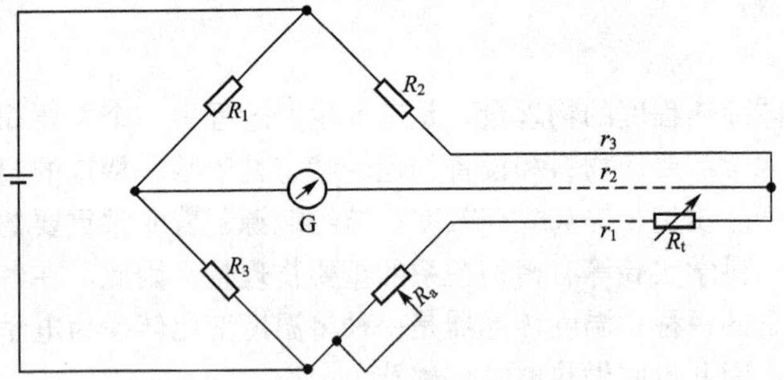

图4.2　热电阻测温电桥三线接法

热电阻式温度计性能稳定，测量范围宽，精度也高，特别是在低温测量中得到广泛的应用，其缺点是需要辅助电源，热容量大，限制了其在动态测量中的应用。为避免热电阻中流过电流的加热效应，在设计电桥时，尽量将流过热电阻的电流降低，不因电阻的温度升的过高而影响测量精度，其电流一般应小于10mA。

2. 热敏电阻传感器

热敏电阻是用某些金属氧化物为基体原料，加入一些添加剂，采用陶瓷工艺制成的具有半导体特性的电阻器，其电阻对温度变化很明显，电阻温度系数比金属的大很多。热敏电阻分为3种类型：正温度系数(PTC，Positive Temperature Coefficient)热敏电阻，负温度系数(NTC，Negative Temperature Coefficient)热敏电阻和临界温度系数(CTR，Critical Temperature Coefficient)热敏电阻。

PTC热敏电阻既可用作温度传感元件，也可用作恒温发热元件、电路自动调节元件等。PTC突变型热敏电阻主要用作温度开关，PTC缓变型热敏电阻主要用于在较宽的温度范围内温度补偿或温度测量。当PTC热敏电阻用于电路自动调节时，为克服或减小其分布电容较大的缺点，应选用直流或频率 60Hz 以下的电源。

NTC 热敏电阻具有很高的负电阻温度系数，特别适用于－100～＋300℃的温度测量，主要用于点温、表面温度、温差和温场等的测量，也广泛应用在自动控制及电子线路的热补偿线路中。

CTR 热敏电阻主要用作温度开关。

半导体热敏电阻的测温线路一般也是桥路。与其他温度传感器相比，热敏电阻温度系数大、灵敏度高、响应迅速、测量线路简单、工艺简单、成本低、便于工业化生产、重复性好、应用广泛，有些不用放大器就能输出几伏的电压。由于本身电阻值大，因此可以不考虑引线长度带来的误差，适于远距离的测量和控制。同时它适应耐湿、耐酸、耐碱、耐热冲击、耐振动场合，可靠性比较高。热敏电阻主要用于点温度、小温差温度的测量，远距离、多点测量与控制，温度补偿和电路的自动调节等。它非常适用于空调器、电子体温计、电子温度计、表面温度计、汽车温度检测等产品中。

半导体热敏电阻的缺点是非线性较大，在电路上要进行线性补偿，互换性较差。热敏电阻一般不适于高精度温度测量和控制，但在测温范围很小时，也可获得较好的精度。热敏电阻的形状有多种多样，有圆片状、圆柱状、球状等。热敏电阻有直热式也有旁热式，但大多数为直热式。

4.2.3　热电偶温度传感器

利用两种不同的金属连接在一起，当节点处温度变化时，令两端产生电势变化的原理制成的传感器称为热电偶。热电偶是目前工业测温中广泛使用的一种温度传感器。与其他测温传感器相比，它的优点是：测温范围广，一般为－270～＋2800℃，对于一般工程测温都能基本满足要求；测温点小、准确度高、动态响应快；结构简单、便于维修；可作远距离测量，便于集中检测和自动控制；产品品种规格多，并且已标准化、系列化，易于选用。缺点是：选用热电偶需进行冷端补偿。

1. 热电偶的工作原理和结构

热电偶的工作原理是：把两种不同的导体 A 和 B 组成如图 4.3 所示的闭合回路，如果两节点的温度不同，则在回路中就会产生热电动势，这个现象称为热电效应。A、B 称为热电极，焊接的一端称为热端(或测量端)，未焊接的一端称为冷端(或参考端)，参考端的温度 T_0 通常是恒定的(如冰点温度)。当把测量端放置于温度为 T 的被测介质中时，则其热电势的大小和方向只与热电极材料的特性和温度 T 有关，而与热电极的粗细、长短无关。

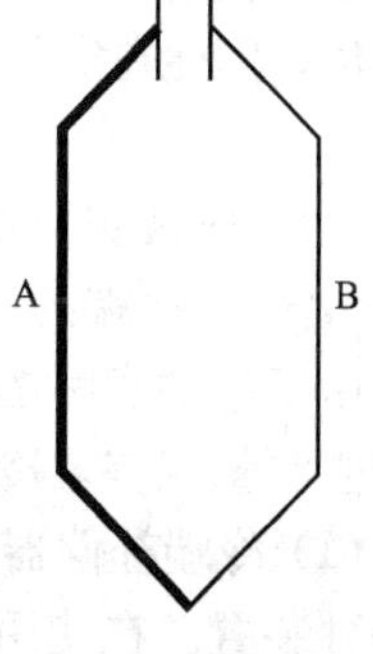

图 4.3　热电偶原理图

热电偶的种类繁多，其结构和外形也不尽相同，但其基本组成大致相同，工业用普通热电偶的结构一般由热电极、绝缘管、保护套管和接线盒 4 部分组成。热电偶有两个热电极，且一个端点紧密焊接在一起。贵金属热电极直径一般为 0.35～0.65mm，普通金属热电极直径一般为 0.5～3.2mm，热电极的长度由安装条件而定，一般为 250～3000mm。两个热电极间通常用耐高温绝缘材料来绝缘，不同测温范围可选用不同的绝缘材料，如橡皮、塑料(60～80℃)、玻璃丝(管)(<500℃)、石英管(0～1300℃)、瓷管(1400℃)

和氧化铝管(1500～1700℃)等。绝缘管是为防止两根热电极之间短路而设置的，有圆形、椭圆形以及单孔、双孔、四孔之分，材料为高铝陶瓷。保护套管的作用是防止热电偶腐蚀，避免火焰和气流直接冲击以及提高热电偶的强度。接线盒是提供热电偶和补偿导线连接用的，它的出线孔和盖子都用垫圈加以密封，以防污物落入而影响接线的可靠性。

2. 热电偶的类型

热电偶种类很多，可以按温度、材料、用途结构等进行分类，本文按标准化和非标准化简单介绍几种常用热电偶。

1) 标准化热电偶

铂铑 10 -铂热电偶(WRLB)，它的正极为铂铑合金，负极为铂，熔点高，可用于较高温度的测量，误差小，一般适用于较为精密的温度测量。它的缺点是：热电势较小且不能用于金属蒸气和还原性气氛中。

铂铑 30 -铂铑 6 热电偶(WRLL)，它可长期测量 160℃高温，性能稳定，精度高，适于在氧化性或中性介质中测量，室温下热电势比较小，因此一般不需要参考端补偿和修正。

镍铬-镍硅或镍铬-镍铝(WREU)、镍铬-考铜(WREA)、铜-康铜等热电偶的热电势较大，易测温，但测温范围小。

2) 非标准化热电偶

有铁-康铜热电偶，其测温上限仅 600℃，且易生锈，但温度与热电势的线性关系好，灵敏度高；钨-钼热电偶测温上限 2100℃，但易氧化，使用时要加石墨保护管；另外还有钨-铼系热电偶(可测 2400℃)、铱铑系(可测 2100℃)、镍铬-金铁热电偶、镍钴-镍铝热电偶以及一些非金属热电偶，如热解石墨热电偶、二硅化钨、二硅化钼热电偶等。非金属热电偶复制性差，没有统一的分度表，应用受到了很大的限制。

3. 补偿导线与冷端补偿

1) 补偿导线

在使用热电偶测温时，必须使热电偶的冷端温度保持恒定，否则在测温时引入的测量误差将是个变量，影响测温的准确性。当测温仪表与测量点距离较远时，为节省热电偶的材料，通常采用补偿导线。这种导线在一定温度范围内(一般为 0～+100℃)与所连接的热电偶具有相同的热电性能，起着延长热电偶的作用。补偿导线一般采用多股廉价金属制造，不同的热电偶采用不同的补偿导线，廉价金属制成的热电偶可用本身材料作补偿导线。

2) 冷端补偿

热电偶的分度表和根据分度表刻度的温度仪表，其分度都是指热电偶冷端处在 0℃时的电势值，因此在实际测量中，应使冷端保持在 0℃，如果不是 0℃，则热电偶的热电势为

$$E(t,\ 0)=E(t,\ t_n)+E(t_n,\ 0) \tag{4-2}$$

式中 t——被测温度；

t_n——冷端的实际温度。

由于冷端实际的温度不是 0℃，因此必须加上 $E(t_n,\ 0)$这一热电势进行补偿，否则就会产生测量误差。冷端补偿的方法很多，这里介绍工业上常用的几种。

(1) 冷端补偿器法。冷端补偿器是用来自动补偿热电偶测量值因冷端温度变化而变化的一种装置。在使用这种冷端温度补偿器时，必须把显示仪表的起始点调到 20℃的位置。

(2) 补偿热电偶法。当有多支热电偶配有一台显示仪表时，为了节省补偿导线以及不

用特大的恒温槽，可以采用加装补偿热电偶的方法。补偿热电偶的材料一般与所用热电偶材料相同，有时也用相应的补偿导线代替。

补偿热电偶有两种方法：一种是将补偿热电偶的测量端置于恒温器；另一种是将补偿热电偶的测量端温度恒定在 t_0，冷端置于温度为 t_n 的恒温器内。多点式仪表本身有转换机构，不需要再带有转换开关。

除了上述方法之外，也可采用PN结温度传感器作冷端补偿，即用PN结温度传感器组成的测量电桥置于与热电偶冷端相同的环境中，其输出经放大后的灵敏度与热电偶经放大器后的灵敏度相同，将这两个放大后的信号再通过增益为1的电压跟随器相加，就可以自动补偿冷端温度变化引起的误差。或者采用带有冷端补偿热电偶放大器的集成芯片，如AD594/AD595、AD596/AD597，其中AD594/AD596用于J分度号热电偶，AD595/AD597适用于K分度号热电偶。采用这种集成芯片，不但可以进行冷端补偿，而且可同时将热电偶的弱信号进行放大，并进行线性化，便于处理和数字显示。

4. 热电偶的实用测量电路

1) 单点温度测量电路

图4.4为单点温度测量电路，其中A、B为热电偶，C、D为补偿导线，M为一毫伏计(或者数字仪表、自动电子电位差计、直流电位差计等)。这时回路中总电势为 $E_{AB}(T, T_0)$，则流过测温毫伏计的电流为

$$I=\frac{E_{AB}(T, T_0)}{R_L+R_C+R_M} \tag{4-3}$$

式中　R_L——热电偶的电阻；

R_C——导线的电阻；

R_M——仪表的内阻。

它们在温度一定时有固定值，测得的电流与温度有一一对应的关系，即可以在表上标出温度的刻度。

2) 两点间温差的测量电路

图4.5为测量两点间温差的电路，其中两个热电偶属同型号热电偶，且补偿导线相同，

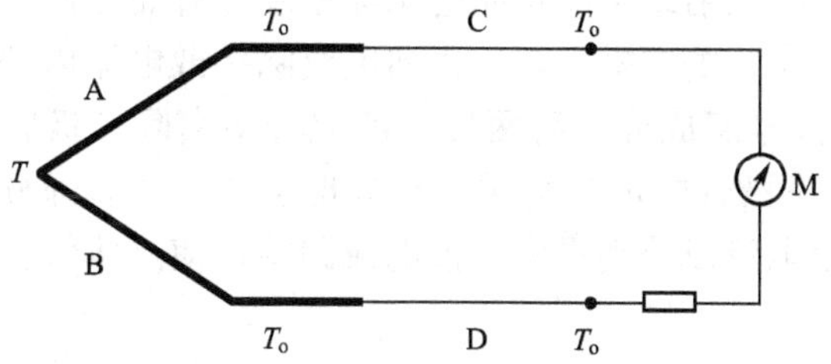

图4.4　单点温度测量电路

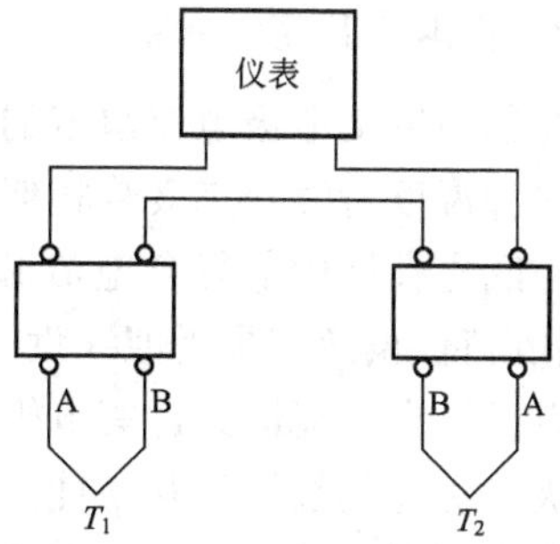

图4.5　两点间温差测量电路

连接方法使各自产生的热电势相互抵消，仪表读数即为 T_1 和 T_2 的温度差。

3) 平均温度测量电路

测量平均温度的方法通常是将几只同型号的热电偶并联在一起，如图4.6所示。R_1、R_2、R_3 阻值很大，以免 T_1、T_2、T_3 不相等时，每个热电偶线路上流过的电流会因其热偶

的电阻变化而变化。由电路理论的知识可知回路中总的热电势为

$$E_T = \frac{E_{AB}(T_1, T_0) + E_{AB}(T_2, T_0) + E_{AB}(T_3, T_0)}{3} \tag{4-4}$$

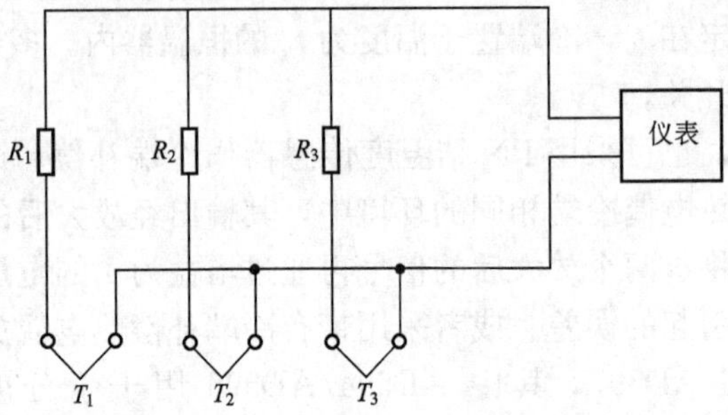

图 4.6　平均温差测量电路

此电路的优点是仪表的分度表和单独用一个热电偶时一样，可直接读出平均温度；缺点是若其中有一个热电偶被烧断，则从仪表上不能反映出来。

4）若干点温度之和的测量电路

将若干个同类型热电偶串联，可以测量这些点的温度和，也可测量平均温度。电路中若有一个热电偶被烧断，则总的热电势消失，从而可以立即知道有个热电偶被烧断了。

4.2.4　PN结型温度传感器

PN结的特性是对温度的变化十分敏感。分析PN结的电流和端电压的关系会发现，端电压与温度有着理想近似线性关系，在±200℃的范围内，其线性度优于1%。利用这种温度敏感性，可制成良好的PN结温度传感器，这类传感器可分为二极管和晶体管两种形式。

1. 二极管温度传感器

由PN结理论可知，当二极管的正向电流保持不变时，PN结正向压降 V_f 随温度 T 的上升而下降，近似线性关系。对于硅二极管，温度每升高一度，PN结正向压降 V_f 就下降约2mV。目前用于制造温敏二极管的材料主要有锗、硅、砷化镓、碳化硅等。

2. 晶体管温度传感器

在晶体管集电极电流恒定的条件下，其发射结上的正向电压随温度上升而近似线性下降，这种温度特性与二极管相似，但对于实际的二极管，其正向电流除扩散电流以外，还包括空间电荷区中的复合电流和表面复合电流成分，后两种电流成分使实际二极管的电压-温度特性偏离理想近似线性关系。而三极管中虽然发射极电流也包括上述3部分，但是只有扩散电流能够到达集电极，后两个电流成分则作为基极电流漏掉，使晶体管表现出比二极管更好的线性和互换性。

在实现温度检测时，只有温敏三极管本身是不够的，必须附加适当的外围电路，才能构成温度传感器。外围电路通常包括参考电压源、运算放大及线性电路等部分。图4.7给出了一种常用的晶体管温度传感器基本电路。该电路由一只运算放大器和一个温敏三极管组成，电容 C_1 的作用是防止寄生振荡。温敏三极管作为反馈元件跨接在运放的反相输入端和输出端，基极接地。这种接法使得发射极为正偏，而集电极几乎为零偏，这是因为运放的反相输入端为虚地。晶体管的集电极电流 I_c 仅取决于电阻 R_c 和电源电压 E，即 $I_c=$

E/R_c，而与温度无关，从而保证了恒流源工作条件，使电压 V_{be} 随 T 近似线性下降。

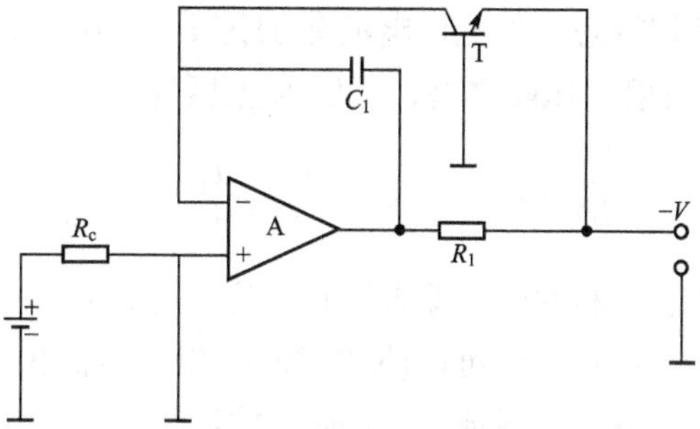

图 4.7　晶体管温度传感器基本电路

4.2.5　集成温度传感器

集成温度传感器是一种将感温元件、放大电路、温度补偿电路等集成在一块极小芯片上的温度传感器。与传统的热电阻、热电偶相比，它具有线性度好、灵敏度高、体积小、稳定性好、输出信号大且规范化等优点，其中尤其是线性度好及输出信号大且规范化、标准化是其他温度传感器无法比拟的。它还具有绝对零度时输出电量为零的特性，利用这一特性可以很容易地测量绝对温度值。集成温度传感器的测温范围一般为−50～+150℃，主要用于环境空间温度的检测控制，以及家用电器中温度检测、控制和补偿。它是目前温度传感器发展的方向，它的输出形式可分为电压型、电流型和频率型 3 种，前两种应用较广。电压型的灵敏度一般 10mV/℃，电流型的灵敏度为 1μA/℃。表 4－1 给出了几种集成温度传感器的一些基本性能参数。

表 4－1　几种集成温度传感器

型号	测温范围/℃	输出形式	温度系数	封装	厂名	其他
μPC616A	−40～+125	电压型	10mV/℃	TO－5(4 端)	NEC	含稳压运放
μPC616C	−25～+85	电压型	10mV/℃	8 脚	NEC	含稳压运放
LX5600	−55～+85	电压型	10mV/℃	TO－5(4 端)	NS	含稳压运放
LX5700	−55～+85	电压型	10mV/℃	TO－46(4 端)	NS	含稳压运放
LM3911	−25～+85	电压型	10mV/℃	TO－5(4 端)	NS	含稳压运放
LM135	−55～+150	电压型	10mV/℃	三端	NS	
LM235	−40～+125	电压型	10mV/℃	三端	NS	
LM335	−10～+100	电压型	10mV/℃	三端	NS	
TC620	−55～+125	电压型		8 脚　DIP		含稳压运放
TC625	−45～+130	电压型		TO－92，TO－220	TOSHIBA	含稳压运放
TC626	+35～+120	电流型		TO－92，TO－220	TELCOM	含稳压运放
REF－02	−55～+125	电压型	2.1mV/℃	TO－5(8 端)	PMI	
AN6701	−10～+80	电压型	110mV/℃	4 端		
AD590	−55～+150	电流型	1μA/℃	TO－52(3 端)	AD	
LM134	−55～+125 0～+70	电流型	1μA/℃	TO－46(3 端) TO－92	NS	

集成温度传感器的核心电路原理图如图 4.8 所示，其中 T_1 和 T_2 晶体管的杂质分布种类相同，且都处于正向工作状态，集电极电流分别为 I_1 和 I_2。由图可见，电阻 R 上的压降 ΔV_{be} 即为两管的基极-发射极压降之差，所以 R 上压降 ΔV_{be} 可表示为

$$\Delta V_{be}=V_{be1}-V_{be2}=\frac{kT}{q}\ln\frac{I_1}{I_2}\cdot\ln\frac{I_{es2}}{I_{es1}} \qquad (4-5)$$

式中，I_{es1}、I_{es2} 为 T_1 和 T_2 管的发射极反向饱和电流。若 A_{e1}、A_{e2} 为 T_1 和 T_2 管发射极面积，而 $I_{es2}/I_{es1}=A_{e2}/A_{e1}$，通过设计可以使 T_1 和 T_2 发射极面积之比 $\gamma=A_{e2}/A_{e1}$ 为与温度无关的常数，故只要在电路设计中保证 I_1/I_2 是常数，则式(4-5)中 ΔV_{be} 就是温度 T 的理想线性函数，这就是集成温度传感器的基本原理，图 4.8 所示电路常称为 PTAT(Proportional To Absolute Temperature)原理电路。

1. 电压型集成温度传感器

常用的电压型集成温度传感器为四端输出型，代表性的型号有 SL616、LX5600/5700、LM3911、UP515/610AC 和 UP3911 等。其线路由基准电压、温度传感器和运算放大器 3 部分组成，其中温度传感器是核心电路，输出电压与温度成正比。其优点是具有良好的输出线性，输出阻抗低，易于和控制电路接口，可用于温度检测，也可用于热电偶的冷端温度补偿等。

2. 电流型集成温度传感器

电流型集成温度传感器的典型代表产品是 AD590，它有 3 种封装形式：T_0-52 封装、陶瓷封装(测量范围为－50～＋150℃)、T_0-92 封装(测温范围是 0～＋70℃)。采用 T_0-52 封装的 AD590 系列产品的外形及符号如图 4.9 所示。该器件的外形与小功率晶体管相仿，共有 3 个引脚：1 脚为正极，接电流输入；2 脚为负极，接电流输出；3 脚接管壳。使用时将第 3 脚接地，可起到屏蔽作用。AD590 等效于一个高阻抗的恒流源，工作电压为＋4～＋30V，测温范围是－55～＋150℃，对应于热力学温度 T 每变化 1K，就输出 1μA 的电流。其输出电流 I(μA)与热力学温度 T(K)严格成正比。因此，输出电流的微安数就代表着被测温度的热力学温标数。

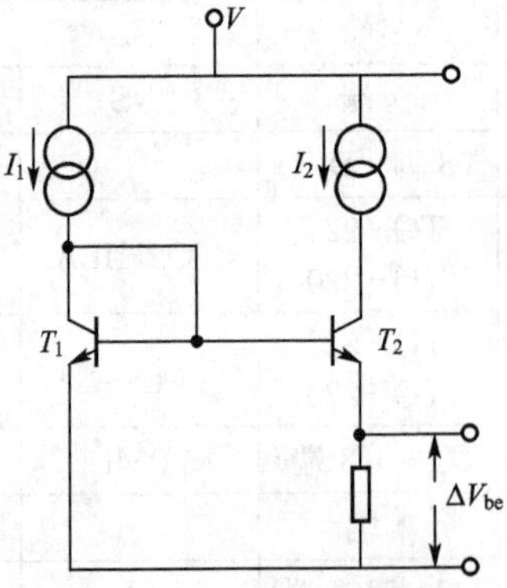

图 4.8　集成温度传感器核心电路原理图

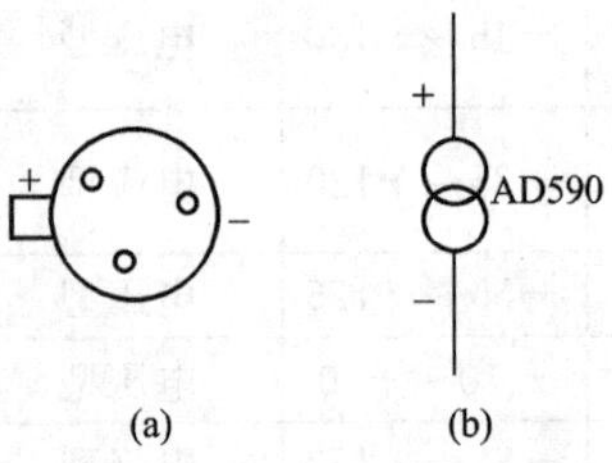

图 4.9　AD590 外形及管脚图

(a) 封装；(b) 符号

4.2.6 温度传感器应用电路实例

图 4.10 为由一只锗二极管构成的感温开关电路。在室温时，锗二极管 VD_1 具有大约 10kΩ 的反向电阻，与 R_{p1}、R_1 构成的分压电路将+12V 电源电压分压后加至 VT_1 的基极，使 VT_1 和 VT_2 相继导通，致使 VT_3 无基极偏压而截止，对后级电路无影响。当温度升高时，二极管 VD_1 的反向电阻急剧减小，使 VT_1 和 VT_2 均截止，12V 电压经 R_2 和 VD_2 使 VT_3 导通，继电器 KARL1 线圈得电吸合，警报器接通报警。R_1 可以调节 VD_1 传感器的灵敏度。

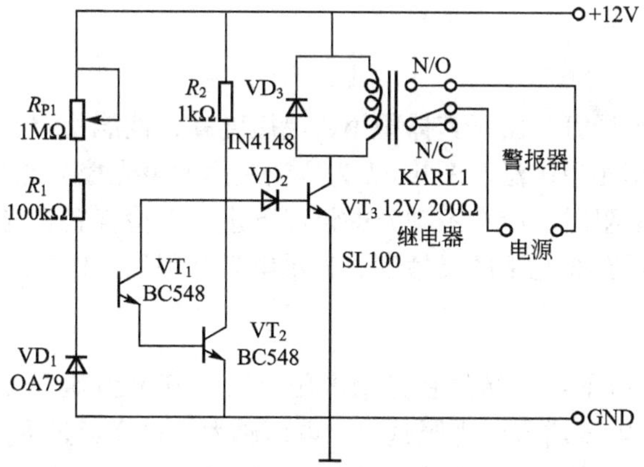

图 4.10　感温开关电路

4.3　光敏传感器

从器件的性能方面看，光敏传感器能对光信号的变化迅速作出反应，并将光信号转变为电信号；从原理上讲，光信号具有粒子性，由光子组成，具有一定的能量，也可以说光敏传感器是将光能变换为相应电能的装置，又称为光电式传感器；从目的上讲，光敏传感器是探测光信号的器件，还可以称为光电探测器。用光照射光电材料(感应光信号的材料)后，材料本身的电学性质会发生变化，人们可以通过对电信号的测量来了解光信号的信息。按照工作原理可以将光敏传感器分为以下四类。

(1) 光电效应传感器。它是应用光敏材料的光电效应制成的光敏器件。光照射到物体上，或使物体发射电子；或使物体的电导率发生变化；或使物体产生光生电动势；等等，这些因光照引起物体电学特性改变的现象称为光电效应，它可以分为外光电效应和内光电效应，并且相应的光电效应传感器分为外光电效应器件(如光电二极管和光电倍增管)和内光电效应器件(如光导管和光敏电阻、光电池和光敏三极管等)。

(2) 红外热释电探测器。它是对光谱中长波(红外)敏感的器件，主要是利用辐射的红外光(热)照射材料时会引起材料电学性质发生变化或产生热电动势(如热释电探测器)原理制成的一类器件。

(3) 固态图像传感器。它在结构上分为两大类：一类是用 CCD 的光电转换和电荷转移功能制成的 CCD 图像传感器；另一类是用光敏二极管与 MOS 晶体管构成的将光信号变成电荷或电流信号的MOS图像传感器，又称为自扫描光电二极管列阵(SSPA)。

(4) 光纤传感器。它是唯一的有光源光敏传感器，即利用发光管(LED)或激光管(LD)发射的光，经光纤传输到被检测对象，被检测信号调制后，光沿着光导纤维反射或送到光接收器，经接收解调后变成电信号。

光敏传感器具有可靠性高、抗干扰能力强、不受电磁辐射影响以及本身也不辐射电磁波的特点，可以直接检测光信号，其中彩色CCD图像传感器还可以传输各种彩色图像，也可以间接测量温度、压力、速度、加速度、位移等，虽然它是发展较迟的一类传感器，但其发展速度之快，应用范围之广，都超过了其他类型的传感器，具有很大的潜力。限于篇幅，本节仅介绍常用光电传感器的基础知识及应用。

4.3.1 光敏电阻

光敏电阻也称为光导管，由于其体积小、灵敏度高、性能稳定、寿命长、价格低，故在自动控制电路中应用相当广泛。图4.11为广泛应用的声光控节能开关电路。

使用、检查光敏电阻时，应在不漏光的情况下进行。检查它在光照下的工作特性，不能只看强光下，还要看在弱光下的灵敏度。光敏电阻常用的工作方式主要有以下3种。

1. 串联工作方式

其原理如图4.12所示，当光照在光敏电阻上时，其电阻值R_{cds}下降，回路中电流增加，使负载R_o电阻的电压增大。光照越强，电压越大，这样通过R_o上的电压大小即可反映光敏电阻的受光强度，该电压可以作为自动控制电路的控制电压。

图4.11 声光控节能开关电路

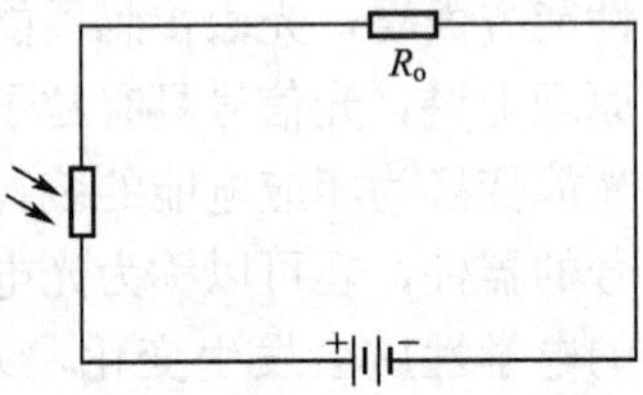

图4.12 光敏电阻串联工作方式

2. 光控延时工作方式

光控延时工作方式如图4.13所示。该电路应用较广泛，光控照明灯、自动曝光照相机等多采用此电路。以后者为例，自动曝光照相机上用于控制电子快门的电磁铁动作的电路将亮度、光圈、胶片感光度模拟量集中于比较器IC_1的反相信号输入端，而正相输入端设置一参考电压(电路阈值电压)。

当曝光开始时，快门打开，与快门联动的开关KA也打开。比较器反向输入端电压为0V，IC_1集成块输出的电压值为高电平，该信号经电阻R使VT_1管基极为高电平而导通，继电器KA线圈得电吸合后使快门打开。当KA开关触点受KA吸合而断开后，$V+$电压就会给电容C进行充电，经时间T后，当反向输入端电压上升到一定值时，IC_1输出电压

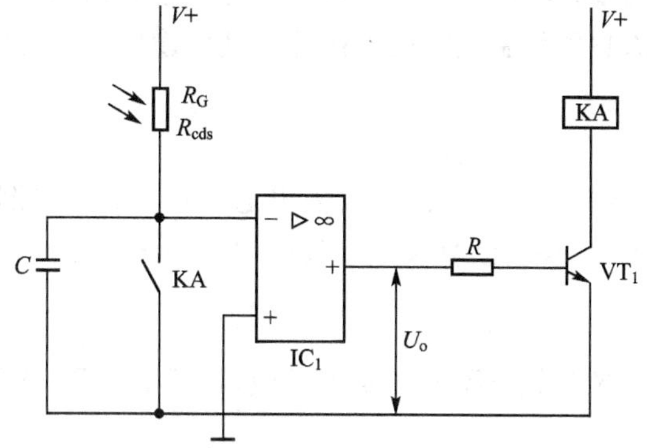

图 4.13　光控延时工作方式电路图

立即反转为低电平，三极管 VT_1 截止，KA 继电器线圈断电释放，快门关闭，KA 触点接通。

3. 光电比较工作方式

光电比较工作方式电路图如图 4.14 所示。这是一种窗口电压比较电路，窗口电压由电阻 R_1、R_2、R_3 通过分压原理确定。窗口电压实际上就是比较器 IC_1、IC_2 的基准电压。IC_1 的基准电压设置在同相输入端，IC_2 的基准电压设置在反相输入端，这两只比较器的比较电压均取自光敏电阻 R_G 与 KA 开关切换后某一电阻分压后的电压。由于光敏电阻 R_G 的电阻值会随光照强度发生变化，进而使比较电压 U_1 发生改变，因而 IC_1 和 IC_2 就会输出不同的电压去驱动发光二极管导通发光，以示光照强度。

4.3.2　光敏二极管

光敏二极管也称光电二极管，是一种光-电传感器。通常人们把检测装置中发射电子的极板称为阴极，吸收电子的极板称为阳极，且将两者封于同一壳内，再连上电极，就成为光敏二极管，其电路图符号如图 4.15 所示。光敏二极管有普通光敏二极管、红外光敏二极管和视觉光敏二极管三类。需要注意的是，光敏二极管是反向接入电路工作的，它的

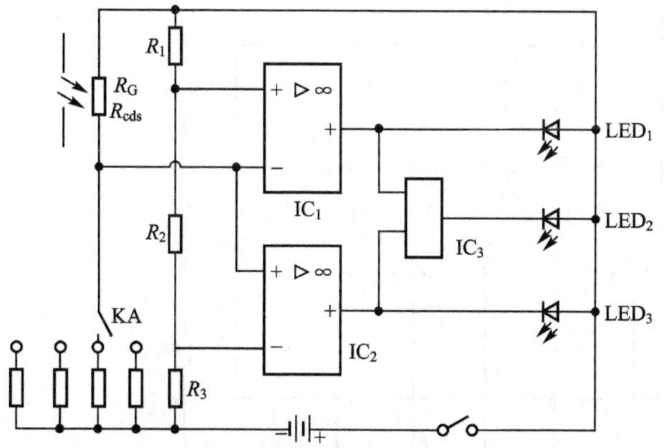

图 4.14　光电比较工作方式电路图

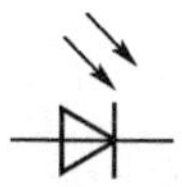

图 4.15　光敏二极管符号

正极端接低电位，负极端接高电位。光敏二极管的性能主要由伏安特性、光照特性、光谱特性、响应时间、峰值探测率和温度特性等描述，其用途广泛，通常用于光信号放大电路和光开关电路中。

1. 光信号放大电路

图 4.16 所示是光信号放大基本电路，其输出电压 U_o 会随光照强度增加而减小。为了使入射光强度与输出电压 U_o 保持线性关系，反向电压应大于 5V。

2. 光开关电路

由光敏二极管构成的光开关电路如图 4.17 所示，即由 VT_1 与 VT_2 将光电流处理后驱动 KA 继电器工作。

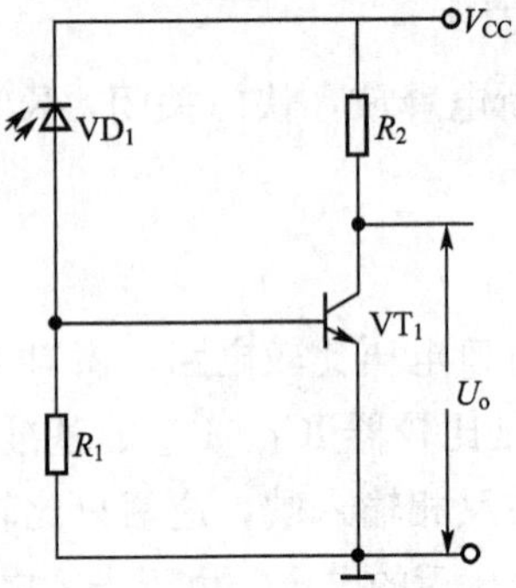

图 4.16　光信号放大电路

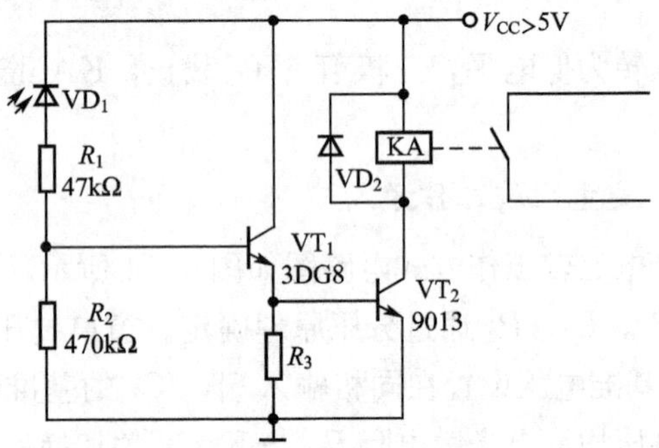

图 4.17　光开关电路

4.3.3　光电倍增管

图 4.18 所示为光电倍增管的结构示意图。光照射到阴极上产生光电子，光电子在真空中电场的作用下被加速而投射到第一个倍增极上，一个光电子可以产生多个电子，多次被加速而激发倍增极后电子数目得到倍增。一般光电倍增管中有 11 个左右的倍增极，工作时，电极电位从阴极到阳极经过各个倍增极逐级升高，即每个倍增极电压应满足 $V_{11}>\cdots>V_3>V_2>V_1$。

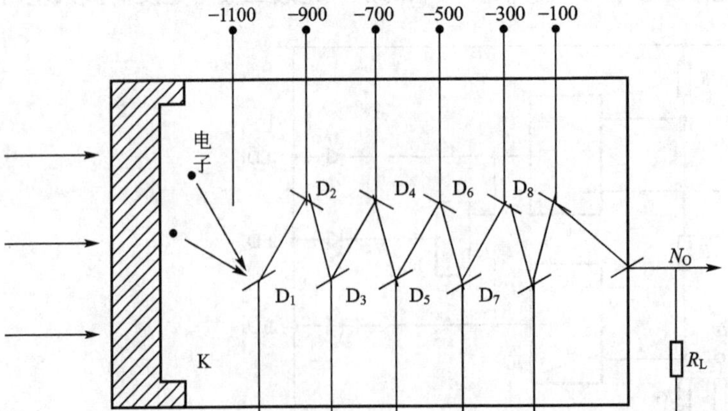

图 4.18　光电倍增管机构图

根据倍增系统的工作原理，光电倍增管可分为聚焦型和非聚焦型两大类。所谓聚焦不是指电子束聚焦成一点，而是指由前一级倍增极来的电子被加速后会聚在下一级倍增极上，在两个倍增极之间可能发生电子束轨迹的交叉。非聚焦型倍增系统所形成的电场只对二次电子加速，电子轨迹多是平行的。聚焦型倍增系统有圆环瓦片式(或鼠笼式)和直线瓦片式；非聚焦型倍增系统有盒栅式和百叶窗式。

光电倍增管的性能参数主要有灵敏度、放大倍数(电流增益G)、暗电流、光电特性等。

4.3.4　光敏三极管

光敏二极管的光电流仅为μA级，光敏灵敏度还不够高，而光敏三极管的光电流可达mA级，且具有较高的灵敏度，其等效电路和电路符号如图4.19所示。

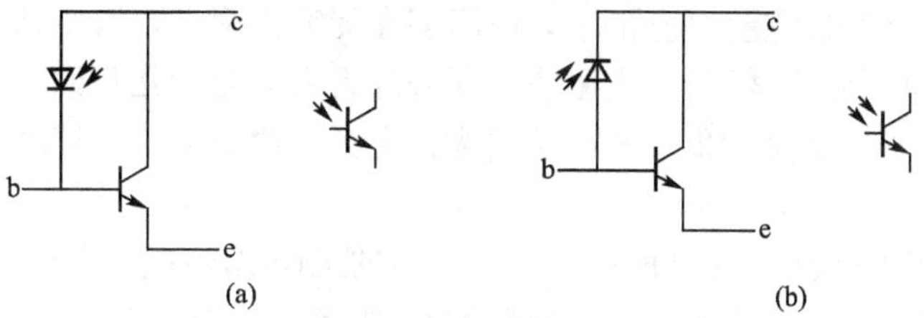

图4.19　光敏三极管等效电路和电路符号

(a) 锗型管；(b) 硅型管

1. 红外光敏三极管的结构与原理

它与普通晶体三极管结构相似，具有两个PN结，一般基极无引线，可以等效成一个bc结是光敏二极管的三极管。无光照时，只有很小的集电极-基极漏电流，所以光敏三极管暗电流很小。有光照时，集电极-基极的反向电流会因光照增大很多。当三极管的电流放大系数为β时，光敏三极管的电流要比相应光敏二极管的光电流大β。

2. 红外光敏三极管的基本特性

1) 输出特性

红外光敏三极管的输出特性与普通三极管的输出特性相同，只不过每条特性不是对应基极电流，而是对应一定的入射光强，光强增加，光电流基本上线性增加，而且对应某一入射光强下的光电流不随光敏三极管集电极与发射极之间电压而变化。光敏三极管特性曲线也可分为3个区域：截止区，只有很小的无光照时的截止电流；放大区，随光照强度增加，光电流线性增加；饱和区，无论光强如何增加，光电流不再增加，这时的光电流决定于负载电阻。

2) 光谱响应特性

光敏三极管与光敏二极管使用的半导体材料相同，光敏三极管的光谱响应特性与光敏二极管相同。

3. 红外光敏三极管的主要参数

1) 最大功耗P_M

它是指光敏三极管能够安全工作而不致损坏的最大耗散功率，一般为几十到100mW。

2）最高工作电压 U_{BRCE}

它是指在无光照射时，在管子不被击穿的前提下，集电极与发射极之间的最高工作电压，一般为10V到几十伏。

光电三极管还有与二极管相同的其他参数，如光电流 I_L、暗电流 I_D 等。

4. 红外光敏三极管的简单测试

1）电阻测量法

用万用表R×1k挡。首先，用数字万用表红表笔接c极，黑表笔接e极(管子长脚为e极，短脚为c极)，由于这种接法管子所加电压极性(e为“+”，c为“−”)不符合正常工作条件，因此无论是有光照还是无光照，管子两端电阻都是非常大的，一般应接近无穷大。然后将红、黑表笔调换，这种接法下管子所加电压符合正常工作条件，当无光照时(用物体遮住管子，使其不受任何光照)，电阻多在无穷大附近，否则认为漏电流太大。当有光照时(将管子移至强光线下)，电阻应从原来的无穷大变为几百欧，至少也应在几千欧以下，否则说明管子灵敏度太低；若电阻仍为无穷大，说明管子是坏的。

2）电路测量法

将光敏三极管的c极与e极之间接上10V左右的工作电压(c为“+”、e为“−”)，并在回路里接上电流表。当无光照射时，电流指示为暗电流，小于0.3μA。当有光照时，电流表指示为光电流，一般在0.5～3mA，有的管子可达10mA(达林顿光敏三极管)。

4.3.5 光敏二极管及光敏三极管使用注意事项

1. 加装滤色片

光敏二极管和光敏三极管的光谱响应曲线可延伸到可见光区，在有较强光干扰环境下使用时，除了电路设计时考虑抗干扰环节外，还应给光敏管加装滤色片，以滤掉可见光部分，不致使光敏管饱和而失控，从而使遥控电路工作更加可靠。滤色片可用颜色较深的红色有机玻璃或胶片制成，安装在接收器的接收窗口上即可。

2. 管脚引线不要太长

光敏管与电路的引线不能过长，引线过长会引起干扰，最好将管子引脚直接焊在电路板上。

3. 光敏管使用的选择

光敏二极管的光电流较小，但输出特性线性度好，响应时间快；光敏三极管光电流大，但输出特性线性度差，响应时间慢。在工作频率不高、要求灵敏度高的电路中，可选用光敏三极管，如用于各种遥控电路；在工作频率高、要求光电流与入射光强呈线性关系时，则采用光敏二极管，如用于采用模拟调制与解调的简单红外光通信电路。当然，光敏二极管也可用于各种遥控电路。

4. 光敏三极管的偏置电流

当用光敏三极管作红外接收器件时，可以给它以适当的偏置电流，使其稍稍脱离截止区，进入放大区，这样可以提高接收灵敏度。由于光敏三极管一般无基极引线(个别产品有基极引线)，因此只能采用光偏置的方法。

如果没有光偏置，则当环境较黑，且遥控距离又较远时，光敏三极管接收到的红外信号很弱，此时，光敏三极管工作在截止区，灵敏度很低。增设光偏置后，使光敏三极管工作在放大区，灵敏度较高。实验证明，采用这种方法可以非常有效地提高接收灵敏度，增大遥控距离。

5. 管子使用时不要超过极限参数值

产品给出的极限参数不得超限使用，否则不能正常工作或损坏器件。

6. 使用聚光透镜

光敏二极管和光敏三极管使用聚光透镜可以增加接收距离。

4.3.6　光电传感器应用电路

图 4.20 所示为一亮光报警电路，当有光照射 R_{cds} 时，VT_1 导通，VT_2 导通，VT_3 导通，铃 B 响；当无光照射 R_{cds} 时，VT_1 截止，VT_2 截止，VT_3 截止，铃 B 不响。VZ 为稳压管，电容 C 为旁路电容，保证放大电路放大倍数不变。

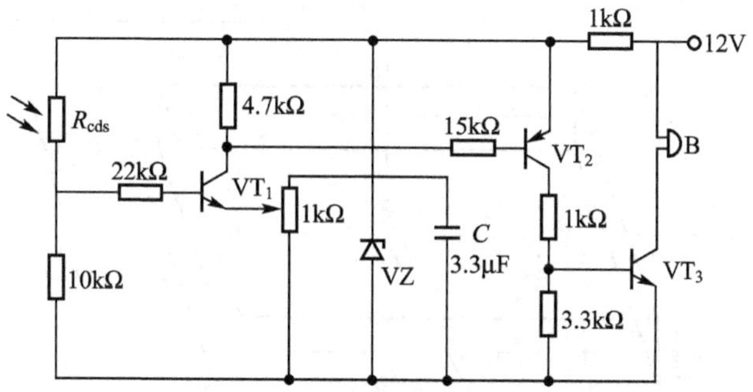

图 4.20　亮光报警电路

4.4　磁敏传感器

磁敏传感器是一种将磁学量信号转换成电信号的器件或装置。近年来，磁敏传感器的应用日益扩大，地位越来越重要，按其结构主要分为体型和结型两大类。前者的代表有霍尔传感器，后者的代表有磁敏二极管、磁敏晶体管等，它们都是利用半导体材料内部的载流子(电子、空穴)随磁场改变运动方向这一特性而制成的一种磁传感器。另外还有利用电磁感应原理制成的磁电式传感器。利用磁敏传感器可以检测各种物理量，如微位移、振动、力、加速度、流量等，也可用于磁场、电流的测量和制作无接触点开关、运算器等。它不仅可实现无接触测量，而且不从磁场中获取能量，在很多情况下，可采用永久磁铁来产生磁场，不需要附加能源，因此，这类传感器的应用也十分广泛。迄今，从 10T 的人体弱磁场到高达 25T 以上的强磁场，都可以找到相应的传感器来进行检测。限于篇幅，本节仅介绍霍尔传感器。

霍尔传感器是目前国内外应用最为广泛的一种磁敏传感器，它利用磁场作为媒介，可以检测很多的物理量，如微位移、加速度、转速、流量、角度等，也可用于制作高斯计、电流表、功率计、乘法器、接近开关、无刷直流电机等。因此，这种传感器广泛应用于自动控制、电磁检测等领域。

霍尔传感器有霍尔元件和霍尔集成电路两种类型。霍尔元件是分立型结构，霍尔集成电路是把霍尔元件、放大器、补偿电路及稳压电源等做在一个芯片上的集成电路，与前者相比，霍尔集成电路更具有微型化、可靠性高、寿命长、功耗低及负载能力强等优点。

4.4.1 霍尔元件

1. 工作原理

霍尔元件是一种四端型器件，它工作的物理基础是霍尔效应。如图 4.21 所示，在一块长为 L、宽度为 W、高度为 d 的长方形半导体上，两垂直侧面各装上电极，如果在长度方向(X 轴)通入控制电流 I，在厚度方向(Z 轴) 施加磁感应强度为 B 的磁场时，那么在垂直于电流和磁场的方向上(Y 轴)将会产生电动势(或称霍尔电势)，这种现象称为霍尔效应。

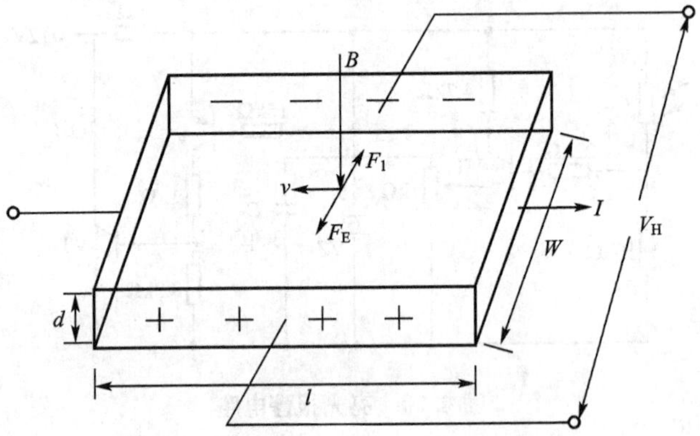

图 4.21 霍尔效应示意图

霍尔效应的产生是运动电荷受磁场中洛伦兹力作用的结果。霍尔电势 V_H 可由下式表示

$$V_H = K_H \cdot I \cdot B \tag{4-6}$$

式中 K_H——霍尔元件的灵敏度，它与元件材料的性质和几何尺寸有关。

由上式可以看出，霍尔电势是正比于控制电流 I 和磁感应强度 B 的，因此，只要它们发生变化，霍尔电势也随之发生改变。

目前，国内外生产的霍尔元件采用的材料有锗(Ge)、硅(Si)、锑化铟(InSb)、砷化铟(InAs) 和砷化镓(GaAs)等。比较常用的霍尔元件有 3 种结构：单端引出线型、卧式型、双端引出线型。锗霍尔元件是较早研制的一种霍尔器件，它的霍尔系数较大，在输入控制电流较小的情况下，可得到较大的霍尔电压 V_H。硅霍尔元件也是一种常用的分立型元件，它的温度系数比锗霍尔元件要小一些。锑化铟元件的输出较大，但受温度的影响也较大。砷化镓霍尔元件的温度特性比锑化铟霍尔元件好，其霍尔电压对磁场的线性度和测量精度也比锑化铟霍尔元件好，但是，价格较贵。

2. 霍尔元件的主要技术参数

1）额定控制电流 I_c

在磁感应强度 $B=0$ 时，霍尔元件在空气中产生 10℃温升时所对应的控制电流，称为额定控制电流 I_c。其大小与霍尔芯片的尺寸有关，尺寸越小，I_c 越小，一般为几毫安至几十毫安。

2）输入电阻 R_{in} 和输出电阻 R_{out}

霍尔元件控制电极间的电阻称为输入电阻 R_{in}，霍尔电极之间的电阻称为输出电阻 R_{out}，在没有外磁场和室温条件下，可以用直流电桥和欧姆表来测量。

3）不等位电势 V_M 与不等位电阻 R_M

霍尔元件在额定控制电流作用下，不加外磁场时，霍尔电极间的空载电势称为不等位电势 V_M，它主要是由于两个电极没有装配在同一个等位上所致，也与材料的电阻率不均匀、基片的宽度和厚度不一致等因素有关。一般 V_M 不大于 10mV 或 $\pm 20\% V_H$。不等位电势与额定控制电流之比称为不等位电阻 R_M。V_M 和 R_M 越小越好。

4）乘积灵敏度 K_H

在单位控制电流和单位磁感应强度下，霍尔元件输出极开路时的霍尔电压称为乘积灵敏度 K_H，单位一般是 V/T · A。在测试时，一般控制电流取 1mA，磁感应强度取 0.1T，输出极开路时霍尔电压一般都是 mV 级。

5）磁灵敏度 S_B

在额定控制电流和单位磁感应强度下，霍尔元件输出开路时的霍尔电势称为磁灵敏度 S_B，单位是 V/T。

6）寄生直流电势 V_0

在不加外磁场时，霍尔元件通以交流控制电流时，其霍尔电极间产生的直流电势为寄生直流电势 V_0。

7）霍尔电势温度系数 β

在一定磁感应强度和控制电流下，温度每变化 1℃时，霍尔电势值变化的百分率称为霍尔电势温度系数 β，单位是%/℃。这一参数对测量仪器十分重要，若仪器要求精度高时，要选择 β 值小的元件，必要时还要加温度补偿电路。

8）电阻温度系数 α

温度每变化 1℃时，霍尔元件材料的电阻变化率称为电阻温度系数 α。

9）热阻

霍尔器件的功耗增加 1W 时，霍尔器件升高的温度为它的热阻。热阻的大小反映了霍尔器件散热的难易程度，其单位是℃/W。

4.4.2 霍尔集成电路

霍尔集成电路是将霍尔元件和放大电路等集成制造在一个半导体芯片上，从外形结构看与分立型霍尔元件完全不同，它的引出线形式由电路功能所决定。根据电路和霍尔器件工作条件的不同，霍尔集成电路分为线性型和开关型两种类型。

线性型霍尔集成电路的特点是输出电压与外加磁感应强度 B 呈线性关系，它有单端输出和双端输出(差动输出)两种形式，外形结构有三端 T 型和八脚双列直插型。单端输出的

UGN－3501内电路方框图和双端输出线性集成霍尔传感器电路框图如图4.22所示。这种器件的温度特性随着温度的增加，其灵敏度下降，所以，若要提高精度，需在电路中加温度补偿环节。

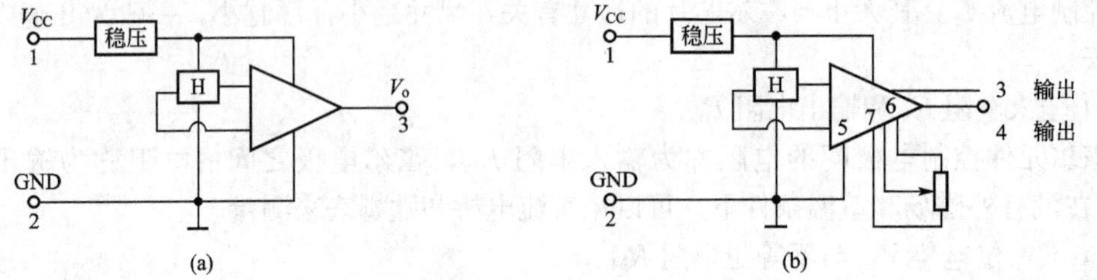

图4.22　线性型霍尔集成电路框图

(a) 单端输出UGN－3501内电路方框图；(b) 双端输出线性集成霍尔传感器电路框图

开关型霍尔集成电路的开关形式有单稳态和双稳态两种，在输出上有单端输出和双端输出。这种集成电路一般由霍尔元件、稳压器、差分放大器、施密特触发器以及集电极开路输出等部分组成。CS3000系列传感器的单oc与双oc输出形式的电路框图如图4.23所示。常用的型号有UGN－3000系列和CS系列，外形结构有三端T型和四端T型(双端输出)。

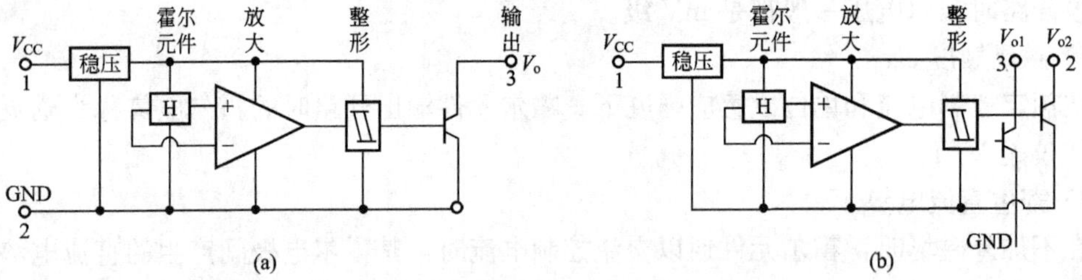

图4.23　CS3000系列传感器的单oc与双oc输出的电路框图

(a) 单输出；(b) 双输出

4.4.3　霍尔传感器应用

霍尔元件既可以测量磁物理量及电量，还可以通过转换测量其他非电量，具体的应用产品有高斯计、霍尔罗盘、大电流计、功率计、调制器、位移传感器、微波功率计、频率倍增器、回转器、乘法器、磁带或磁鼓读出器及霍尔电机等，下面举几个例子。

1. 位移测量

如图4.24所示，在磁场强度相同而极性相反的两个磁铁气隙中放置一个霍尔元件。当元件的控制电流I恒定不变时，霍尔电势V_H与磁感应强度B成正比，即

$$V_H=KB \tag{4-7}$$

上式说明霍尔电势V_H与位移量呈线性关系，其极性反映了元件位移的方向。磁场梯度越大，灵敏度越高；磁场梯度越均匀，输出线性度越好。当$x=0$时，即元件位于磁场中间位置上时，$V_H=0$，这是元件在此位置受到大小相等、方向相反的磁通作用的结果。利用这一原理，一般可用来测量1～2mm的小位移，其特点是惯性小、响应速度快、无接触测量。另外还可以测量其他非电量，如力、压力、压差、液位和加速度等。

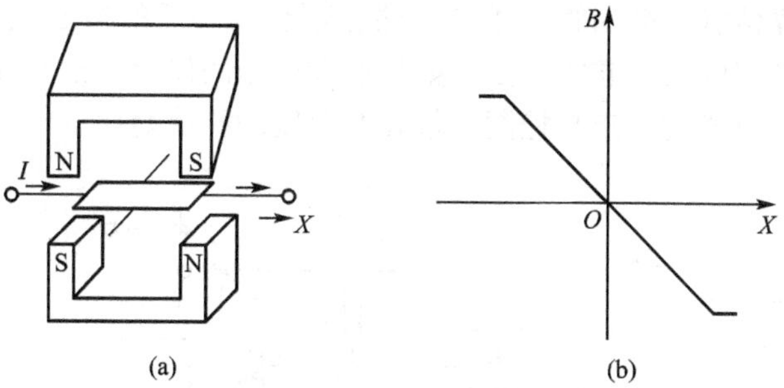

图 4.24　传感器磁路结构及磁场变化图

(a) 传感器磁路结构示意图；(b) 磁场变化

2. 霍尔元件在转速测量上的应用

利用霍尔效应测量转速的工作原理非常简单，即将永磁体按适当的方式固定在被测轴上，霍尔元件置于磁铁的气隙中，当轴转动时霍尔元件输出的电压则包含有转速的信息，再将霍尔元件输出电压经后续电路处理，便可得到转速的数据。

3. 功率测量

图 4.25 是直流功率计电路。

若外加磁场正比与外加电压，表示为

$$B=K_1V$$

式中　V——外加电压；

K_1——与器件及器件材料、结构有关的常数。

则霍尔电压 V_H 正比于功率，即可利用霍尔元件进行直流功率测量。该电路适用于直流大功率的测量，R_L 为负载电阻，指示仪表一般采用有功率刻度的伏特表，霍尔元件采用 N 型锗材料元件较为有利，其测量误差一般小于 1%。这种功率测量方法有下列优点：由于霍尔电压正比于被测功率，因此可以做成直读式功率计；功率测量范围可从几微瓦到数百瓦；装置中没有转动部分，输出和输入之间相互隔离，稳定性好，精度高；结构简单，体积小，寿命长，成本低廉。

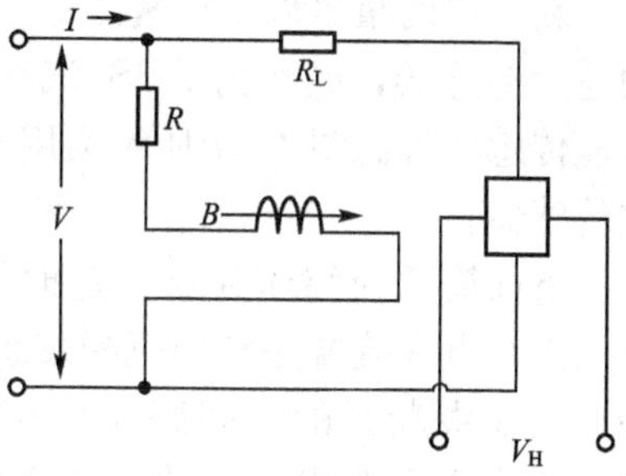

图 4.25　直流功率计电路

4. 霍尔效应在无损探伤中的应用

由于铁磁性材料具有高磁导率特性，因而可以通过测量铁磁性材料中由缺陷所引起的磁导率变化来检测缺陷。在外加磁场的作用下，当铁磁材料中无缺陷时，磁力线绝大部分通过铁磁材料，此时在材料的内部磁力线均匀分布；当有缺陷存在时，由于缺陷的磁导率远比铁磁材料本身小，致使磁力线发生弯曲，并且有一部分磁力线泄露出材料表面。采用霍尔元件检测该泄露磁场 B 的信号变化，就能有效检测出缺陷的存在。根据这一原理可以制作无损探伤装置，主要由激励源、探伤元件及可调整式探头等结构组成。

5. 霍尔开关集成电路的应用

由于霍尔开关集成电路的输出是晶体管，且其是发射极接地、集电极开路的电路结构，因而很容易与晶体管、晶闸管和逻辑电路相耦合。一般的负载接口电路如图 4.26 所示。霍尔开关集成电路的用途非常广泛，如转速和里程的测定、点火系统、机械设备的限位开关、按钮开关、电流的测定与控制、位置及角度的检测等。

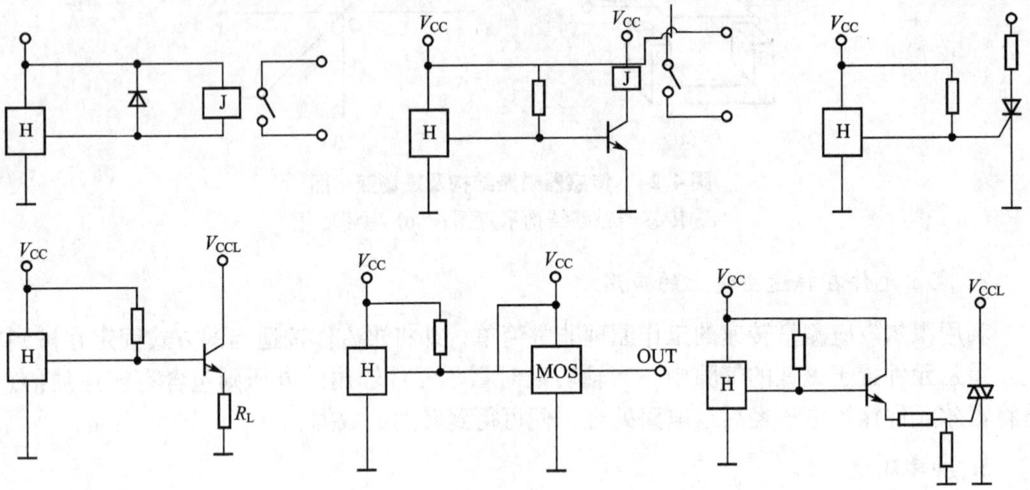

图 4.26　常用霍尔开关集成电路负载接口

4.4.4　霍尔传感器应用实例

1. 霍尔齿轮传感器

新一代的霍尔齿轮转速传感器广泛用于新一代的汽车智能发动机中，作为点火定时用的速度传感器，或作为 ABS(汽车防抱死制动系统)的车速传感器等。图 4.27 所示为用于 ABS 检测车速的霍尔传感器。

图 4.27　霍尔车速传感器

下面简单介绍作为点火定时用的速度传感器。传统的汽车点火装置是利用机械装置使触点闭合和打开，在点火线圈断开的瞬间感应出高电压供火花塞点火。这种方法容易造成开关的触点产生磨损、氧化，使发动机性能变坏，也使发动机性能的提高受到限制。图 4.28所示为霍尔汽车点火器的结构示意图。图中的霍尔传感器兼可传感曲轴位置信息，可以将发动机转速和曲轴位置的检测融为一体。当转子转动时，霍尔传感器的输出端便输出一串脉冲信号，由于转子上的某一叶瓣的宽度比其他叶瓣小一些，因而这个叶瓣所对应的脉冲宽度小一些，设计成该脉冲的上升沿在恒速时比其他脉冲的上升沿延迟一些到来。用这些脉冲信号触发功率开关管，使它导通或截止，在点火线圈中便产生 15kV 的感应高电压，以点燃汽缸中的燃油使发动机转动。采用霍尔传感器制成的汽车点火器和传统的汽车点火器相比具有很多优点，如维护简单，使用寿命长；点火能量大，汽缸中气体燃烧充分，尾气对大气的污染明显减少；点火时间准确，提高了发动机的性能。

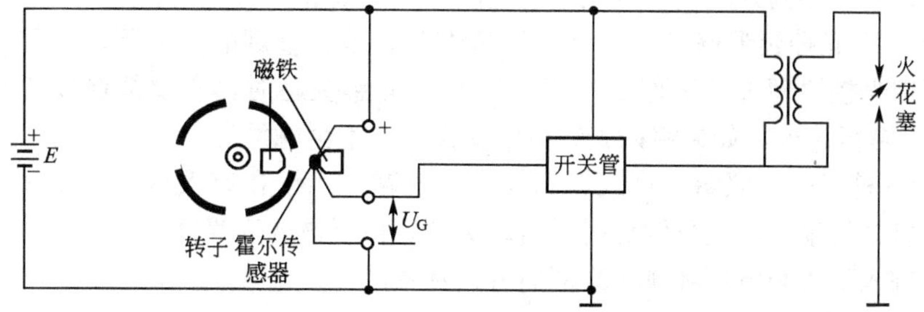

图 4.28　霍尔汽车点火器的结构示意图

2. 霍尔式防盗报警器

图 4.29 所示为霍尔式防盗报警器，又称为开门报警器，即将磁铁安装在门板上，将 TL3019 型霍尔传感器装在门上。

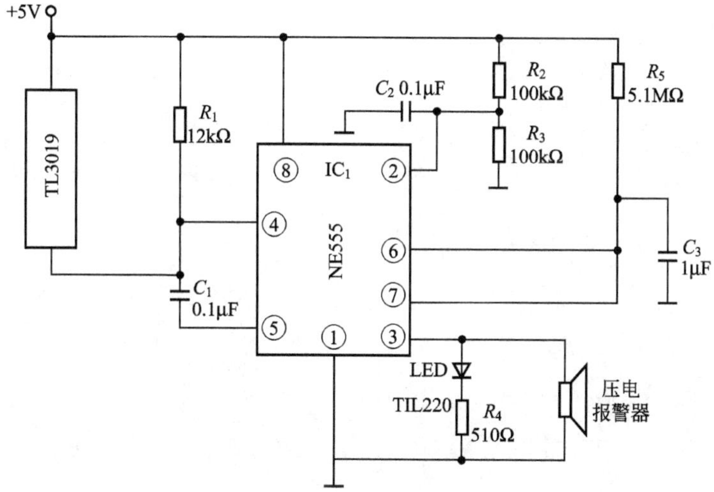

图 4.29　霍尔式防盗报警器

其工作过程：当门被打开时，LED 发光，压电报警器发声报警。NE555 组成单稳态定时器电路，其⑥脚与⑦脚上的 C_3 和 R_5 决定了 IC_1 集成块的 RC 时间常数，也决定了 LED 发光及报警器发声时间的长短。当门被关闭时，TL3019 传感器输出保持在低电平。$IC_1$②脚所接电平为电源电压的一半。门一开，TL3019 变为高电平，这一正脉冲经电容 C_1 加到 IC_1 的⑤脚上，该脉冲还同时加到 IC_1 的复位端④脚上，由此会启动定时循环，使报警器发声。

思考与实践

1. 设计一个双向超温报警器，电路由低温检测、高温检测、开关电路及报警指示电路等构成，具有工作可靠、成本低、精确度高、上/下限超温点可以任意预置等特点，可广泛用于各种控温场合。

2. 设计一个光控报警器，可用于家庭或办公室夜晚防盗报警，安装在保险柜或者抽屉等黑暗处，一旦小偷到来，打开柜子，电路即声光报警。

3. 设计一个光控延迟壁灯。晚上关灯睡觉时，床头壁灯能自动开启照明 1 分钟后熄灭，它是利用光控原理进行工作的，当室内光线突然变暗时，它就能触发工作，电灯发光，1 分钟后自行熄灭，如果室内光线由暗变强，它不会触发工作。

4. 设计一种卫生间照明、排气扇门控开关电路，用于在有人进入卫生间时自动点亮照明灯和开启排气扇，经数分钟延时后自动关断。白天进入卫生间只有排气扇自动开启和关断，夜晚进入卫生间电灯和排气扇同时开启和关断。

5. 设计一个简易高斯计。

项目 5

STC89C51 开发板的硬件设计与软件编程

教学目标及要求

1. 知识目标及要求

(1) 熟悉 51 单片机的资源基本配置及工作原理。

(2) 掌握 C51 的基本语法。

(3) 掌握单片机常用接口的原理。

2. 技能目标及要求

(1) 掌握 51 单片机 I/O 口使用，定时器/计数器的使用。

(2) 掌握按键识别技术、动态数码显示技术、A/D 与 D/A 接口技术。

(3) 掌握 C51 编程技巧及调试方法。

3. 素质目标及要求

(1) 培养学生发现问题、分析问题、解决问题的能力。

(2) 培养学生良好的职业素养。

项目导读

单片机的全称是单片微型计算机(Single Chip Microcomputer)。为了使用方便，它把组成计算机的主要功能部件：中央处理器(CPU)、数据存储器(RAM)、程序存储器(ROM、EPROM、E^2PROM 或 FLASH)、定时/计数器和各种输入/输出接口电路等都集成在一块半导体芯片上，构成了一个完整的计算机系统。与通用的计算机不同，单片机的指令功能是按照工业控制的要求设计的，因此它又被称为微控制器(Microcontroller)。

MCS-51 系列单片机是美国 Intel 公司于 1980 年推出的一种 8 位单片机系列。该系列的基本型产品是 8051、8031 和 8751。这 3 种产品之间的区别只是在片内程序存储器方面。8051 的片内程序存储器(ROM)是掩膜型的，即在制造芯片时已将应用程序固化进去；8031 片内没有程序存储器；8751 内部包含有用作程序存储器的 4KB 的 EPROM。由于 8051 的编程需要制造商的支持，8751 的价格昂贵，因此 8031 获得了更为广泛的使用。

MCS-51 系列单片机优异的性能/价格比使得它从面世以来就获得用户的认可。Intel 公司把这种单片机的内核，即 8051 内核，以出售或互换专利的方式授权给一些公司，如 STC、Atmel、Philips、ADI 等。这些公司的这类产品也被称为 8051 兼容芯片，这些 8051 兼容芯片在原来的基础上增加了许多特性。本书应用电路中采用了宏晶科技推出的新一代超强抗干扰/高速/低功耗 STC89C51RC/RD+系列单片机，指令代码完全兼容传统 8051 单片机，12 时钟/周期和 6 时钟/机器周期可任意选择，最新的 D 版本内部集成 MAX810 专用复位电路。

本章先回顾一下单片机的基本知识，然后重点讨论 STC89C51 单片机开发板的硬件设计，同时结合实例介绍单片机 C 语言编程。STC89C51 单片机开发板如图 5.1 所示。

图 5.1　STC89C51 单片机开发板

5.1　MCS-51 单片机基本知识回顾与单片机最小系统

5.1.1　基本知识回顾

MCS-51 单片机在一块芯片中集成了 CPU、RAM、ROM、定时器/计数器和多种功能的 I/O 线等一台计算机所需要的基本功能部件。MCS-51 单片机内包含下列几个部件。

(1) 一个 8 位 CPU。

(2) 一个片内振荡器及时钟电路。

(3) 4KB 字节 ROM 程序存储器。

(4) 128B 字节 RAM 数据存储器。

(5) 两个 16 位定时器/计数器。

(6) 可寻址 64KB 外部数据存储器和 64KB 外部程序存储器空间的控制电路。

(7) 32 条可编程的 I/O 线(4 个 8 位并行 I/O 端口)。

(8) 一个可编程全双工串行口。

(9) 具有 5 个中断源、两个优先级嵌套中断结构。

8051 单片机框图如图 5.2 所示。各功能部件由内部总线连接在一起。

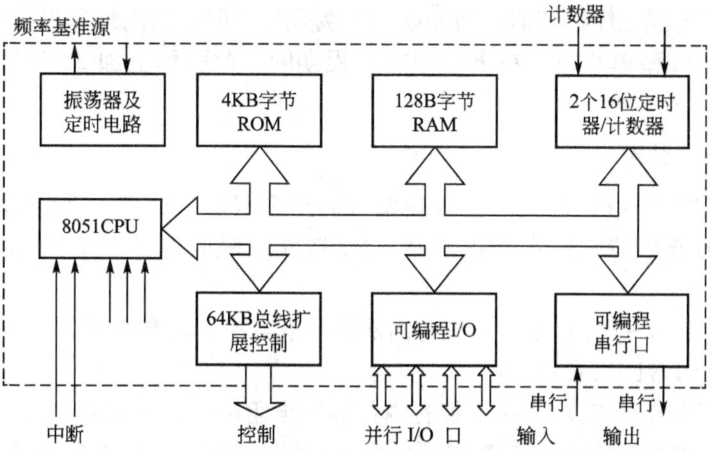

图 5.2　8051 单片机框图

MCS－51 单片机一般采用 40 引脚的双列直插封装方式。如图 5.3 所示为引脚排列图，40 条引脚说明如下。

1. 主电源引脚

(1) V_{SS}接地。

(2) V_{CC}正常操作时为＋5V 电源。

2. 外接晶振引脚

(1) XTAL1 是内部振荡电路反相放大器的输入端，是外接晶体的一个引脚。当采用外部振荡器时，此引脚接地。

(2) XTAL2 是内部振荡电路反相放大器的输出端，是外接晶体的另一端。当采用外部振荡器时，此引脚接外部振荡源。

3. 控制或与其他电源复用引脚

(1) RST/VPD。当振荡器运行时，在此引脚上出现两个机器周期的高电平(由低到高跳变)，将使单片机

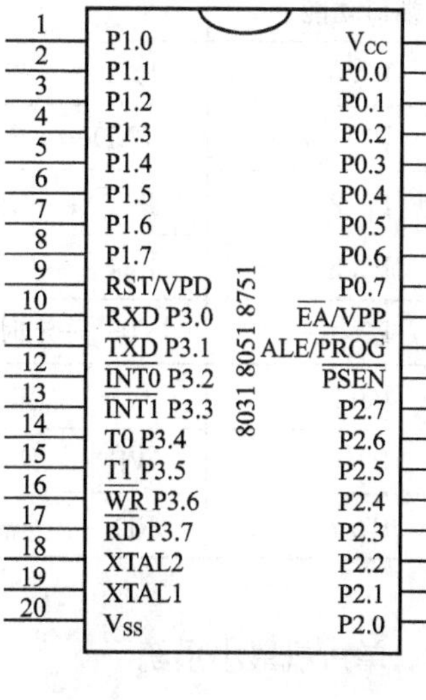

图 5.3　8051 引脚排列图

复位。在 V_{CC} 掉电期间，此引脚可接上备用电源，由 VPD 向内部提供备用电源，以保持内部 RAM 中的数据。

(2) ALE/$\overline{PROG}$。正常操作时为 ALE 功能(允许地址锁存)提供把地址的低字节锁存到外部锁存器，ALE 引脚以不变的频率$\left(振荡器频率的\frac{1}{6}\right)$周期性地发出正脉冲信号。因此，它可用作对外输出的时钟，或用于定时目的。但要注意，每当访问外部数据存储器时，将跳过一个 ALE 脉冲，ALE 端可以驱动(吸收或输出电流)8 个 LSTTL 电路。对于 EPROM 型单片机，在 EPROM 编程期间，此引脚接收编程脉冲($\overline{PROG}$功能)。

(3) $\overline{PSEN}$。外部程序存储器读选通信号输出端，在从外部程序存储取指令(或数据)期间，$\overline{PSEN}$在每个机器周期内两次有效。$\overline{PSEN}$同样可以驱动 8 个 LSTTL 输入。

(4) $\overline{EA}$/VPP。$\overline{EA}$/VPP 为内部程序存储器和外部程序存储器选择端。当$\overline{EA}$/VPP 为高电平时，访问内部程序存储器，当$\overline{EA}$/VPP 为低电平时，访问外部程序存储器。

对于 EPROM 型单片机，在 EPROM 编程期间，此引脚上加 21VEPROM 编程电源(VPP)。

4. 输入/输出引脚

(1) P0 口(P0.0～P0.7)是一个 8 位漏极开路型双向 I/O 口，在访问外部存储器时，它是分时传送的低字节地址和数据总线，P0 口能以吸收电流的方式驱动 8 个 LSTTL 负载。

(2) P1 口(P1.0～P1.7)是一个带有内部提升电阻的 8 位准双向 I/O 口，能驱动(吸收或输出电流)4 个 LSTTL 负载。

(3) P2 口(P2.0～P2.7)是一个带有内部提升电阻的 8 位准双向 I/O 口，在访问外部存储器时，它输出高 8 位地址。P2 口可以驱动(吸收或输出电流)4 个 LSTTL 负载。

(4) P3 口(P3.0～P3.7)是一个带有内部提升电阻的 8 位准双向 I/O 口，能驱动(吸收或输出电流)4 个 LSTTL 负载。P3 口还用于第二功能，见表 5-1。

表 5-1　P3 口的第二功能

端口功能	第二功能
P3.0	RXD——串行输入(数据接收)口
P3.1	TXD——串行输出(数据发送)口
P3.2	$\overline{INT0}$——外部中断 0 输入线
P3.3	$\overline{INT1}$——外部中断 1 输入线
P3.4	T0——定时器 0 外部输入
P3.5	T1——定时器 1 外部输入
P3.6	$\overline{WR}$——外部数据存储器写选通信号输出
P3.7	$\overline{RD}$——外部数据存储器读选通信号输入

5.1.2　单片机最小系统

单片机的最小应用系统电路指的是它可以正常工作的最简单电路组成。MCS-51 单片机的最小系统电路图如图 5.4 所示。该系统中包含 4 个电路部分。

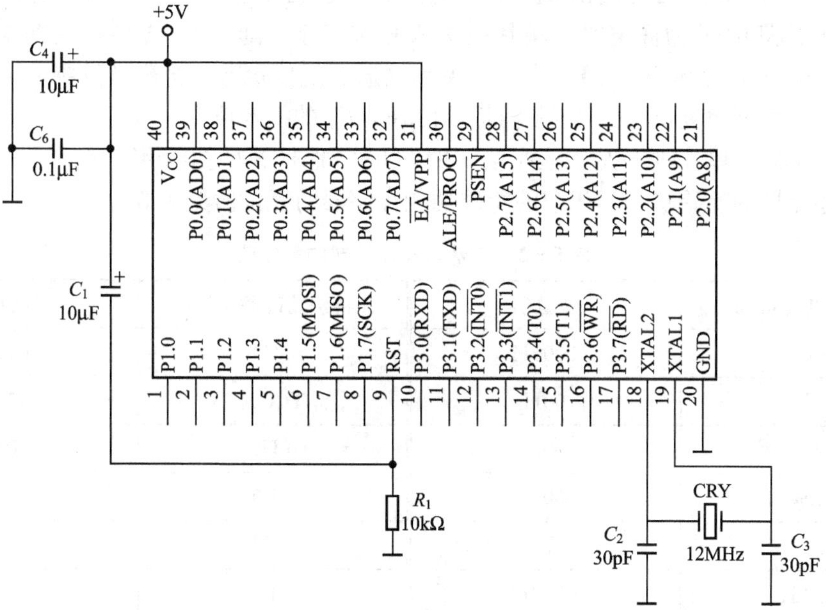

图 5.4　MCS－51 单片机最小应用系统电路

1. 供电电路

引脚 V_{CC}(引脚 40)接＋5V 电源，引脚 GND(引脚 20)接地线。为提高电路的抗干扰能力，一个 0.1μF(器件标注为 104)的瓷片电容和一个 10μF 的电解电容通常被接在引脚 V_{CC} 和接地线之间。

2. 程序存储器选择电路

如前所述，8051 兼容芯片具有多种容量的内部程序存储器的型号，因此在使用中不需要再扩展外部程序存储器，这样在单片机应用电路中引脚$\overline{EA}$(引脚 31)可以总是接高电平。

3. 时钟电路

MCS－51 芯片的时钟频率可以在 0～48MHz 范围。单片机内部有一个可以构成振荡器的放大电路。在这个放大电路的对外引脚 XTAL2(引脚 18)和 XTAL1(引脚 19)接上晶体和电容就可以构成单片机的时钟电路。如图 5.4 所示的时钟电路由晶体 CRY 和电容 C_2 与 C_3 组成。单片机的时钟频率取决于晶体 CRY 的频率，如果采用面包板来组装单片机应用电路，晶体 CRY 的推荐值为 12MHz 以下。电容 C_2 与 C_3 的取值范围为 30～50pF。时钟电路采用晶体的目的是提高时钟频率的稳定性。

4. 复位电路

对于 MCS－51 芯片，如果引脚 RST(引脚 9)保持 24 个时钟周期的高电平，单片机就可以完成复位。通常为了保证应用系统可靠地复位，复位电路应使引脚 RST 保持 10ms 以上的高电平。只要引脚 RST 保持高电平，单片机就循环复位。当引脚 RST 从高电平变为低电平时，单片机退出复位状态，从程序空间的 0000H 地址开始执行用户程序。

如图 5.4 所示的复位电路由 C_1 和 R_1 组成。当系统加电时，由于 C_1 两端的电压不能突变，因此引脚 RST 为高电平，单片机进入复位状态。随着 C_1 充电，它两端的电压上升，使得引脚 RST 上电压下降，最终使单片机退出复位状态。合理地选择 C_1 和 R_1 的取值，系统就能可靠地复位。C_1 的推荐值是 10μF，R_1 的推荐值是 10kΩ。

完成复位后，单片机不仅从程序空间的 0000H 地址开始执行用户程序，还影响一些特殊功能存储器的初始状态。相应的特殊功能存储器的复位值见表 5-2。

表 5-2　特殊功能存储器的复位值

特殊功能寄存器	复位值	特殊功能寄存器	复位值
PC	0000H	TMOD	00H
ACC	00H	TCON	00H
B	00H	TH0	00H
PSW	00H	TL0	00H
SP	07H	TH1	00H
DPTR	0000H	TL1	00H
P0～P3	FFH	SCON	00H
IP	×××0 0000B	SBUF	×××× ××××B
IE	0××0 0000B	PCON	0××× 0000B

注：PC 称为程序指针，它被用来存储下一条要执行的指令地址，PC 的位置并不在特殊功能存储器区域。

DPTR 称为数据指针，它由两个特殊功能寄存器 DP0H 和 DP0L 组成。

5.2　STC89C51 单片机开发板硬件设计

STC89C51 单片机开发板主要由单片机最小系统模块、电源模块、232 电平转换模块、8 路发光二极管指示模块、独立按键模块、4×4 矩阵按键模块、数码显示模块、液晶显示模块、模数转换模块、数模转换模块、继电器控制模块等组成，每个模块各自可以成为独立的单元，也可以相互组合，因此，可以为不同阶层的单片机开发者提供不同的开发环境。每个硬件模块介绍如下。

1. 单片机系统模块

STC89C51 单片机的结构与 MCS-51 单片机基本类似，这里不作阐述。STC89C51 开发板上的单片机系统把全部的 I/O 端口资源提供出来，因此，在实际应用的时候可以灵活地组合成不同的单片机应用系统，该单片机采用 11.0592MHz 晶振，具体的电路原理图如图 5.5 所示。

2. 电源模块

电源模块为开发板上提供＋5V 电源。本开发板电源取自 USB 接口上的＋5V 电源，只要用相应配套的 USB 线从电脑主机获取＋5V 直流电源即可，电路图如图 5.6 所示。

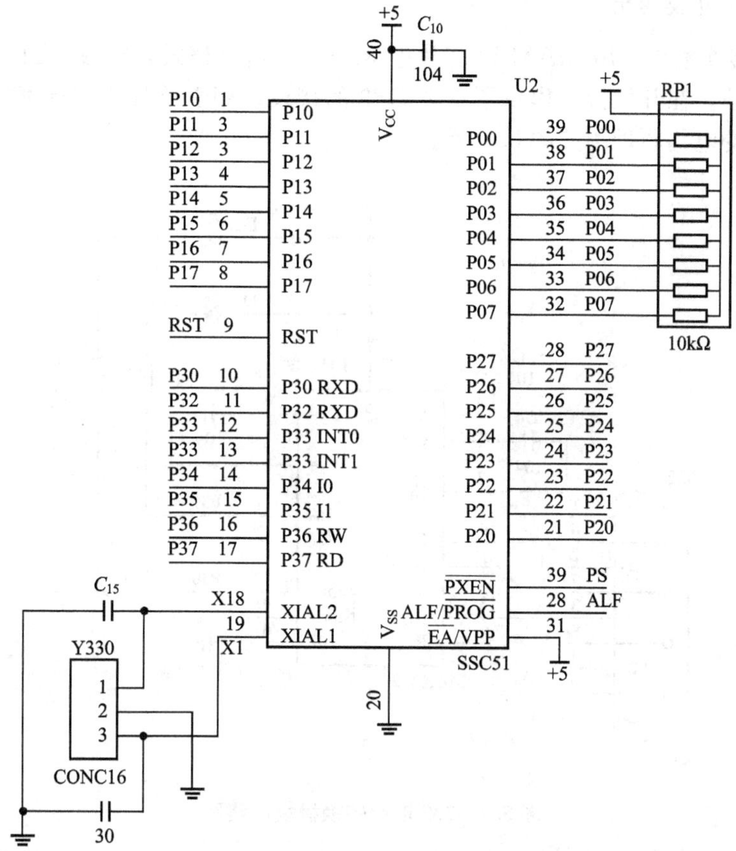

图 5.5 单片机系统模块电路图

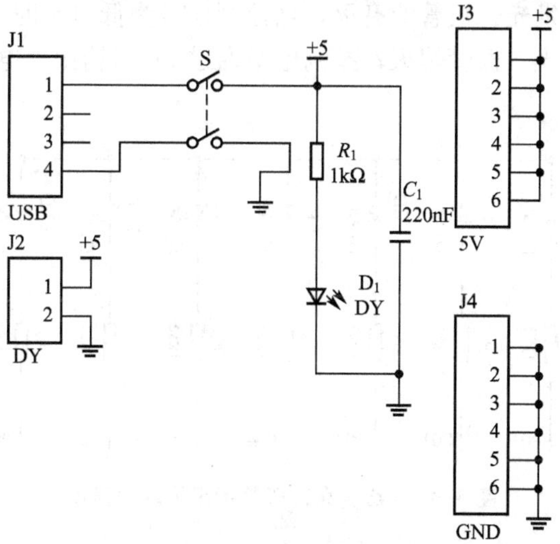

图 5.6 电源模块电路图

3. 232 电平转换模块

232 电平转换模块采用 MAX232 芯片把 RS－232 电平格式转换成 TTL 电平，用于单片机与微机通信。在开发板上提供了一个 DB9 的接口，用于单片机与计算机 RS232 接口的通信。具体的电路原理图如图 5.7 所示。

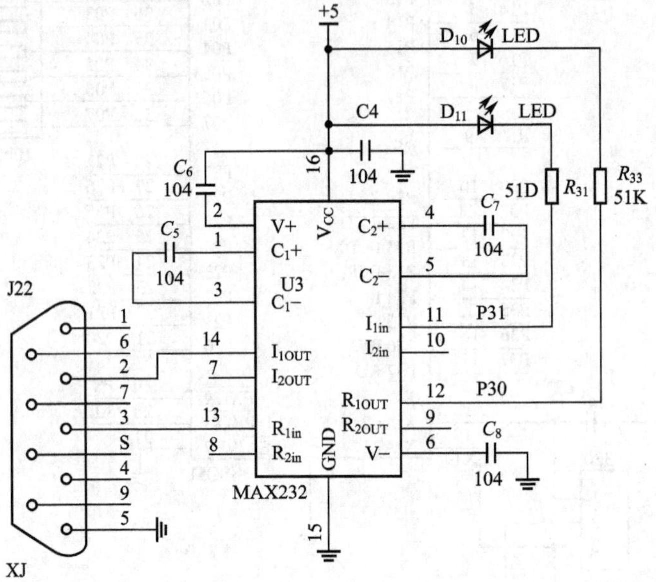

图 5.7　232 电平转换模块电路图

4. 8 路发光二极管指示模块

该模块采用 8 个发光二极管作为指示信号作用，既可以一起控制 8 路发光二极管，也可以单个地控制每一路发光二极管的亮灭，当控制信号为低电平时，发光二极管亮，当控制信号为高电平时，发光二极管熄灭；控制电平通过 P0 口输出，电路原理图如 5.8 所示。

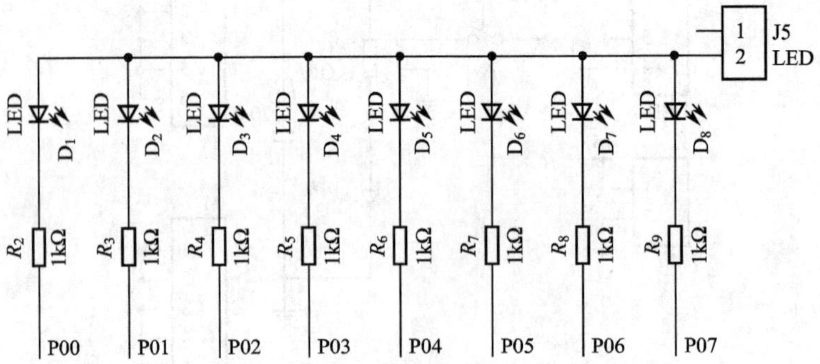

图 5.8　8 路发光二极管指示模块电路图

5. 键盘模块

键盘是人机通信不可缺少的部件，独立式键盘是最基本的一种键盘方式，在开发板中提供了两个独立式按键；行列式键盘也即矩阵式键盘，它由行和列组成，在每个行列的交叉点上放置一个按键，这样 4×2 行列式键盘共需要 8 个键盘组成。具体的电路原理图如图 5.9 所示。

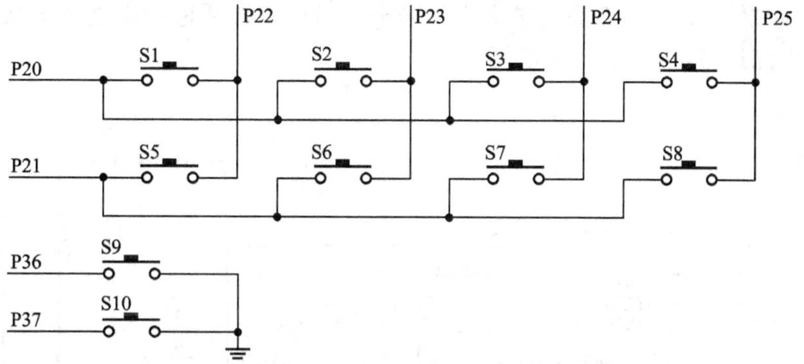

图 5.9　按键模块电路图

6. 数码显示模块

该系统中采用 8 位的动态数码显示，控制数码显示的数据由两部分组成，一部分为笔段亮灭控制的信号输入由 P0 口输入，而控制位显示的控制信号由 P1 口输入，同时采用 74HC240 芯片提高单片机的驱动能力，动态数码显示采用共阴数码管，具体的电路原理图如图 5.10 所示。

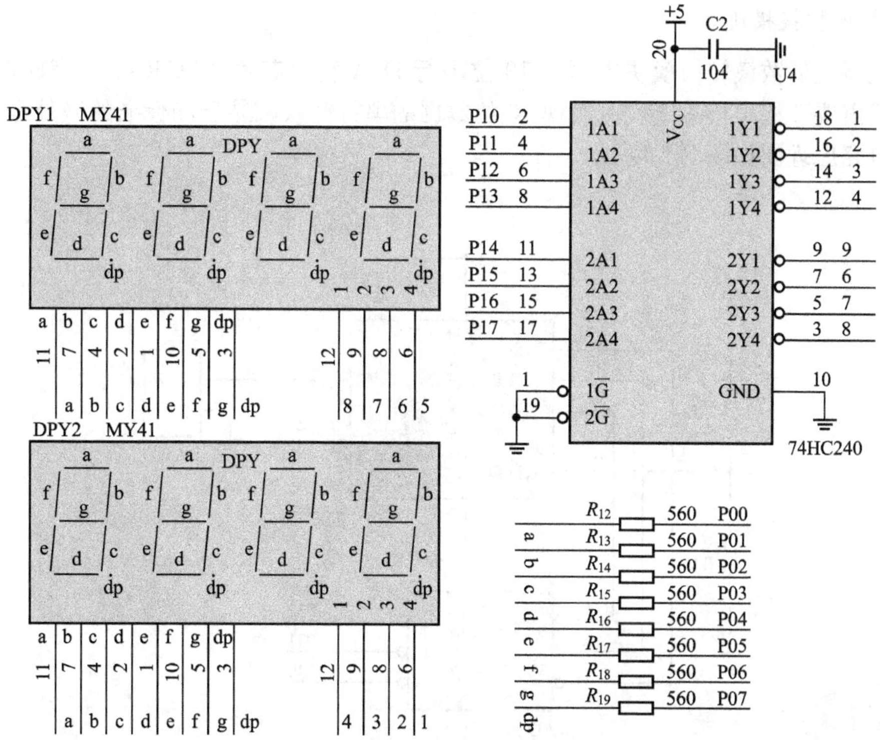

图 5.10　数码显示模块电路图

7. 模数转换模块

系统板上的模数转换模块采用TLC549 8位串行A/D转换器来完成模数转换过程，该芯片有一个模拟输入端口，3态的数据串行输出接口可以方便地和微处理器或外围设备连接。具体的电路原理图如图5.11所示。

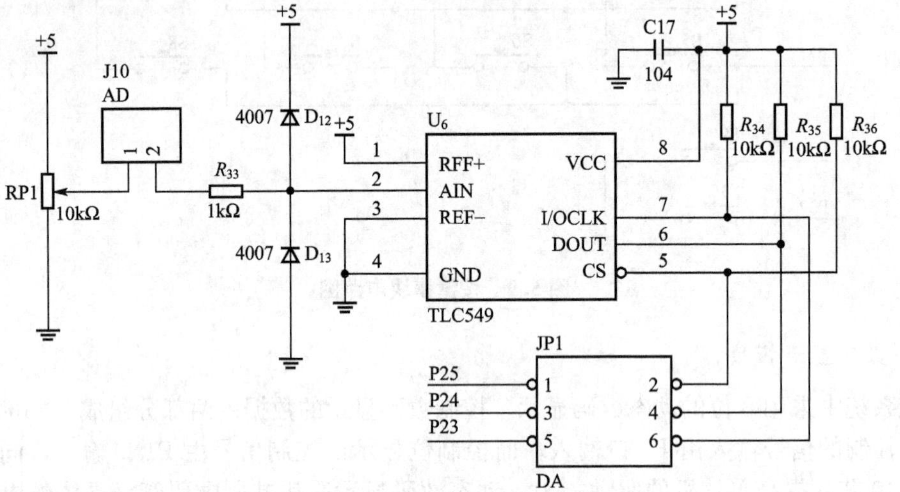

图5.11 模数转换模块电路图

8. 数模转换模块

系统板上的数模转换模块采用了10位串行D/A转换芯片TLC5615来完成数模转换过程，只需要3根串行总线就可实现10位数据的串行输入，易于和标准的微处理器接口，具体的电路原理图如图5.12所示。

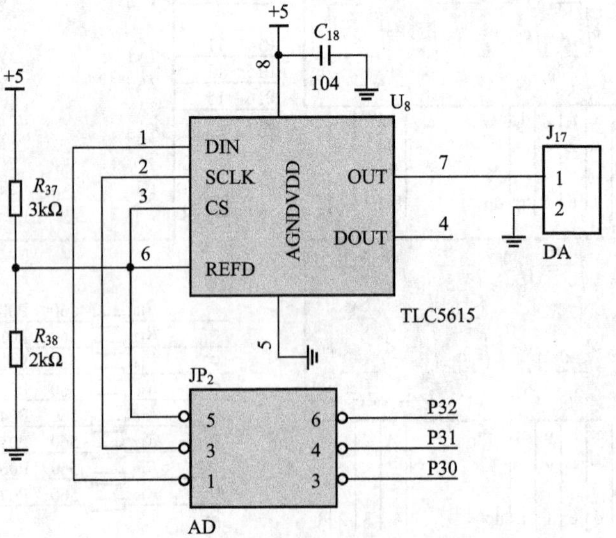

图5.12 数模转换电路图

9. 继电器控制模块

系统板上提供了1路继电器控制模块，分布在系统板的最右下端区域中，输入信号由P3.6端口输入控制继电器，其电路原理图5.13所示。

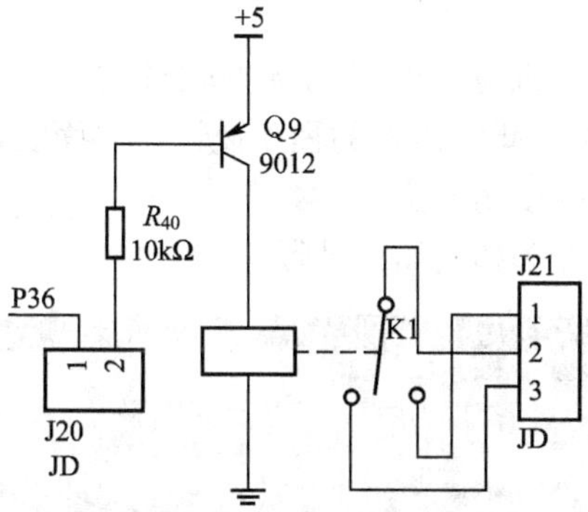

图5.13　继电器模块电路图

10. 其他模块

开发板除了以上模块，还设有液晶显示模块、蜂鸣器报警模块、无线红外接收模块，电路图如图5.14、图5.15和图5.16所示。

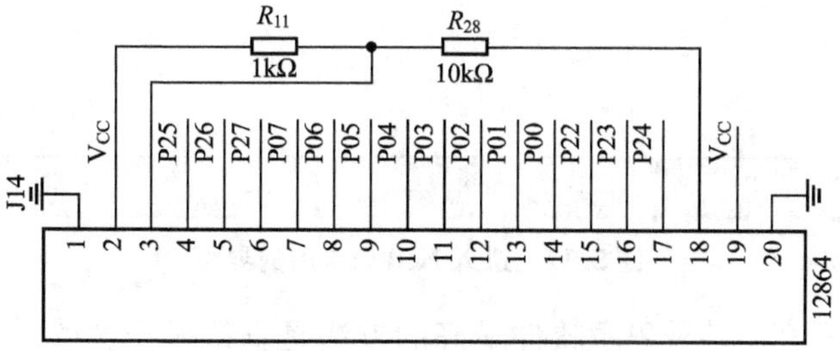

图5.14　液晶显示模块电路图

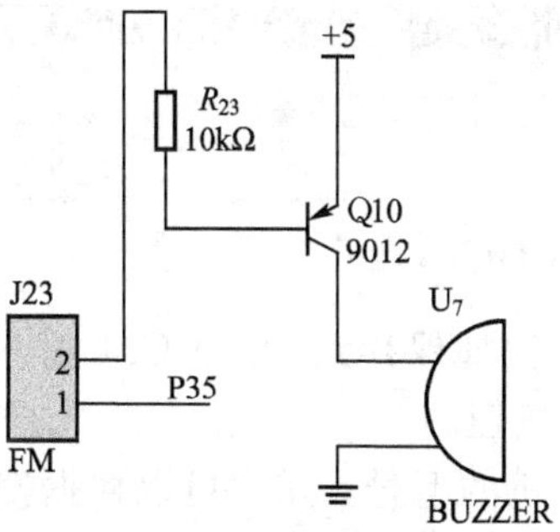

图5.15　蜂鸣器报警模块电路图

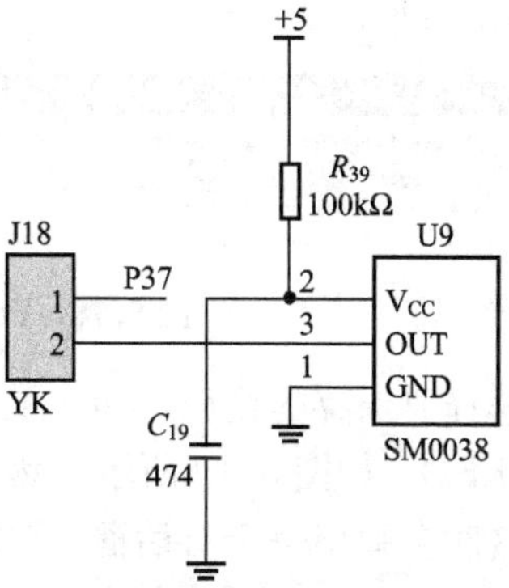

图5.16　无线红外接收模块电路图

5.3 STC89C51 单片机应用系统开发软件

5.3.1 Keil C51 软件的使用

Keil C51 软件是众多单片机应用开发的优秀软件之一，它集编辑、编译、仿真于一体，支持汇编语言、PLM 语言和 C 语言的程序设计，界面友好，易学易用。

下面介绍 Keil C51 软件的使用方法。

进入 Keil C51 程序后，屏幕如图 5.17 所示。

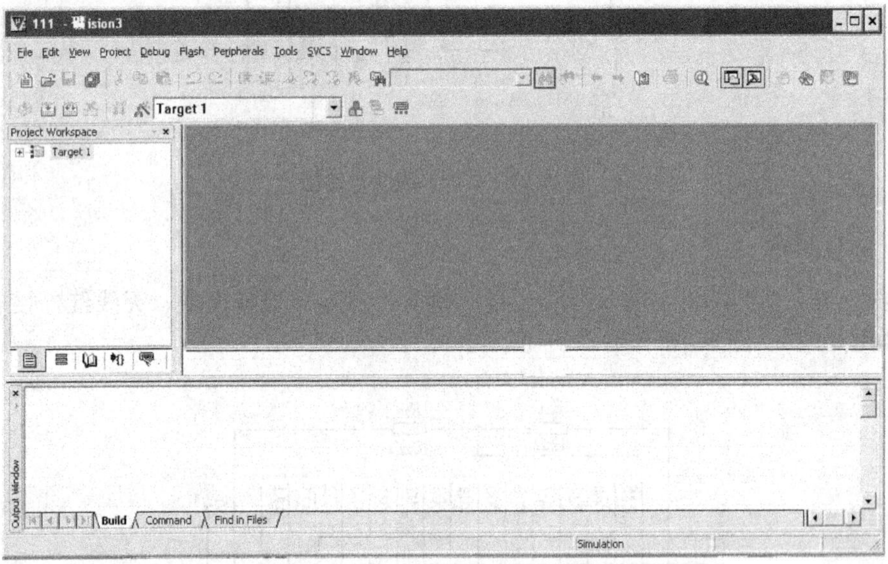

图 5.17 进入 Keil C51 后的界面

学习程序设计语言、某种程序软件最好的方法是直接操作实践。下面通过简单的编程、调试，引导大家学习 Keil C51 软件的基本使用方法和基本调试技巧。

(1) 建立一个新工程。打开 Project 菜单，在弹出的下拉菜单中选中 New Project 选项，如图 5.18 所示。

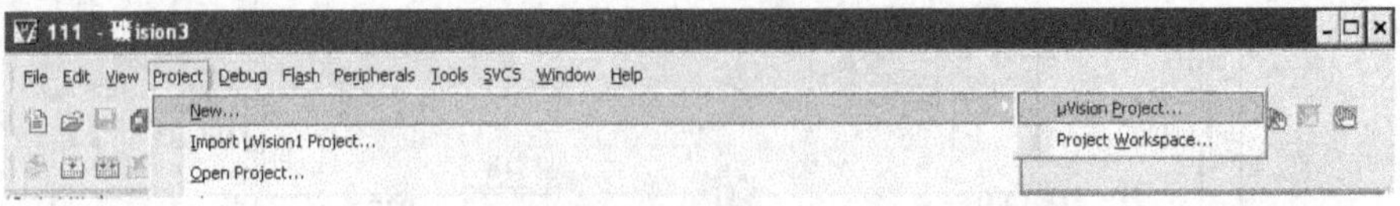

图 5.18 Project 菜单中的 New Project 选项

(2) 选择要保存的路径，输入工程文件的名字，比如保存到 D：\ C51 里，工程文件的名字为 LED，如图 5.19 所示，然后单击“保存”按钮。

(3) 这时会弹出一个对话框，要求用户选择单片机的型号，用户可以根据使用的单片机来选择，Keil C51 几乎支持所有以 8051 为内核的单片机，这里还是以大家用得比较多的 Atmel 的 AT89C51 为例来说明，如图 5.20 所示，选择 AT89C51 之后，右边栏是对这个单片机的基本说明，然后单击“确定”按钮。

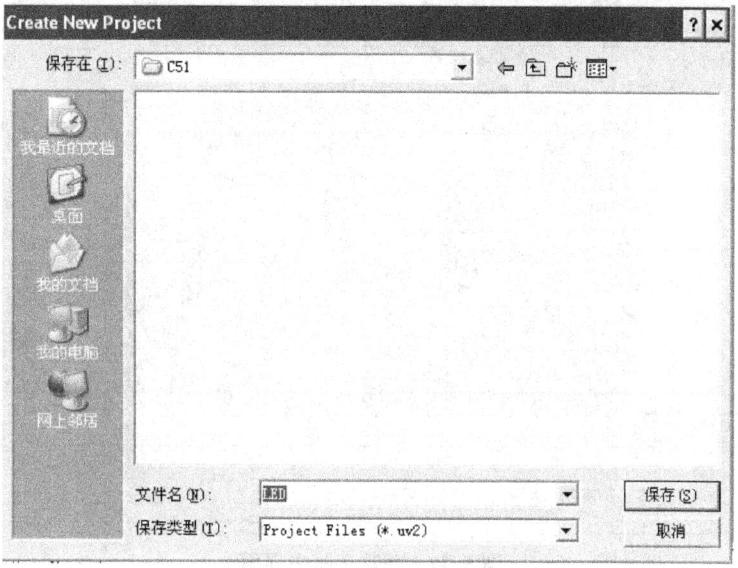

图 5.19　工程保存对话框

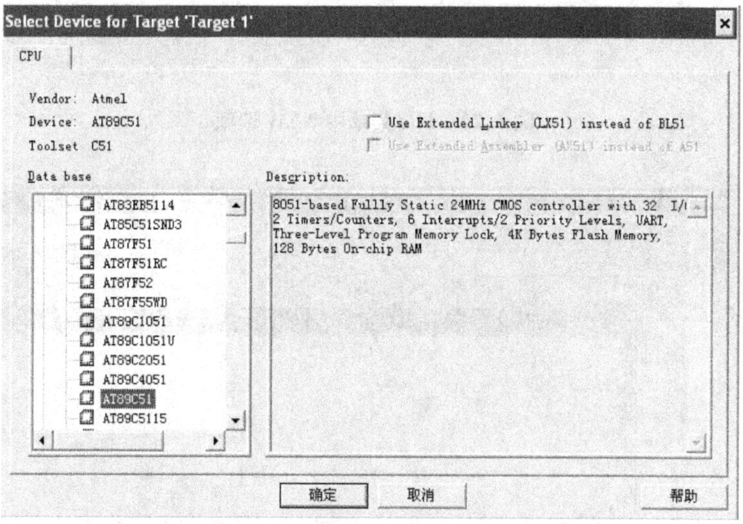

图 5.20　单片机型号选择对话框

(4) 完成上一步骤后，如图 5.21 所示。

到现在为止，还没有编写一句程序，下面开始编写第一个程序。

(5) 在图 5.22 中，打开 File 菜单，再在下拉菜单中选择 New 选项。

新建文件后屏幕如图 5.23 所示。

此时光标在编辑窗口里闪烁，这时可以输入用户的应用程序，但建议首先保存该空白的文件，执行 File→Save As 命令，屏幕如图 5.24 所示，在“文件名”栏右侧的编辑框中，输入欲使用的文件名，同时，必须输入正确的扩展名。注意：如果用 C 语言编写程序，则扩展名为(.c)；如果用汇编语言编写程序，则扩展名必须为(.asm)。然后单击“保存”按钮。

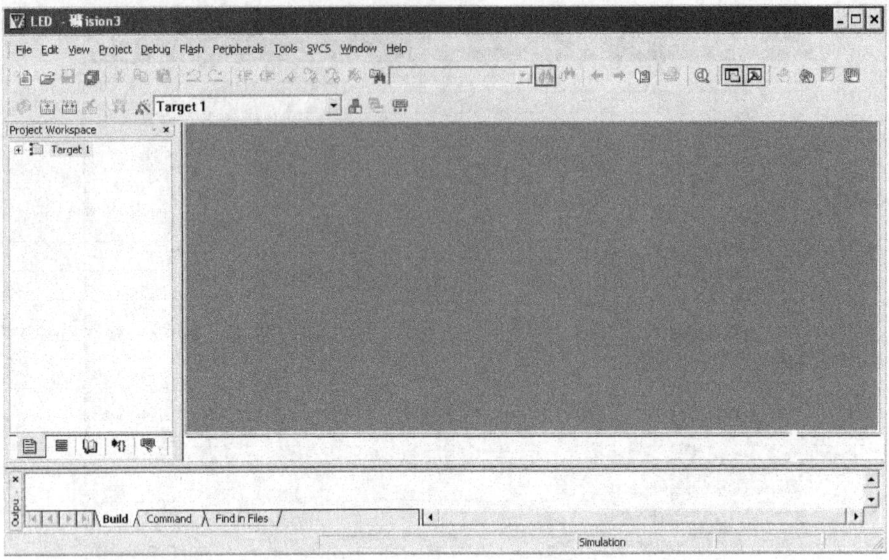

图 5.21　新建工程主界面

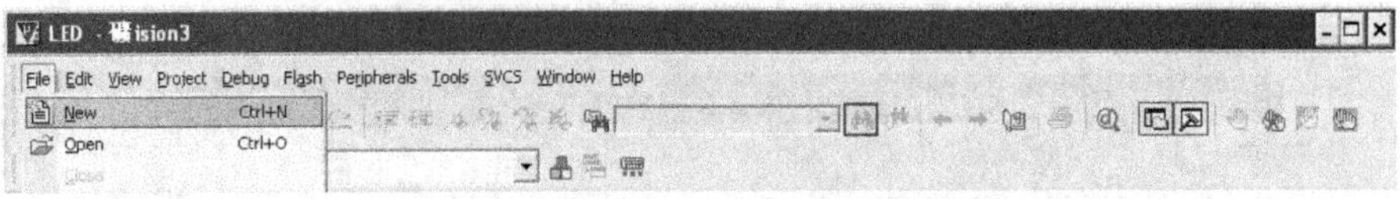

图 5.22　File 菜单中 NEW 选项

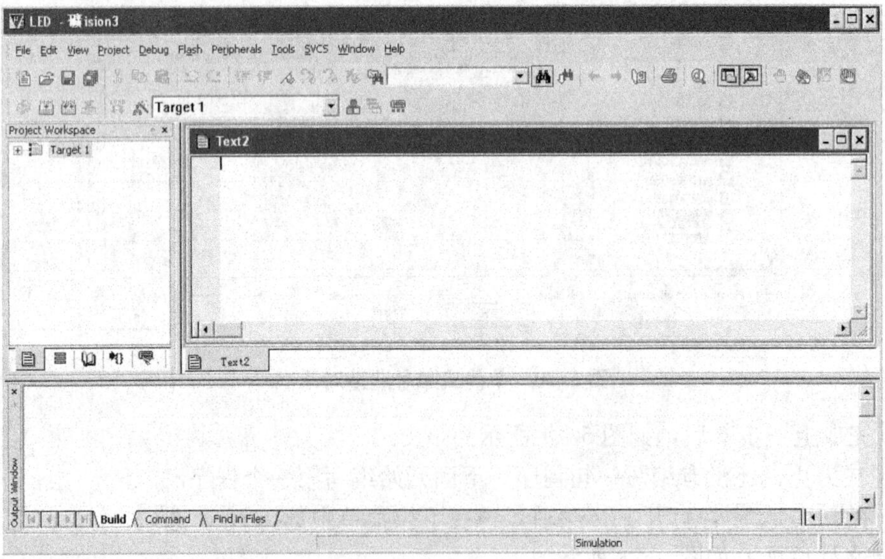

图 5.23　新建文件后主界面

(6) 回到编辑界面后，单击 Target 1 前面的“+”号，然后在 Source Group 1 上右击，弹出菜单，如图 5.25 所示。

然后选择 Add File to Group 'Source Group 1'选项屏幕如图 5.26 所示。

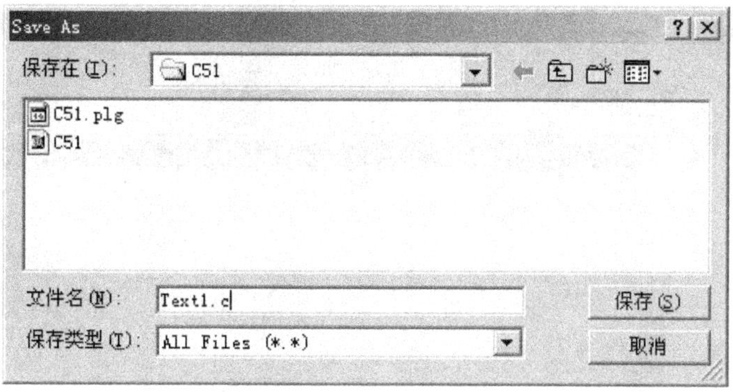

图 5.24　Save As 对话框

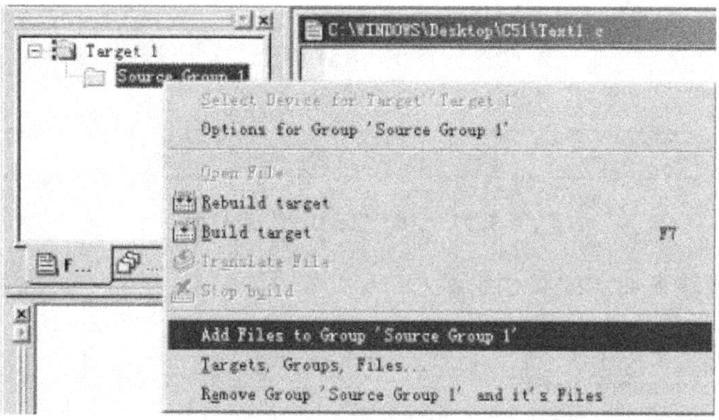

图 5.25　添加源程序界面

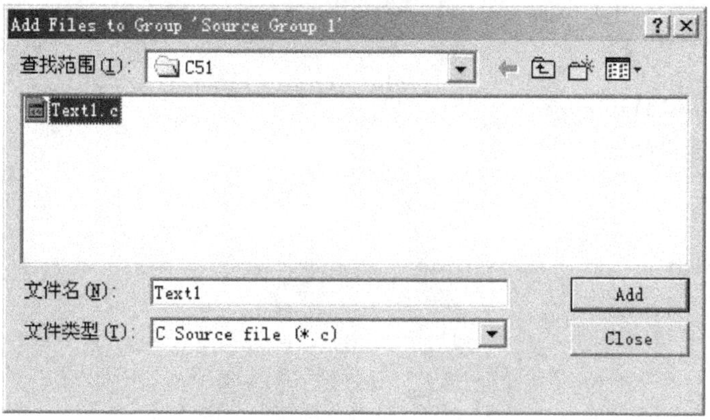

图 5.26　Add File 对话框

选中 Text1. c，然后单击 Add 按钮屏幕如图 5. 27 所示。

特别提示

Source Group 1 文件夹中多了一个子项 Text1. c。子项的多少与所增加的源程序的多少相同。

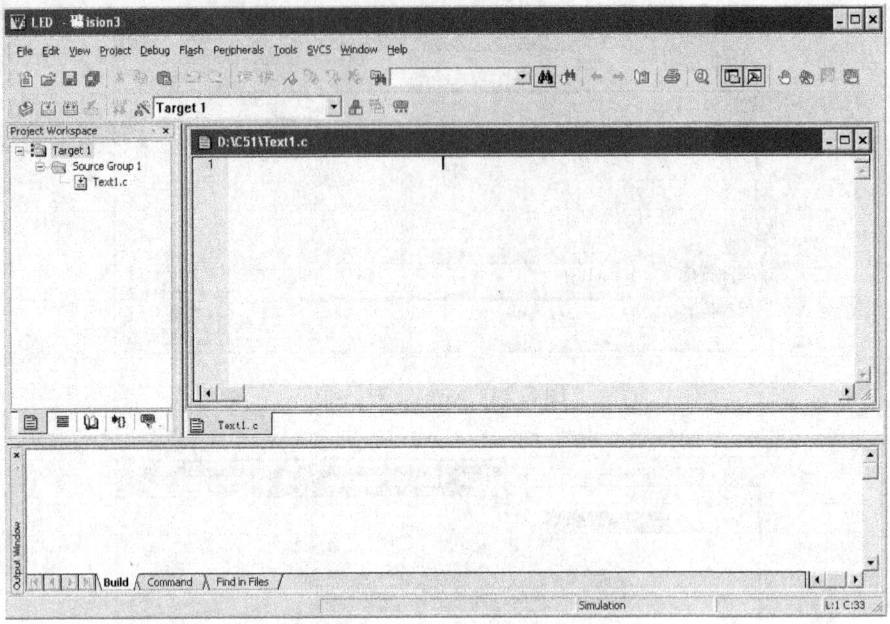

图 5.27 Add“Test1. c”后界面

(7) 现在，请输入如下的 C 语言源程序。

```
#include<reg52.h>
#define uchar unsigned char
#define uint  unsigned int
sbit Show_LED=P0^0;
void Delay(uint del)
{
  uint i,Zj;
  for(i=0;i<del;i++)
  for(j=0;j<1827;j++)
  ;
}
void Main(void)
{
  P0=0xff;
  P2=0x00;
  while(1)
{
    Show_LED=0;
    Delay(100);
    Show_LED=1;
    Delay(100);
}
}
```

在输入上述程序时，Keil C51 会自动识别关键字，并以不同的颜色提示用户加以注意，这样会使用户少犯错误，有利于提高编程效率。程序输入完毕后，界面如图 5.28 所示。

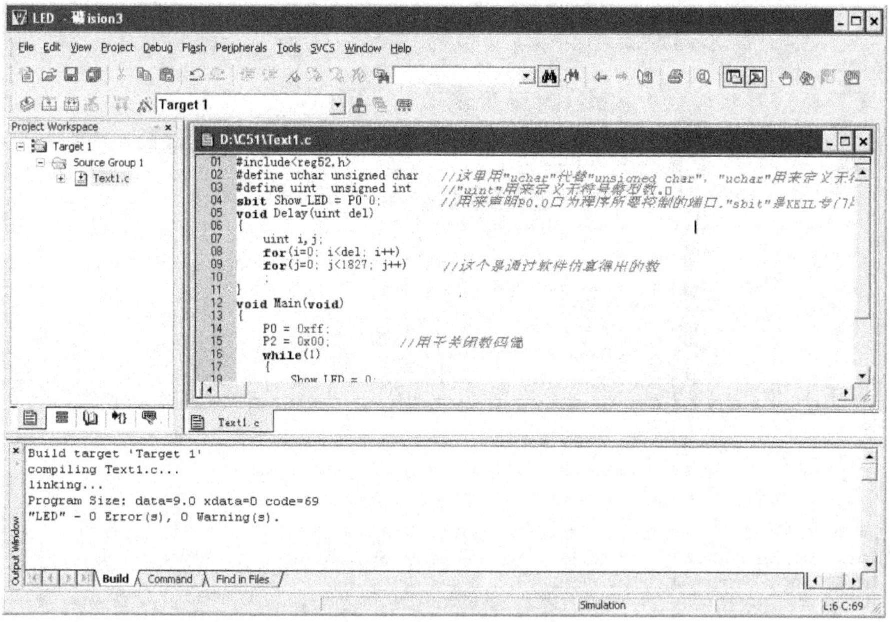

图 5.28　源程序编辑界面

(8) 在图 5.28 中，执行 Project→Built Target 命令(或者使用快捷键 F7)，编译成功后，再执行 Project→Start/Stop Debug Session 命令(或者使用快捷键 Ctrl+F5)，屏幕如图 5.29 所示。

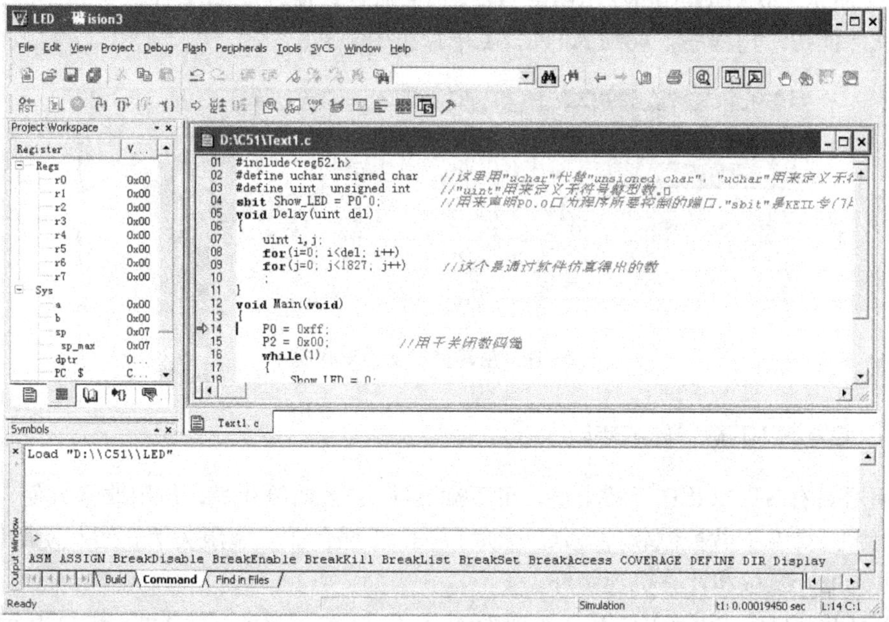

图 5.29　开始调试界面

(9) 调试程序：在图 5.29 中，执行 Debug→Run 命令(或者使用快捷键 F5)，然后再执行 Peripherals→I/O - Ports→Port 0 命令，其结果如图 5.30 所示。

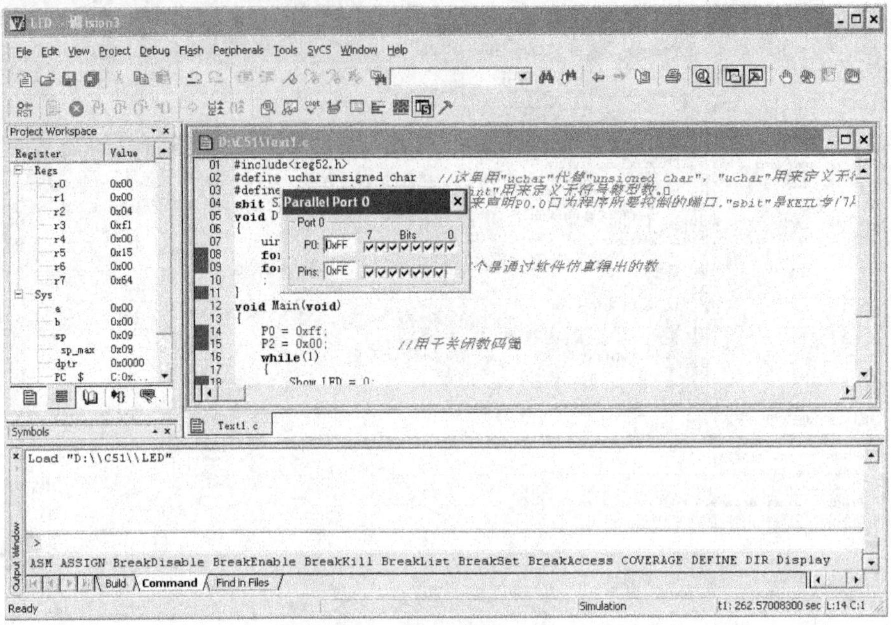

图 5.30　运行结果界面

至此，在 Keil C51 上做了一个完整工程的全过程。但这只是纯软件的开发过程，如何使用程序下载器看一看程序运行的结果呢?

(10) 打开 Project 菜单，再在下拉菜单中选择 Options for Target ‘Target 1’ 选项，如图 5.31 所示。执行 Output→Create HEX File 命令，使程序编译后产生 HEX 代码，供下载器软件使用。把程序下载到 AT89S51 单片机中。

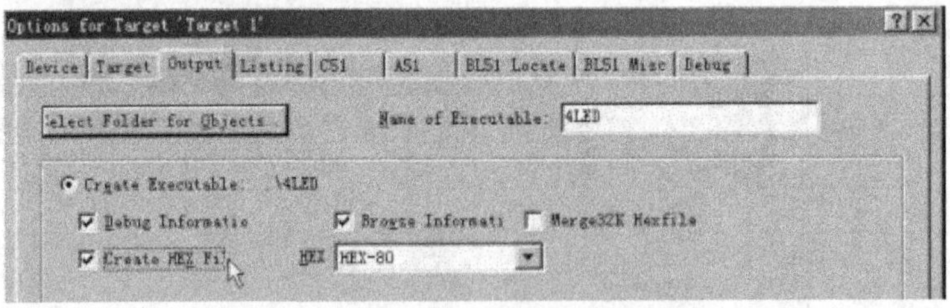

图 5.31　创建目标文件对话框

5.3.2　STC - ISP 下载软件的使用

编程器具有 STC - ISP 下载功能，可下载 STC89 系列单片机，使用非常方便。下面以 STC 单片机 PC 端下载控制软件 STC - ISP - V3.91 绿色非安装版为例介绍其使用说明。

(1) 先把开发版和计算机连接好。

(2) 打开 STC - ISP - V3.91，界面如图 5.32 所示，在 MCU Type 栏目下选中单片机，如 STC89C52RC。

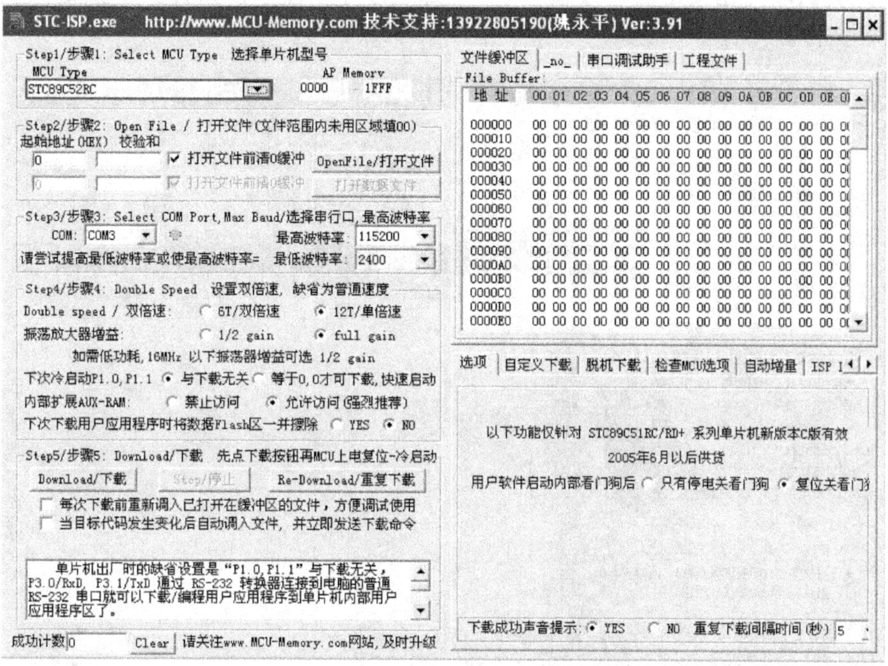

图 5.32　STC - ISP - V3.91 主界面

(3) 根据 9 针数据线连接情况选中 COM 端口，波特率一般保持默认，如果遇到下载问题，可以适当下调一些，按图 5.33 所示选中各项。

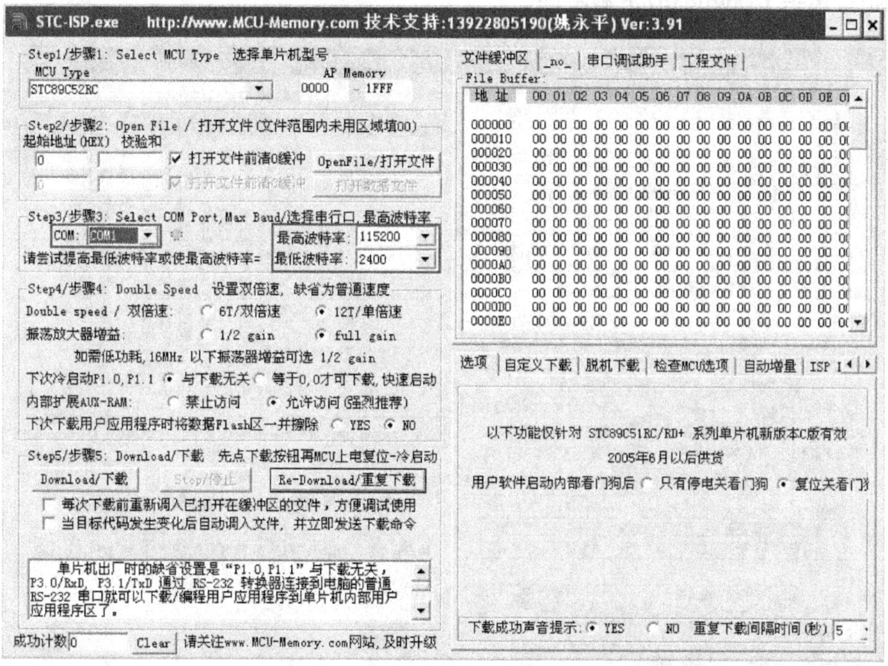

图 5.33　STC - ISP - V3.91 参数设置

(4) 先确认硬件连接正确，按图 5.34 单击“打开文件”按钮并在对话框内找到要下载的 HEX 文件。

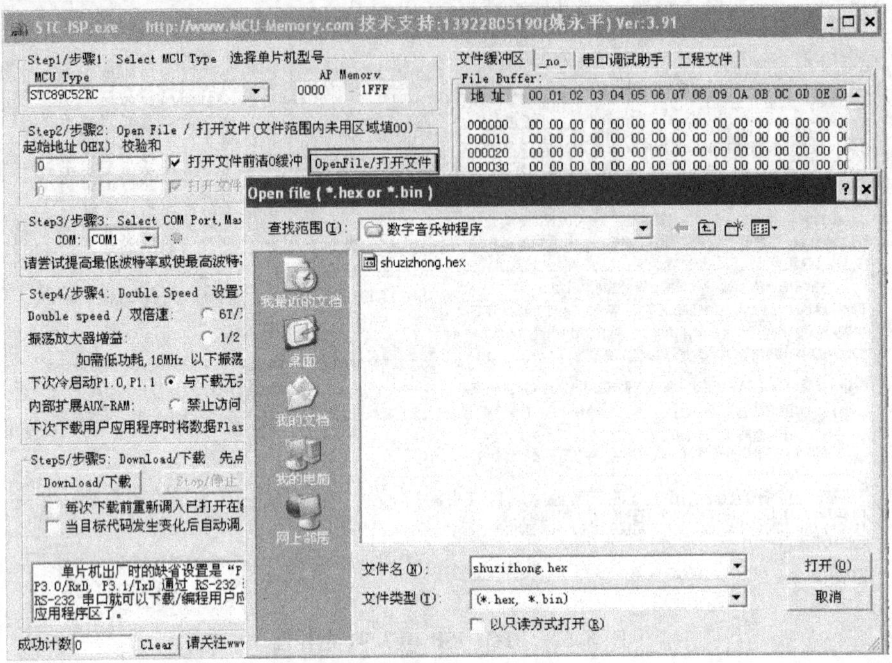

图 5.34　打开 HEX 文件界面

(5) 按图 5.35 选中两个条件项，这样可以在每次编译 Keil 时 HEX 代码能自动加载到 STC - ISP，单击 Download/下载按钮。

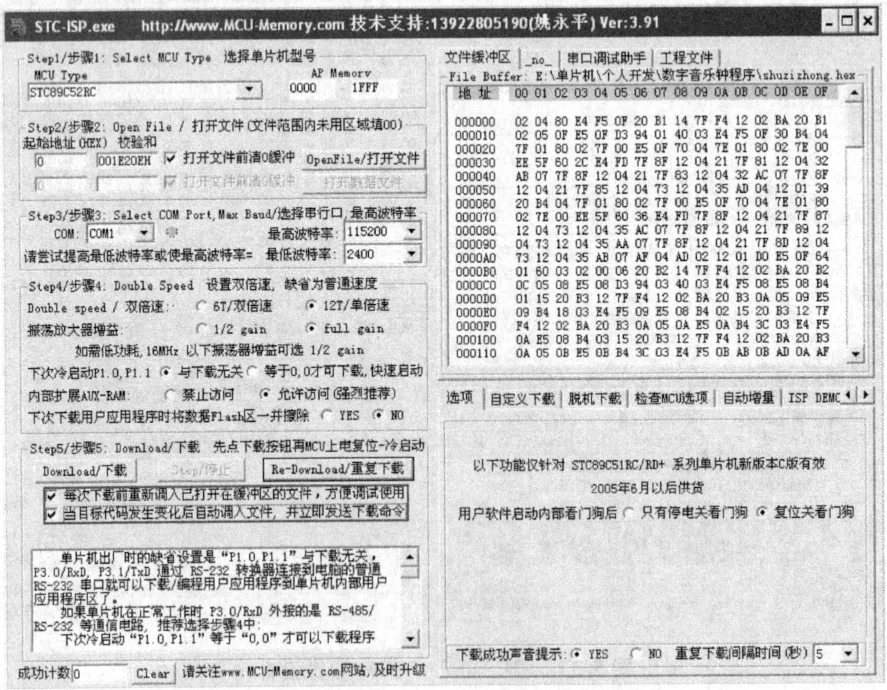

图 5.35　“Download/下载”界面

(6) 手动按下电源开关即可把可执行文件 HEX 写入到单片机内。

5.4 闪烁的 LED 灯

5.4.1 1只 LED 的闪烁

1. 控制要求

单片机 P0.0 端口上接一个发光二极管 D1，编程实现 D1 不停地一亮一灭，一亮一灭的时间间隔为 0.2s。

2. 电路原理图

电路原理图如图 5.5 和图 5.8 所示。

3. 程序设计

1) 延时程序的设计方法

作为单片机指令的执行时间是很短的，数量一般为微秒级，因此，要求的闪烁时间间隔为 0.2s，相对于微秒来说，相差太大，所以在执行某一指令时，通过插入延时程序来达到要求，延时程序见表 5-3，但这样的延时程序的延时时间如何计算呢？下面具体介绍其原理。

单片机系统的晶振为 12MHz，因此，1 个机器周期为 1μs，延时程序每条指令用时统计表见表 5-3。

表 5-3　延时程序每条指令用时统计表

指令	机器周期/个	执行时间/μs	总时间/μs
MOV R6，#20	2	2	10002
D1：MOV R7，#248	2	2×20=40	
DJNZ R7，$	2	20×2×248=9920	
DJNZ R6，D1	2	2×20=40	

因此，上面的延时程序时间为 10.002ms。

由以上可知，当 R6=10、R7=248 时，延时为 5ms，当 R6=20、R7=248 时，延时为 10ms，以此作为基本的计时单位。如本实验要求 0.2s=200ms，10ms×R5=200ms，则 R5=20，延时子程序如下。

```
DELAY:MOV R5,#20
D1:    MOV R6,#20
D2:    MOV R7,#248
       DJNZ R7,$
       DJNZ R6,D2
       DJNZ R5,D1
       RET
```

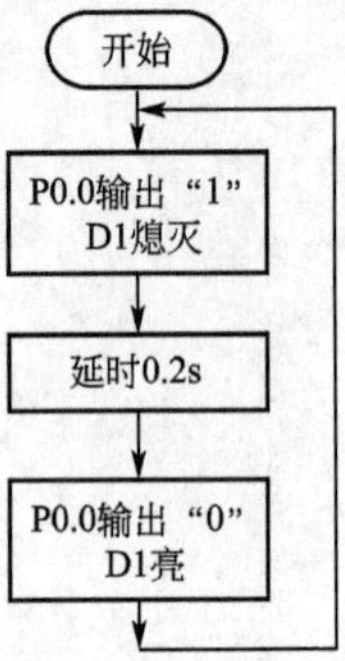

图 5.36 “1 只 LED 灯闪烁”程序流程图

2）输出控制

当 P0.0 端口输出高电平，即 P0.0=1 时，根据发光二极管的单向导电性可知，这时发光二极管 D1 熄灭；当 P0.0 端口输出低电平，即 P0.0=0 时，发光二极管 D1 亮；可以使用 SETB P0.0 指令使 P0.0 端口输出高电平，使用 CLR P0.0 指令使 P0.0 端口输出低电平。

4. 程序流程图

程序流程图如图 5.36 所示。

5. 汇编源程序

```
            ORG 0100H
START:      CLR P0.0
            LCALL  DELAY
            SETB  P0.0
            LCALL  DELAY
            LJMP  START
DELAY:      MOV  R5,#20      //延时 0.2s 子程序
D1:         MOV  R6,#20
D2:         MOV  R7,#248
            DJNZ  R7,$
            DJNZ  R6,D2
            DJNZ  R5,D1
            RET
            END
```

6. C 语言源程序

```
#include< REG51.H>
sbit D1=P0^0;

void delay02s(void)      //延时 0.2s 子程序
{
  unsigned char i,j,k;
  for(i=20;i>0;i--)
  for(j=20;j>0;j--)
  for(k=248;k>0;k--);
}

void main(void)
{
  while(1)
  {
```

```
    D1=0;
    delay02s();//延时 0.2s
    D1=1;
    delay02s();//延时 0.2s
  }
  }
```

5.4.2 流水广告灯

1. 控制要求

做单一灯的左移右移，8个发光二极管D1～D8分别接在单片机的P0.0～P0.7接口上，输出“0”时，发光二极管亮，开始时P0.0→P0.1→P0.2→P0.3→…→P0.7→P0.6→…→P0.0亮，重复循环。

2. 电路原理图

电路原理图如图5.5和图5.8所示。

3. 程序设计

运用输出端口指令MOV　P0，A或MOV　P0，#DATA，只要给累加器值或常数值，然后执行上述的指令，即可达到输出控制的动作。

每次送出的数据是不同的，具体的数据见表5-4。

表5-4　P0口输出控制字

P0.7	**P0.6**	**P0.5**	**P0.4**	**P0.3**	**P0.2**	**P0.1**	**P0.0**	**说明**
D8	D7	D6	D5	D4	D3	D2	D1	
1	1	1	1	1	1	1	0	L1亮
1	1	1	1	1	1	0	1	L2亮
1	1	1	1	1	0	1	1	L3亮
1	1	1	1	0	1	1	1	L4亮
1	1	1	0	1	1	1	1	L5亮
1	1	0	1	1	1	1	1	L6亮
1	0	1	1	1	1	1	1	L7亮
0	1	1	1	1	1	1	1	L8亮

4. 程序流程图

程序流程图如图5.37所示。

5. 汇编源程序

```
          ORG 0020H
START:    MOV  R2,#8
```

```
            MOV   A,#0FEH
            SETB  C
LOOP:       MOV   P0,A
            LCALL  DELAY
            RLC    A
            DJNZ  R2,LOOP
            MOV   R2,#8
LOOP1:      MOV   P0,A
            LCALL  DELAY
            RRC  A
            DJNZ  R2,LOOP1
            LJMP  START
DELAY:      MOV   R5,#20
D1:         MOV   R6,#20
D2:         MOV   R7,#248
            DJNZ  R7,$
            DJNZ  R6,D2
            DJNZ  R5,D1
            RET
            END
```

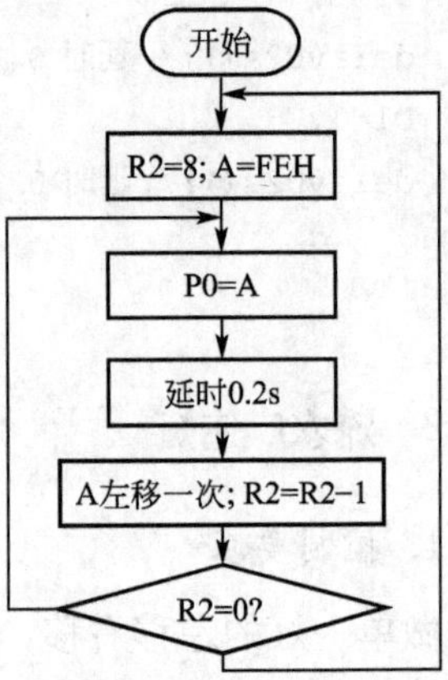

图 5.37 "流水广告灯"程序流程图

6. C语言源程序

```
#include <REG51.H>
unsigned char i;
unsigned char temp;
unsigned char a,b;

void delay(void)
{
  unsigned char m,n,s;
  for(m=20;m>0;m--)
  for(n=20;n>0;n--)
  for(s=248;s>0;s--);
}
void main(void)
{
  while(1)
 {
  temp=0xfe;
  P0=temp;
  delay();
  for(i=1;i<8;i++)
    {
```

```
      a=temp<<i;
      b=temp>>(8-i);
      P0=a|b;
      delay();
    }
  for(i=1;i<8;i++)
    {
      a=temp>>i;
      b=temp<<(8- i);
      P0=a|b;
      delay();
      }
    }
  }
```

5.5 按键的识别技术

5.5.1 按键识别方法一

1. 控制要求

每按下一次开关 S_{10}，计数值加 1，通过单片机的 P0 端口的 P0.0 到 P0.3 显示出其二进制的计数值，亮代表“1”，不亮代表“0”。

2. 电路原理图

如图 5.5、图 5.8 和图 5.9 所示，单片机 P3.7 口外接一独立按键。

3. 程序设计方法

(1) 作为一个按键从没有按下到按下以及释放是一个完整的过程，也就是说，当按下一个按键时，总希望某个命令只执行一次，而在按键按下的过程中，不要有干扰进来，因为在按下的过程中，一旦有干扰过来，可能造成误触发过程，这并不是用户想要的。因此在按键按下的时候，要把手上的干扰信号以及按键的机械接触等干扰信号给滤除掉，一般情况下，可以采用电容来滤除掉这些干扰信号，但实际上，会增加硬件成本及硬件电路的体积；另外一种方法可以采用软件滤波的方法去除这些干扰信号，一般情况下，一个按键按下的时候，总是在按下的时刻存在着一定的干扰信号，按下之后就基本上进入了稳定的状态。具体的一个按键从按下到释放的全过程的信号图如图 5.38所示。从图中可以看出，在程序设计时，从按键被识别按下之后，延时 5ms 以上，从而避开了干扰信号区域，再来检测一次，看按键是否真的已经按下，若真的已经按下，这时肯定输出为低电平，若这时检测到的是高电平，证明刚才是由于干扰信号引

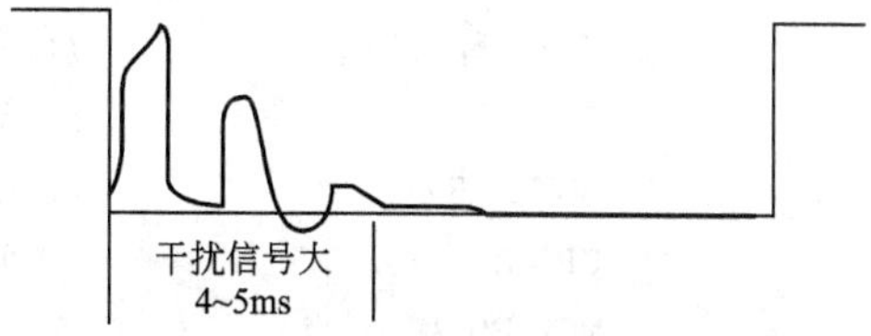

图 5.38 按键闭合时干扰信号

起的误触发，CPU就认为是误触发信号而舍弃这次的按键识别过程，从而提高了系统的可靠性。由于要求每按下一次，命令被执行一次，直到下一次再按下的时候，再执行一次命令，因此从按键被识别出来之后，就可以执行这次的命令，所以要有一个等待按键释放的过程，显然释放的过程就是使其恢复成高电平状态。

(2) 对于按键识别的指令，选择如下指令 JB，BIT，REL。若 BIT＝1，则程序转向 REL 处执行程序，否则就继续向下执行程序。或者是 JNB，BIT，若 BIT＝0，则程序转向 REL 处执行，否则就继续向下执行程序。

(3) 程序设计过程中按键识别过程的流程图如图 5.39 所示。

4. 程序流程图

程序流程图如图 5.40 所示。

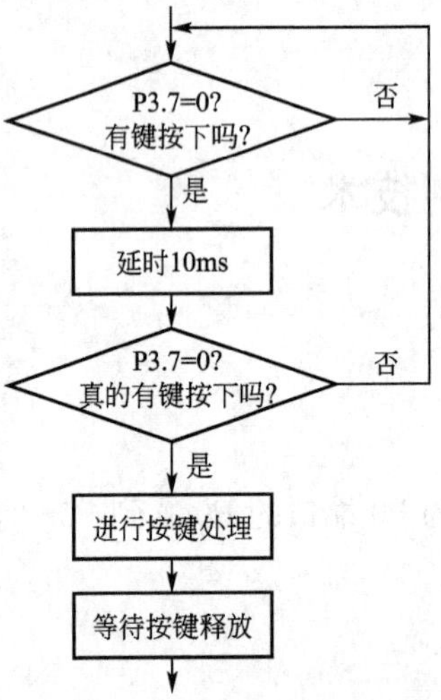

图 5.39　按键识别过程流程图

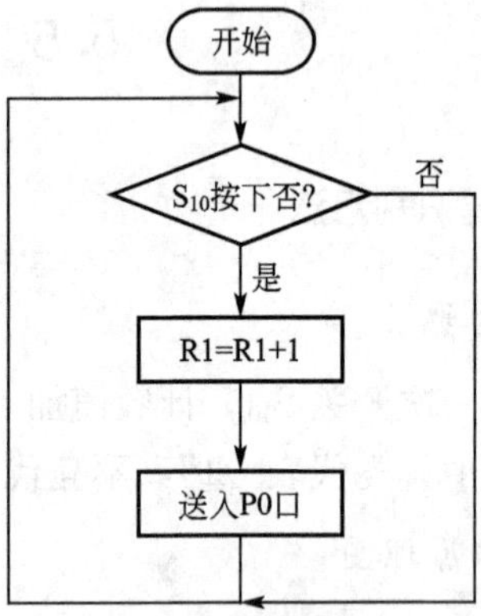

图 5.40　程序流程图

5. 汇编源程序

```
        ORG 0100H
START:  MOV R1,#00H          ;初始化 R7 为 0,表示从 0 开始计数
        MOV A,R1
        CPL A                ;取反指令
        MOV P0,A             ;送出 P0 端口由发光二极管显示
REL:    JNB P3.7,REL         ;判断 SP1 是否按下
        LCALL DELAY10MS      ;若按下,则延时 10ms 左右
        JNB P3.7,REL         ;再判断 SP1 是否真的按下
        INC R7               ;若真的按下,则进行按键处理,使
        MOV A,R7             ;计数内容加 1,并送出 P1 端口由
        CPL A                ;发光二极管显示
        MOV P0,A
        JNB P3.7,$           ;等待 SP1 释放
        SJMP REL             ;继续对 K1 按键扫描
```

```
DELAY10MS: MOV R6,#20            ;延时 10ms 子程序
L1:        MOV R7,#248
           DJNZ R7,$
           DJNZ R6,L1
           RET
           END
```

6. C语言源程序

```
#include <REG51.H>
sbit P3_7=P3^7;
unsigned char count;

void delay10ms(void)
{
  unsigned char i,j;
  for(i=20;i>0;i--)
  for(j=248;j>0;j--);
}

void main(void)
{
  while(1)
{
  if(P3_7==0)
    {
      delay10ms();
      if(P3_7==0)
    {
        count++;
        if(count==16)
          {
            count=0;
          }
        P0=~count;         //count 二进制数值取反赋给 P0
        while(P3_7==0);
      }
    }
  }
}
```

5.5.2 一键多功能按键识别技术

1. 控制要求

开关 S_{10} 接在 P3.7 管脚上，在单片机的 P0.0～P0.3 端口接有 4 个发光二极管，上电

的时候，D1 接在 P0.0 管脚上的发光二极管在闪烁，当每一次按下开关 S_{10} 的时候，D2 接在 P0.1 管脚上的发光二极管在闪烁，再按下开关 S_{10} 的时候，D3 接在 P0.2 管脚上的发光二极管在闪烁，再按下开关 S_{10} 的时候，D4 接在 P0.3 管脚上的发光二极管在闪烁，再按下开关 S_{10} 的时候，又轮到 D1 在闪烁了，如此轮流下去。

2. 电路原理图

电路原理图如图 5.5、图 5.8 和图 5.9 所示，单片机 P3.7 口外接一独立按键 S_{10}。

3. 程序设计方法

1）设计思想由来

在生活中，人们很容易通过每个人不同的名字来分辨周围的人，同样对于要通过一个按键来识别每种不同的功能，可以给每个不同的功能模块用不同的 ID 号标志，这样每按下一次按键，ID 的值是不相同的，所以单片机就很容易识别不同功能的身份了。

2）设计方法

从上面的要求可以看出，D1 到 D4 发光二极管在每个时刻的闪烁的时间是受开关 S1 控制的，给 D1 到 D4 闪烁的时段定义出不同的 ID 号，当 D1 在闪烁时，ID=0；当 D2 在闪烁时，ID=1；当 D3 在闪烁时，ID=2；当 D4 在闪烁时，ID=3；很显然，只要每次按下开关 S1 时，分别给出不同的 ID 号就能够完成上面的任务了。

4. 程序框图

程序框图如图 5.41 所示。

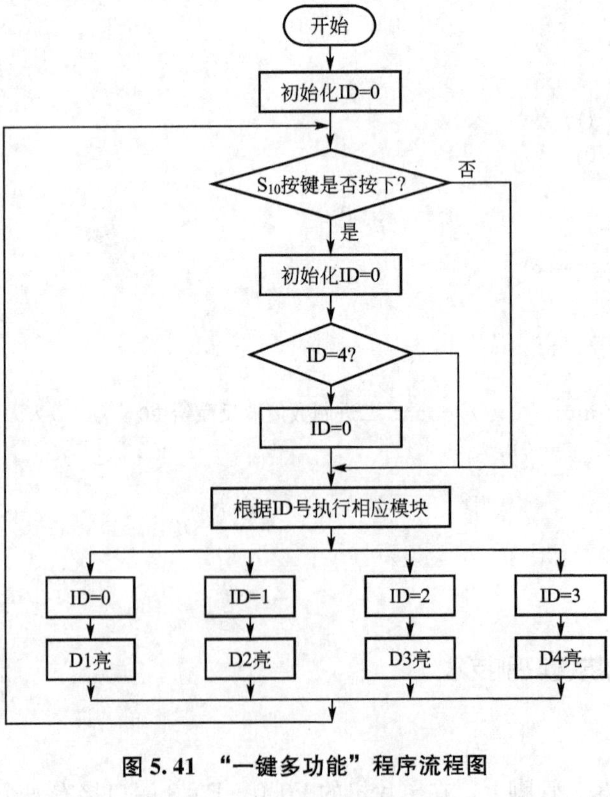

图 5.41 “一键多功能”程序流程图

5. 汇编源程序

```
ID          EQU  30H
S1          BIT  P3.7
D1          BIT  P0.0
D2          BIT  P0.1
D3          BIT  P0.2
D4          BIT  P0.3
            ORG  0100H
            MOV ID,#00H
START:      JB  S1,REL
            LCALL  DELAY10MS
            JB  S1,REL
            INC  ID
            MOV  A,ID
            CJNE  A,#04,REL
            MOV  ID,#00H
REL:        JNB  S1,$
            MOV  A,ID
            CJNE  A,#00H,IS0
            CPL  D1
            LCALL DELAY
            SJMP  START
IS0:        CJNE  A,#01H,IS1
            CPL  D2
            LCALL DELAY
            SJMP  START
IS1:        CJNE  A,#02H,IS2
            CPL  D3
            LCALL  DELAY
            SJMP  START
IS2:        CJNE  A,#03H,IS3
            CPL  D4
            LCALL  DELAY
            SJMP  START
IS3:        LJMP  START
DELAY10MS:  MOV  R6,#20
LOOP1:      MOV  R7,#248
            DJNZ  R7,$
            DJNZ  R6,LOOP1
            RET
DELAY:      MOV  R5,#20
```

```
LOOP2:        LCALL DELAY10MS
              DJNZ  R5,LOOP2
              RET
              END
```

6. C语言源程序

```
#include <REG51.H>
unsigned char ID;
sbit P0_0=P0^0;
sbit P0_1=P0^1;
sbit P0_2=P0^2;
sbit P0_3=P0^3;

void delay10ms(void)
{
  unsigned char i,j;
  for(i=20;i>0;i--)
  for(j=248;j>0;j--);
  }

void delay02s(void)
{
  unsigned char i;
  for(i=20;i>0;i--)
    {delay10ms();
    }
  }

void main(void)
{ while(1)
  { if(P3_7==0)
    {delay10ms();
      if(P3_7==0)
       {
         ID++;
         if(ID==4)
           {
             ID=0;
           }
         while(P3_7==0);
       }
     }
```

```
switch(ID)
  { case 0:
    P0_0=~P0_0;
    delay02s();
    break;
  case 1:
    P0_1=~P0_1;
    delay02s();
    break;
  case 2:
    P0_2=~P0_2;
    delay02s();
    break;
  case 3:
    P0_3=~P0_3:
    delay02s();
    break;
  }
}
```

5.6　动态数码显示技术

1. 控制要求

如图 5.9 所示，P0 端口接动态数码管的字形码笔段，P1 端口接动态数码管的数位选择端，P3.7 接开关 S_{10}，当开关接高电平时，显示“12345”字样；当开关接低电平时，显示“HELLO”字样。

2. 电路原理图

电路原理图如图 5.5、图 5.9、图 5.10 所示。

3. 程序设计内容

(1) 动态扫描方法。动态接口采用各数码管循环轮流显示的方法，当循环显示频率较高时，利用人眼的暂留特性，看不出闪烁显示现象，这种显示需要一个接口完成字形码的输出(字形选择)，另一接口完成各数码管的轮流点亮(数位选择)。

(2) 在进行数码显示的时候，要对显示单元开辟 8 个显示缓冲区，每个显示缓冲区装有显示的不同数据即可。

(3) 对于显示的字形码数据采用查表方法来完成。

4. 程序流程图

程序流程图如图 5.42 所示。

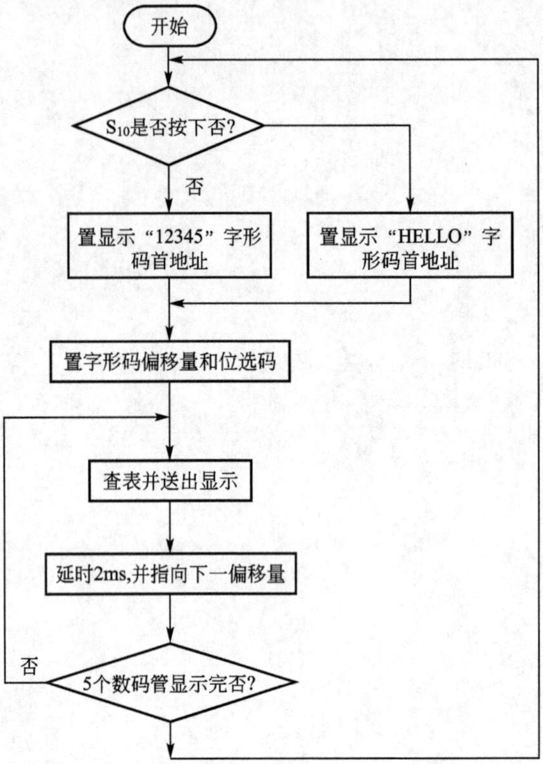

图 5.42 “动态数码显示技术”流程图

5. C语言源程序

```
#include <REG51.H>

unsigned char code table1[]={0x06,0x5b,0x4f,0x66,0x6d}; //12345
unsigned char code table2[]={0x76,0x79,0x38,0x38,0x3f}; //HELLO

unsigned char i;
unsigned char a,b;
unsigned char temp;
unsigned char m,n;
sbit key=P3^7;

void main(void)
{
  while(1)
   {
    temp=0xfe;
    for(i=0;i< 5;i++ )
      {
        if(key==1)
```

```
            {
             P0=table1[i];
            }else
             {
               P0=table2[i];
             }
        P1=temp;                        //实现闪烁显示
        temp=0xfe;
        a=temp<<(i+1);
        b=temp>>(7-i);
        temp=a|b;
        for(m=4;m>0;m--)                //延时两毫秒
        for(n=248;n>0;n--);
      }
   }
}
```

5.7 定时与中断技术

5.7.1 定时与中断应用技术

1. 控制要求

用 STC89C51 单片机的定时/计数器 T0 产生 1s 的定时时间，作为秒计数时间，当 1s 产生时，秒计数加 1，秒计数到 60 时，自动从 0 开始。

2. 电路原理图

电路原理图如图 5.5、图 5.10 所示。

3. 程序设计内容

STC89C51 单片机的内部 16 位定时/计数器是一个可编程定时/计数器，它既可以工作在 13 位定时方式，也可以工作在 16 位定时方式和 8 位定时方式。只要通过设置特殊功能寄存器 TMOD 即可完成。定时/计数器何时工作也是通过软件设定 TCON 特殊功能寄存器来完成的。

现在选择 16 位定时工作方式，对于 T0 来说，最大定时也只有 65536μs，即 65.536ms，无法达到需要的 1s 的定时，因此，必须通过软件来处理这个问题，假设取 T0 的最大定时为 50ms，即要定时 1s 需要经过 20 次的 50ms 定时。对于这 20 次就可以采用软件的方法来统计。

设定 TMOD=00000001B，即 TMOD=01H

定时/计数器 T0 的 TH0，TL0 初计算如下。

$$TH0=(2^{16}-50000)/256$$

$$TL0=(2^{16}-50000)\%256$$

当 T0 在工作的时候，如何得知 50ms 的定时时间已到呢？可以通过检测 TCON 特殊功能寄存器中的 TF0 标志位，如果 TF0＝1 表示定时时间已到。

4. 程序框图

程序流程图如图 5.43 所示。

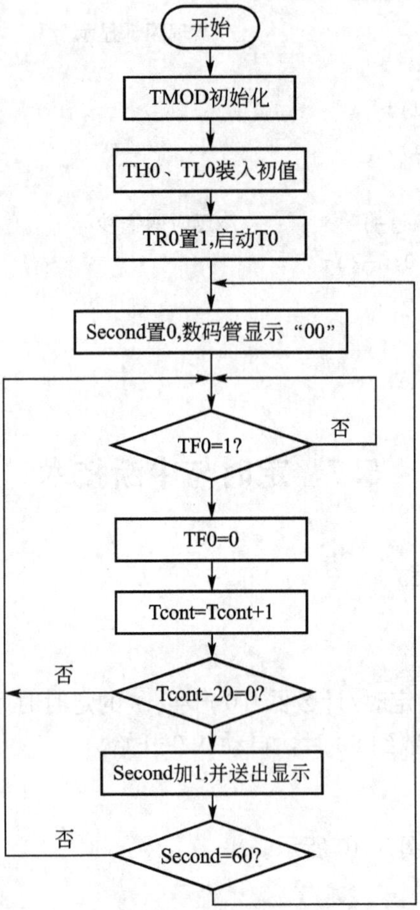

图 5.43　程序流程图

5. C 语言源程序(查询法)

```
#include<REG51.H>

unsigned char code table[]={0x3f,0x06,0x5b,0x4f, 0x66,0x6d,0x7d,0x07,
                            0x7f,0x6f,0x77,0x7c, 0x39,0x5e,0x79,0x71,0x00};
unsigned char second;
unsigned char tcount;

void Delay(unsigned int i)
{
```

```
  uchar x,j;
  for(j=0;j<i;j++)
  for(x=0;x<=148;x++);
}
Display(unsigned char i)
{
    P1=0x01;
    P0=table[i%10];
    Delay(8);
    P1=0x02;
    P0=table[i/10%10];
    Delay(8);
}
void main(void)
{
    TMOD=0x01;
    TH0=(65536-50000)/256;
    TL0=(65536- 50000)%256;
    TR0=1;
    tcount=0;
    second=0;
    while(1)
      {
        if(TF0==1)
          {
            tcount++;
            if(tcount==20)
              {
                tcount=0;
                second++;
                if(second==60)
                  {
                    second=0;
                  }
                Display(second);
              }
            TF0=0;
            TH0=(65536-50000)/256;
            TL0=(65536-50000)%256;
          }
      }
    }
```

6. C语言源程序(中断法)

```
#include<AT89X51.H>

unsigned char code table[]={0x3f,0x06,0x5b,0x4f, 0x66,0x6d,0x7d,0x07,
                          0x7f,0x6f,0x77,0x7c, 0x39,0x5e,0x79,0x71,0x00};
unsigned char second;
unsigned char tcount;

void Delay(unsigned int i)
{
uchar x,j;
for(j=0;j<i;j++)
for(x=0;x<=148;x++);
}
Display(unsigned char i)
{
    P1=0x01;
    P0=table[i%10];
    Delay(8);
    P1=0x02;
    P0=table[i/10%10];
    Delay(8);
}

void main(void)
{
    TMOD=0x01;
    TH0=(65536-50000)/256;
    TL0=(65536-50000)%256;
    TR0=1;
    ET0=1;
    EA=1;
    tcount=0;
    second=0;
    while(1)
      {
        Display(second);
      }
}

void t0(void) interrupt 1 using 0
{
  tcount++;
```

```
  if(tcount==20)
      {
        tcount=0;
        second++;
        if(second==60)
          {
            second=0;
          }
      }
    TH0=(65536-50000)/256;
    TL0=(65536-50000)%256;
}
```

5.7.2　99秒马表设计

1. 控制要求

(1) 开始时，显示“00”，第1次按下 S_{10} 后就开始计时。

(2) 第2次按SP1后，计时停止。

(3) 第3次按SP1后，计时归零。

2. 电路原理图

电路原理图如图5.5、图5.9、图5.10所示。

3. 程序框图

T0中断服务程序框图如图5.44所示。

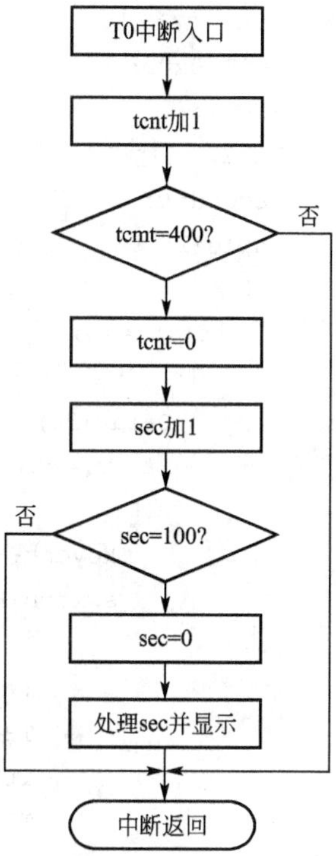

图5.44　程序流程图

4. C语言源程序

```
#include<REG51.H>

unsigned char code table[]={0x3f,0x06,0x5b,0x4f,0x66,
                            0x6d,0x7d,0x07,
                            0x7f,0x6f,0x77,0x7c,0x39,
                            0x5e,0x79,0x71,0x00};
unsigned char second;
unsigned char keycnt;
unsigned int tcnt;
sbit  sp1=P3^7;

void Delay(unsigned int i)
{
uchar x,j;
for(j=0;j<i;j++)
for(x=0;x<=148;x++);
}
```

```
Display(unsigned char i)
{
    P1=0x01;
    P0=table[i%10];
    Delay(8);
    P1=0x02;
    P0=table[i/10%10];
    Delay(8);
}

void main(void)
{
  unsigned char i,j;

  TMOD=0x02;
  ET0=1;
  EA=1;
  second=0;
  while(1)
    {
      if(sp1==0)
        {
           Delay(20);
           if(sp1==0)
             {
               keycnt++;
               switch(keycnt)
                 {
                   case 1:
                     TH0=0x06;
                     TL0=0x06;
                     TR0=1;
                     break;
                   case 2:
                     TR0=0;
                     break;
                   case 3:
                     keycnt=0;
                     second=0;
                     P0=dispcode[second/10];
                     P2=dispcode[second% 10];
                     break;
                 }
               while(sp1==0);
```

```
            }
        }
    }
}

void t0(void) interrupt 1 using 0
{
    tcnt++;
    if(tcnt==400)
      {
        tcnt=0;
        second++;
        if(second==100)
          {
            second=0;
          }
        Display(second);
      }
}
```

5.8　D/A与A/D接口技术

5.8.1　D/A接口技术

1. 控制要求

通过TLC5615 D/A转换芯片控制输出，实现发光二极管的明暗闪烁。

2. 电路原理图

电路原理图如图5.5和图5.45所示。

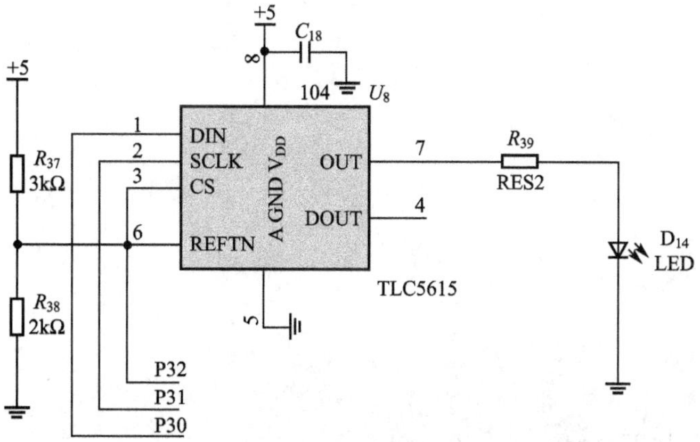

图5.45　单片机与TLC5615接线图

3. 参考程序

```
#include  <reg51.h>
#include  <intrins.h>
#define uint unsigned int
#define uchar unsigned char
sbit din=P3^0;
sbit sck=P3^1;
sbit cs=P3^2;
uchar code table[]={
0x6f,0x6a,0x67,0x60,
0x5f,0x5c,0x5a,0x57,0x54,0x50,
0x4f,0x4c,0x4a,0x47,0x44,0x40,
0x3f,0x3a,0x37,0x30,0x2f,
0x27,0x1f,0x17,0x0f};
void delay(uint z)
{
    uint x,y;
    for(x=z;x>0;x--)
    for(y=64;y>0;y--);
}
void DA(uint j)
{
    uint i;
    uchar temp=table[j];
    sck=0;
    cs=0;
    for(i=0;i<12;i++)
    {
      temp=temp<<1;
      din=CY;
      sck=1;
      _nop_();
      sck=0;
    }
    cs=1;
}
void main()
{
    uint i;
    while(1)
    {
      for(i=0;i<25;i++)
      {
```

```
            DA(i);
            delay(50);
        }
        for(i=23;i>4;i--)
        {
            DA(i);
            delay(50);
        }
    }
}
```

5.8.2　A/D接口技术

1. 控制要求

用TLC549采集可调电位器的电压，把电压转换为0×00到0×FF的十六进制数字量，其中0V对应0×00，5V对应0×FF。

2. 电路原理图

电路原理图如图5.5、图5.9、图5.46所示。

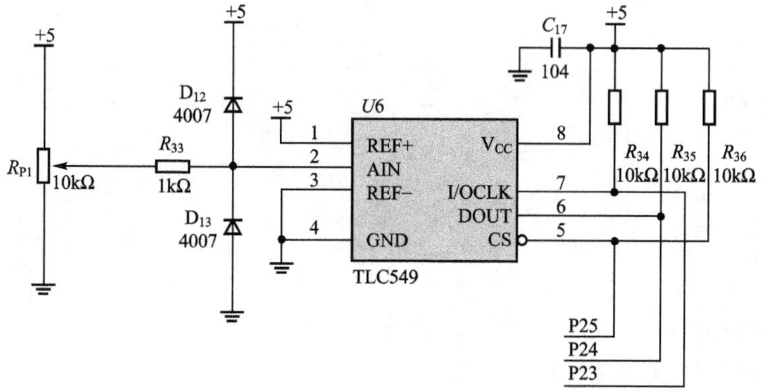

图5.46　单片机与TLC549接线图

3. 参考程序

```
#include <reg51.h>
#include <intrins.h>
#define uchar    unsigned char

sbit   CLK=P2^3;
sbit   DAT=P2^4;
sbit   CS=P2^5;
unsigned char code table1[]=
{0xdf,0x86,0xbb,0xaf,0xe6,0xed,0xfd,0x87,
0xff,0xef,0xf7,0xfc,0xd9,0xbe,0xf9,0xf1};
```

```
uchar   bdata  ADCdata;
sbit    ADbit=ADCdata^0;

uchar   TLC549ADC(void)
{
    uchar   i;
    CLK=0;
    DAT=1;
    CS=0;
    for(i=0;i<8;i++)
    {
      CLK=1;
      _nop_();
      _nop_();
      ADCdata<<=1;
      ADbit=DAT;
      CLK=0;
      _nop_();
    }
    return(ADCdata);
}

    void main()
{
    while(1)
    {
      uchar i;
      uchar AD_DATA;
      TLC549ADC();
      for(i=0xff;i>0;i--)
      {_nop_();}
      AD_DATA=TLC549ADC();
      P1=0x01;
      P0=table1[AD_DATA/100];
      for(i=0xff;i>0;i--)
        {_nop_();}
      for(i=0xff;i>0;i--)
        {_nop_();}
      P1=0x02;
      P0=table1[(AD_DATA%100)/10];
      for(i=0xff;i>0;i--)
        {_nop_();}
      for(i=0xff;i>0;i--)
        {_nop_();}
```

```
    P1=0x04;
    P0=table1[AD_DATA%10];
    for(i=0xff;i>0;i--)
      {_nop_();}
    for(i=0xff;i>0;i--)
      {_nop_();}
    }
  }
```

思考与实践

1. 利用单片机与 A/D 芯片设计一个数字电压表，能够测量 0～5V 的电压值，并用数码管显示出来。

2. 利用单片机实现对一步进电机正转与反转的控制，要求按下按键 K1 时步进电机正转，按下按键 K2 时步进电机反转，设计电路图并编制程序。

3. 设计一个简易计算器可实现如下功能。

(1) 通过键盘可以实现数据的输入，并立即在数码管上显示。

(2) 可以进行简单的“+”、“−”、“*”、“/”运算，并将结果(不超过两位)在显示器上显示输出。

(3) 可以清零。

设计电路图并编制程序。

4. 设计一 8 路抢答器，实现以下功能。

(1) 开机后显示跑马灯。

(2) 主持人没有按下“开始键”不可抢答。

(3) 主持人按下“开始键”，跑马灯停止，数码管显示“——”。

(4) 当有按键抢答时，蜂鸣器响，同时显示位号。

(5) 显示 3s 后，跑马灯继续显示，回到初始状态。

设计电路图并编制程序。

项目6

原理图设计及仿真——Proteus 简介

教学目标及要求

1. 知识目标及要求

(1) 了解 Proteus 的基本操作。

(2) 掌握常用工具的使用，元件属性的编辑。

(3) 掌握原理图绘制，仿真的基本操作。

2. 技能目标及要求

(1) 能绘制原理图，并加载程序进行仿真。

(2) 能对原理图进行编辑，会移动元件，会设置元件的属性。

3. 素质目标及要求

(1) 学会使用网络标号。

(2) 会使用常见的虚拟仪表，如：电压表、电流表、频率分析。

项目导读

在学习电子技术、单片机开发等课程中，我们希望能在实际电路中验证自己的设计，或者检验一下对问题的理解是否正确，而这需要大量的硬件投入和制作时间，其成本和开发周期也都难以控制，特别是对于比较复杂的电路，这一点更为突出。好在有一个仿真软件，大部分的实验和调试可用该软件模拟实现，等调试修改得差不多了，再用硬件实物实现，这样便节省了大量的成本和制作时间。这个软件就是 Proteus。在这里，画出原理图就可以运行模拟，检验设计。

6.1 Proteus 6 Professional 界面简介

Proteus ISIS 是英国 Labcenter 公司开发的电路分析与实物仿真软件。它运行于 Windows 操作系统上，可以仿真、分析(SPICE)各种模拟器件和集成电路，该软件的特点是：①实现了单片机仿真和 SPICE 电路仿真相结合，具有模拟电路仿真、数字电路仿真、单片机及其外围电路组成的系统的仿真、RS232 动态仿真、I^2C 调试器、SPI 调试器、键盘和 LCD 系统仿真的功能，有各种虚拟仪器，如示波器、逻辑分析仪、信号发生器等；②支持主流单片机系统的仿真，目前支持的单片机类型有 68000 系列、8051 系列、AVR 系列、PIC12 系列、PIC16 系列、PIC18 系列、Z80 系列、HC11 系列以及各种外围芯片；③提供软件调试功能，在硬件仿真系统中具有全速、单步、设置断点等调试功能，同时可以观察各个变量、寄存器等的当前状态，因此在该软件仿真系统中，也必须具有这些功能，同时支持第三方的软件编译和调试环境，如 Keil C51 uVision2 等软件；④具有强大的原理图绘制功能。总之，该软件是一款集单片机和 SPICE 分析于一身的仿真软件，功能极其强大。

本书中的绝大部分例子，可以利用该软件进行仿真、调试，大大加快开发速度，它是学习电子及单片机必不可少的一个软件。Proteus 不仅可用于仿真、画原理图，也可以生成 PCB，如果用惯了 Protel，也可以在这里生成 Protel 格式的网络表，在 Protel 中编辑和输出 PCB。用 Proteus 画原理图相对于 Protel 99se 的速度快得多，特别是它的元件查找速度，而且可以加载单片机程序进行仿真。

双击桌面上的 ISIS 6 Professional 图标或者执行“开始”→“程序”→Proteus 6 Professional→ISIS 6 Professional 命令，即可进入 Proteus ISIS 集成环境。运行 ISIS 6 Professional，则会出现图 6.1 所示的窗口界面。

为了方便介绍，这里分别对窗口内各部分进行中文说明。下面简单介绍各部分的功能。

1. 原理图编辑区(The Editing Window)

原理编辑区用来绘制原理图。蓝色细线方框内为可编辑区，元件要放到它里面。

2. 预览窗口(The Overview Window)

预览窗口可显示两个内容：一个是当用户在元件列表中选中一个元件时，它会显示该元件原理图符号的预览图；另一个是当用户的鼠标焦点落在原理图编辑窗口时(即放置元件到原理图编辑窗口后或在原理图编辑窗口中单击后)，它会显示整张原理图的缩略图，并会显示一个绿色的方框，代表当前可见区域，因此，用户可通过单击来改变绿色的方框

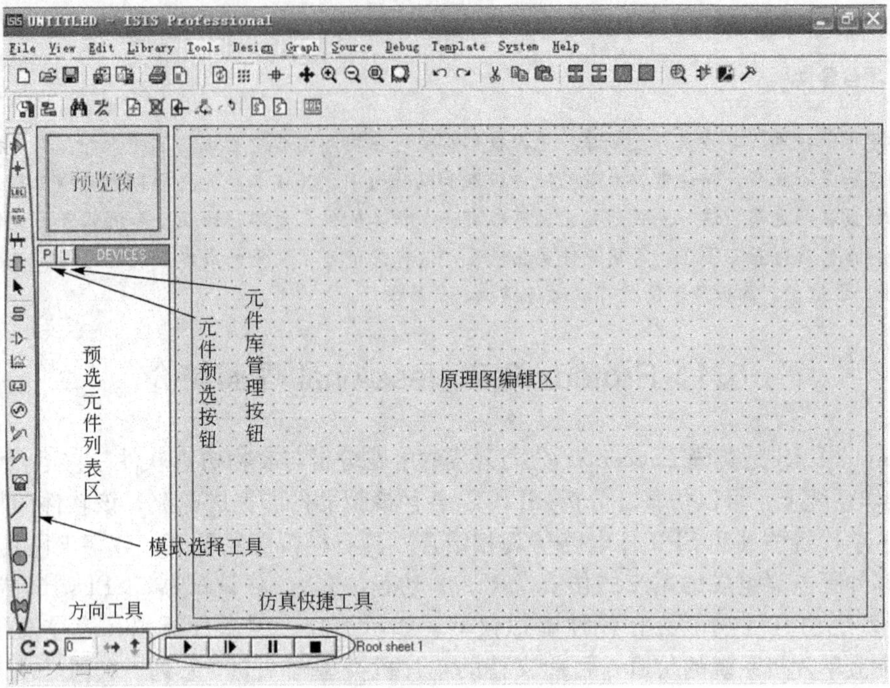

图 6.1　主界面

的位置，从而改变原理图的可视范围。

3. 模型选择工具栏(Mode Selector Toolbar)

模型选择工具栏分三大部分：主要模型、配件、2D 图形绘制工具，下面分别予以说明，说明文字对应的图标见右测图。

1) 主要模型(Main Modes)功能从上到下依次如下所述

(1) 选择元件(Components)(默认选择)。

(2) 放置连接点。

(3) 放置标签(有的地方也叫网络标号)。

(4) 放置多行文本，用于说明等。

(5) 用于绘制总线。

(6) 用于放置子电路。

(7) 用于即时编辑元件参数(先单击该图标再单击要修改的元件)。

2) 配件(Gadgets)功能从上到下依次如下所述

(1) 终端接口(Terminals)：有 VCC、地、输出、输入等接口。

(2) 器件引脚：用于绘制各种引脚。

(3) 仿真图表(Graph)：用于各种分析，如 Noise Analysis。

(4) 录音机。

(5) 信号发生器(Generators)。

(6) 电压探针：使用仿真图表时要用到。

(7) 电流探针：使用仿真图表时要用到。

(8) 虚拟仪表：有示波器等。

3) 2D 图形(2D Graphics)绘制工具

功能从上到下依次如下所述。

(1) 画各种直线。

(2) 画各种方框。

(3) 画各种圆。

(4) 画各种圆弧。

(5) 画各种多边形。

(6) 输入文本。

(7) 画符号。

(8) 画原点等。

4. 元件列表(The Object Selector)

用于挑选元件(Components)、终端接口(Terminals)、信号发生器(Generators)、仿真图表(Graph)等。举例，当选择“元件(Components)”时，单击 P 按钮会打开挑选元件对话框，选择一个元件后(单击 OK 按钮后)，该元件会在元件列表中显示，以后要用到该元件时，只需在元件列表中选择即可。

5. 方向工具栏(Orientation Toolbar)

旋转：旋转角度只能是 90 的整数倍，用于旋转选定的元件。

翻转：完成水平翻转和垂直翻转。

使用方法：先右击元件，使元件处于选中状态，再单击(左击)相应的旋转图标。

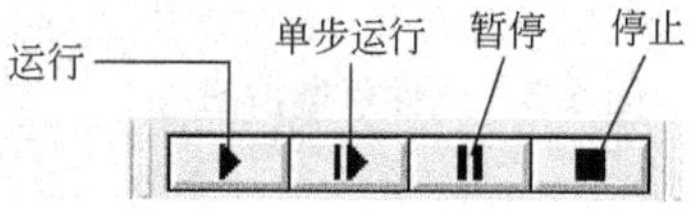

图 6.2　仿真控制按钮

6. 仿真快捷工具栏

仿真控制按钮，如图 6.2 所示。

6.2　绘图操作简介——第一个例子叠加定理

6.2.1　原理图绘制基本操作

Proteus 可以用来画原理图和 PCB，这里以介绍其电路仿真与分析为主，只是用它的原理图仿真。限于篇幅，只对其基本的操作和仿真作简单介绍，关于其他的功能，建议读者寻找专门的 Proteus 教材或阅读其“帮助”文档中的说明和附带的大量例子。这里，也将以几个简单例子说明基本操作，有条件的同学最好按照例子上机练习，大约半小时就可以使用它了，非常容易使用!

学习过程中，注意元件的查找方法、元件名字的命名方法等。

1. 绘制原理图

绘制原理图要在原理图编辑窗口中的蓝色方框内完成。原理图编辑窗口的操作是不同于常用的 Windows 应用程序的，正确的操作是：用左键放置元件；右键选择元件；双击右键删除元件；右键拖选多个元件；先左键后右键编辑元件属性；先右键后左键拖动元件；连线用左键，删除用右键；先右击连线，再左键拖动修改连接线；中键放缩原理图。具体操作见下面例子。

2. Sub - Circuits 应用

用一个子电路可以把部分电路封装起来，这样可以节省原理图窗口的空间。

6.2.2 绘图实例

例子：叠加定理验证，要求如下。

(1) 用 1kΩ 电阻构建一个 T 形网络。

(2) 分别接如 U1＝12V、U2＝6V 电压源。

(3) 测试 U1 和 U2 单独作用和同时作用时各支路的电流和电阻上的电压。

(4) 分析比较共同作用结果是否等于单独作用之和。

(5) 分析说明叠加性是否成立。

首先，启动 ISIS 后，选择主菜单下“新的设计”选项，输入创建文件名，单击 OK 按钮确认，然后按照下列步骤操作。

(1) 将所需元器件加入到对象选择器窗口(Picking Components into the Schematic)。

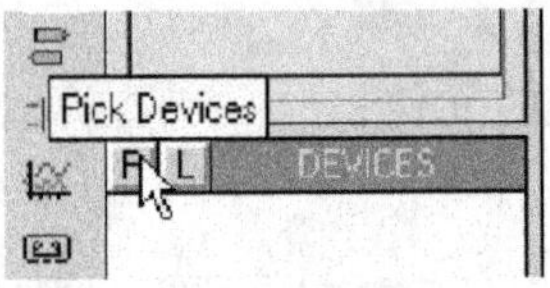

图 6.3 元件预选按钮

先在“主要模型”区单击“选择元件(Components)”按钮。在预览窗的下方有元件预选按钮，如图 6.3 所示。单击元件预选按钮(标有 P 的按钮)，会弹出 Pick Devices 页面。

(2) 在 Keywords 文本框中输入 res1k，系统自动在对象库中进行搜索查找，并将搜索结果显示在 Results 栏中，如图 6.4 所示。

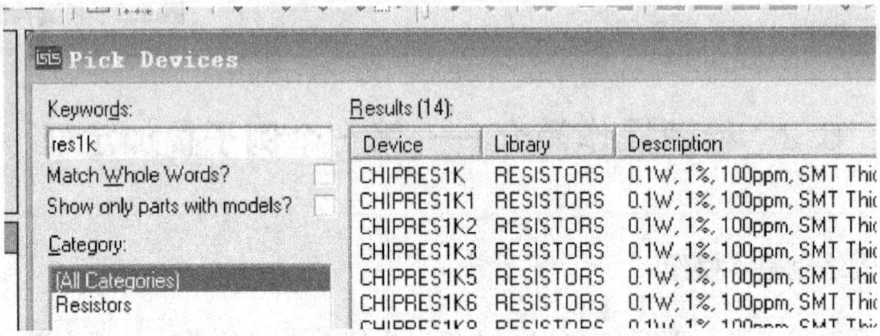

图 6.4 元件查找界面

在 Results 栏中，双击需要的元件即 CHIPRES1K，这时，电阻就出现在元件预选窗口中，在画原理图过程中，只要在元件预选区中挑选元件即可。然后再找一个单刀双掷开关，在 Keywords 中输入 sw -，在搜索到的 SW - SPDT 上双击，则一个单刀双掷开关就被放到元件预选窗口中了。如此这样操作，把原理图用到的元件都挑选出来放到预选窗口中。

由于电路中要测量电压和电流，所以，还要使用虚拟电压表和电流表。在主窗口的模型工具栏中，找到仪表模型功能并单击，在预选窗中，找到直流电压表和直流电流表并单击，然后在绘图区合适位置单击放置表。电流表的属性应该改为 mA 表，否则，由于电流太小不会显示合适的读数，如图 6.5 所示。

(3) 将放入绘图区的电阻、开关、仪表连接起来。连接时，只需要将鼠标靠近要连接的点，当鼠标头上显示一个小叉时，单击，就可以拉出一条连线，鼠标靠近要连接的位置，出现小叉时，再次单击，就完成了一条连线。由于仿真时需要电压源，在电路上放置两个，步骤如下。

在配件(Gadgets)模型区，单击 Generator Mode，会在预览窗中显示很多信号源，在这里选择 DC。把它放在如图 6.7 所示的位置，右击，然后单击，弹出属性设置，如图 6.6 所示，即可设置 U1 的属性。

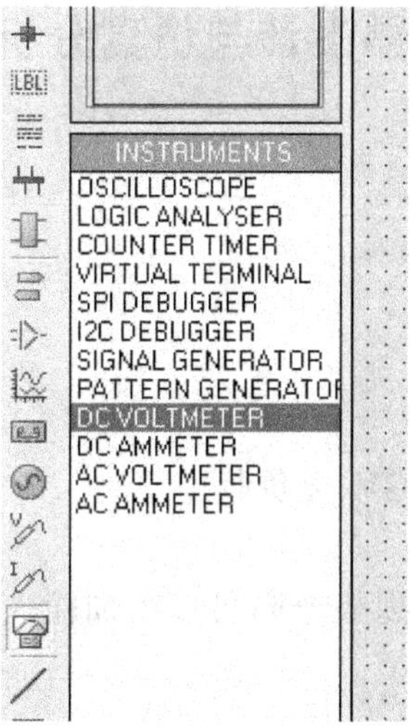

图 6.5　仪表选择图

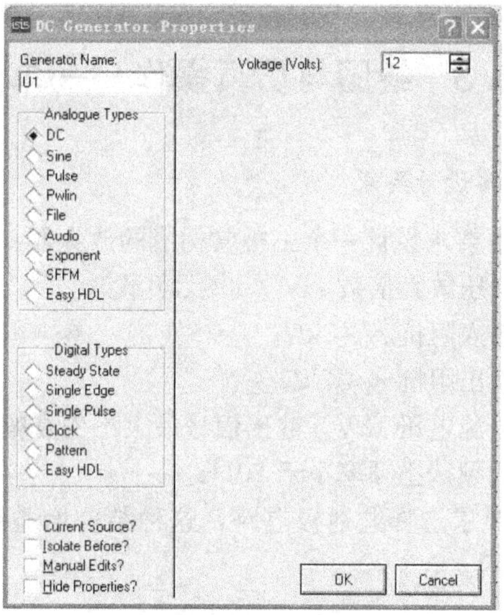

图 6.6　信号源属性设置

最终效果如图 6.7 所示。

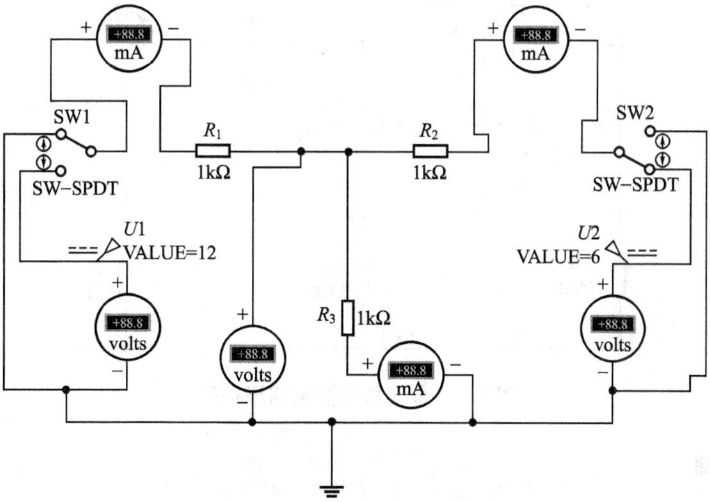

图 6.7　叠加定理仿真原理图

6.2.3 仿真

仿真步骤如下。

(1) 单击仿真运行按钮，看到各仪表会有指示。

(2) 在电路中单击开关旁边的红色箭头，可以改变开关的接通状态，进而进行叠加定理的实验。

(3) 左开关接通 U1 单独作用记录电流电压。

(4) 右开关接通 U2 单独作用记录电流电压。

(5) U1、U2 共同作用记录电流电压。

6.3 绘图与仿真操作——单管放大器设计与仿真分析

1. 电路设计要求

按如下要求设计一个三极管构成的放大器。

(1) 电压放大倍数 AV≥50(无负载)。

(2) 输入阻抗 $r_i \geq 3k\Omega$。

(3) 输出阻抗 $r_o \leq 2k\Omega$。

(4) 电源电压 12V，输出信号最大不失真幅度 $V_{p\_p} > 8V$(无负载)。

(5) 低频截止频率小于 20Hz。

根据要求选择共射极电路，这种结构增益高，增加射极电阻可以增加输入阻抗，如图 6.8 所示。

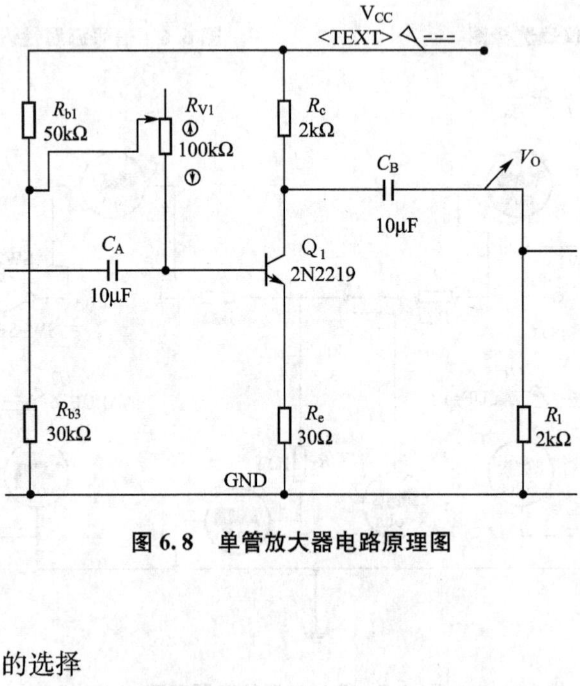

图 6.8 单管放大器电路原理图

2. 设计步骤

1) 三极管和 R_c 的选择

由于输出功率无特殊要求，因而选择 β 较大的小功率 NPN 三极管，如 9013，这类三极管在市场上很常见，便于采购。

在共射放大电路中，输出阻抗 $R_o=R_c$，所以要满足输出阻抗的要求必须选取 R_c 小于 2kΩ，而当 R_c 大时对电路增益有利，所以取 $R_c=2\text{k}\Omega$。

2）R_e 的选择

R_e 的确定主要考虑两个方面，一是放大倍数 AV，二是输入阻抗 R_i，在没有 R_e 的条件下电路增益较大，但输入阻抗较低。

考虑接入射极电阻 R_e 具有负反馈的作用，可以减小非线性失真。在发射极电阻存在的条件下，放大倍数可近似为 R_c/R_e，$AV=50$ 即 $R_e<40\Omega$，实际取 $R_e=30\Omega$。

3）基极阻抗的选择

基极阻抗对输入阻抗有一定的影响，考虑尽量提高输入阻抗，R_{b1}、R_{b3} 的值要尽量大，远大于基极的输入阻抗即可，输入总阻抗要求大于 3kΩ，则取 $R_{b2}=30\text{k}\Omega$，R_{b1} 远大于 20kΩ(因为基极直流电位小于电源电压的一半)，并联之后还大于 15kΩ，R_{b1} 设计为可调阻抗，用于确定直流工作点。为了进一步减小 R_b 的影响，可以在 R_b 到基极之间串一个电阻，如图 R_{V1}。

4）耦合电容的选择

耦合电容主要影响电路的低频特性，设计指标中没有特殊要求，所以取 $C_1=C_2=10\text{uF}$，为了测量 R_i 的方便，在输入回路串入一个阻抗 R_s，如果 $V_i>V_s/2$，则表明 $R_i>R_s$，所以取 $R_s=3\text{k}\Omega$。

5）输入阻抗的计算

设集电极静态电压为 6V，则射极电流近似为 3mA，根据公式

$$R_i=300+(1+\beta)\times 26/I_e+(1+\beta)R_e\approx(1+\beta)(R_e+26/I_e)$$

取 $\beta=100$、$I_e=3\text{mA}$，则 $R_i=3.9\text{k}\Omega$，R_b 等效电阻大于 100kΩ，并联后对输入阻抗的影响不大，可以满足输入阻抗设计要求。

6）电路增益的计算

设置射极电阻后电路的增益可以近似为

$$AV=R_c/R_e$$

$$R_c=2\text{k}\Omega,\ R_e=30\Omega$$

$$AV=2000/30=66\text{倍}$$

增益可以满足设计要求。

7）静态工作点设置

为了获得最大的输出信号，V_c 的静态值设置为近似电源电压的一半，即 $V_{CC}/2$。

V_o 交流正峰值小于 $I_{co}\times R_c$。

V_o 交流负峰值小于 V_{CEO}。

使信号源输出为 0，调整 R_{V1} 使 V_c 近似为 6V。

3. 空载放大倍数的测量

(1) 添加交流输入信号源。选择位置在部件模型中的信号源，图 6.9 所示添加的是交流信号源。

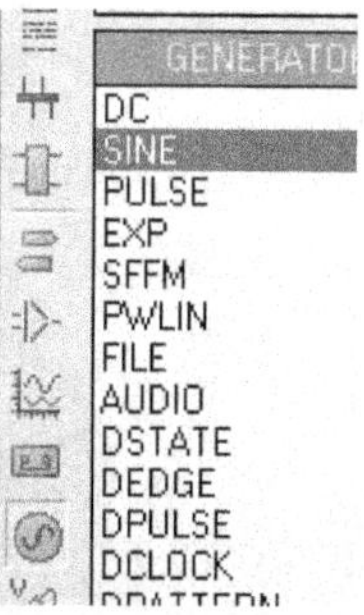

图 6.9　添加交流信号源

(2) 添加虚拟示波器。

(3) 调节输入信号使输出最大不失真。如果饱和截止不同时失真可以调节工作点。

(4) 测量输入信号幅度和输出信号幅度。注意，输入信号不包括 RS 上的电压。

(5) 信号分析。设置信号发生器输出信号为 380mV，设置方法为：右击选中信号 V_1 右击，然后单击，弹出属性设置窗口，在其中可以修改诸如信号的频率、电压大小等。

(6) 输入信号 200mV，$R_s=3k\Omega$。比较说明输入阻抗大于 3kΩ，输出 5.2 格，幅度 10.4V，无负载放大倍数＝10.4/200＝50.8 倍。输入阻抗、输出幅度及放大倍数满足设计要求，如图 6.10 所示。

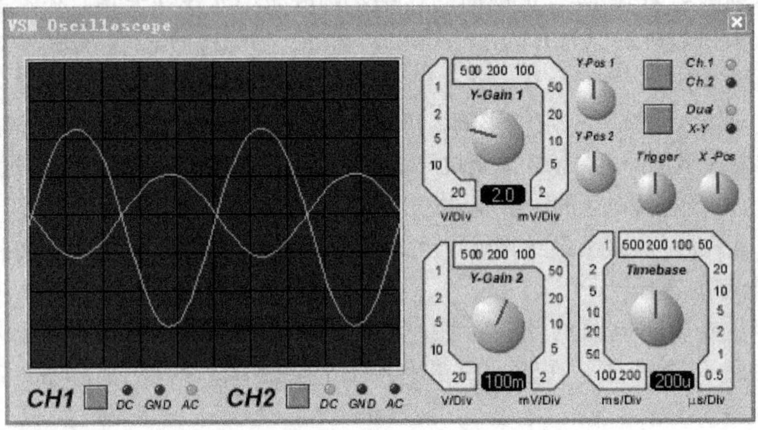

图 6.10　无负载测量结果

4. 有负载放大倍数的测量

保持输入信号不变，接入负载电阻 2kΩ，测量输入信号和输出信号，在虚拟示波器上观察到输出幅度下降为无负载时的 1/2，说明输出阻抗与负载电阻相同，2kΩ 满足要求。有负载放大倍数为 25 倍，比无负载时下降一半。

5. 频率特性分析

添加频率特性分析图。在模型选择工具栏中选中仿真图表(Graphs)，如图 6.11 所示。在绘图区单击，这时有个红色虚线框跟随鼠标，移合适的点，再单击，画出一个矩形框，显示频率特性图，如图 6.13 所示。这时，它并不知道要显示电路中哪个位置的频率特性。双击上面绿色的部分，窗口就被放大了，在这里修改设定值。单击左下角工具会弹出如图 6.12 所示的窗口，在该弹出窗口中作如图 6.12 所示的设置。

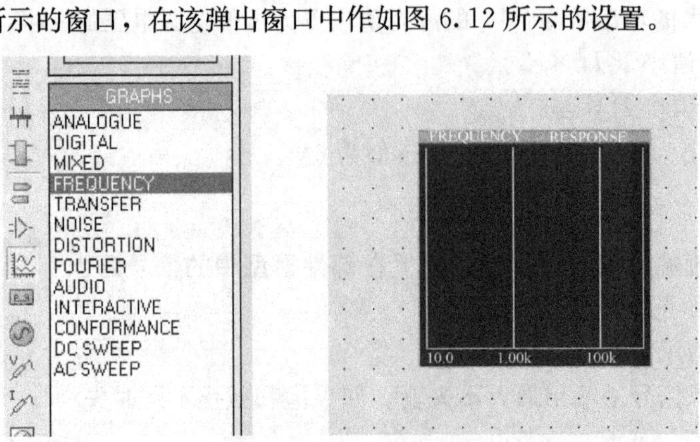

图 6.11　选取频率分析

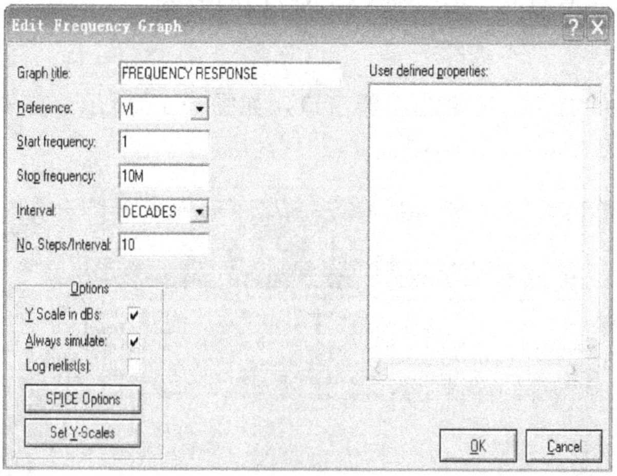

图 6.12　频率特性分析属性设置

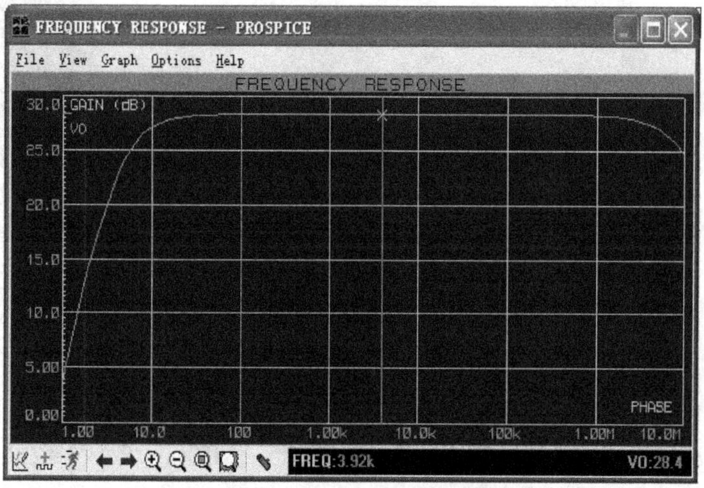

图 6.13　频率特性图

在原理图中添加输出电压测量探针 Vo，设置分析参数，运行分析结果如下。

(1) 通频带增益 28.4dB(26 倍)。

(2) 低频截止频率 6Hz。

(3) 高频截止频率 8.6MHz。

结论：通频带和增益满足要求。

6.4　绘图与仿真操作——单片机及外围电路设计与仿真分析

Proteus 可以方便地仿真单片机及其外围电路，单片机的程序编译为 .hex 或 .cof 文件，可以直接在 Proteus 中仿真运行，并且其带有大量的外围电路模型，给电路设计、分析、教学、自学等提供了一个方便的、低成本的实验平台。外围器件有数码管、LCD、LED、I^2C 器件、串口等，并有大量虚拟信号源。下面举一个单片机带 4 位数码管的例子加以说明，更多内容请查看软件的帮助文档或专门的书籍。

1. 绘制原理图

(1) 将所需元器件加入到对象选择器窗口，如图 6.14 所示。首先，选择要使用的器件：AT89C51、7SEG－MPX4－CA 等。

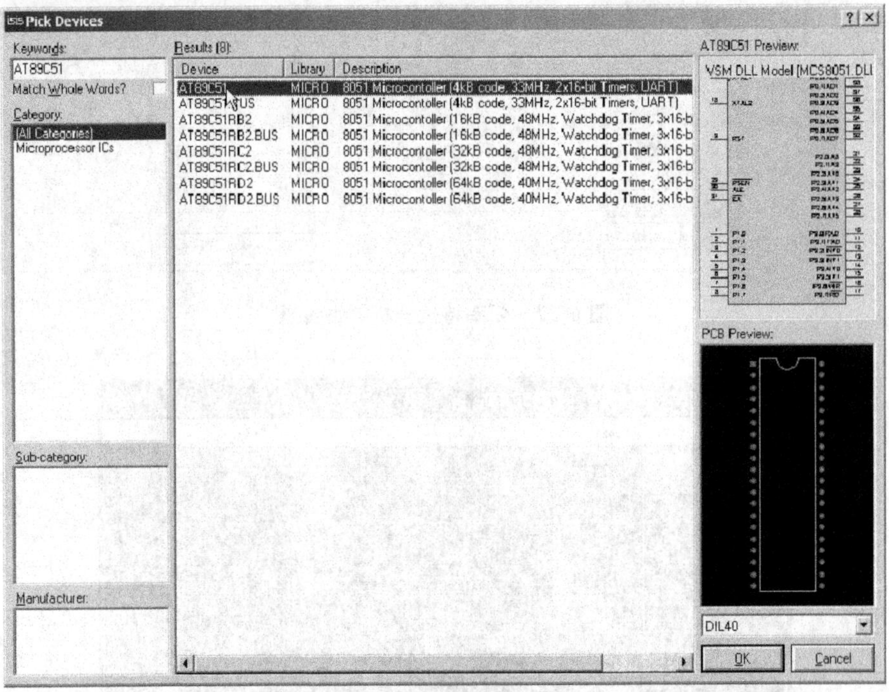

图 6.14　选择元件

在 Results 栏中的列表项中，双击 AT89C51，AT89C51 就被显示在元件预选窗口中。接着在 Keywords 文本框中输入 7SEG，找到 7SEG－MPX4－CA(4 位共阳极 LED 显示器)，双击添加至对象选择器窗口。

然后，在 Keywords 文本框中重新输入 RES，在 Results 文本框中获得与 RES 完全匹配的搜索结果。双击 RES，则可将 RES(电阻)添加至对象选择器窗口。单击 OK 按钮，结束对象选择。然后再增加元件 RESPACK－8，它是一个排阻，因为 P0 口内部没有上拉电阻，要使用这个排阻作为上拉电阻。经过以上操作，在对象选择器窗口中，已有了 7SEG－MPX4－CA、AT89C51、RES，RESPACK－8 这 4 个元器件对象，若单击 AT89C51，则在预览窗口中会出现 AT89C51 的原理图符号；若单击 RES 或 7SEG－MPX4－CA，则在预览窗口中出现 RES 和 7SEG－MPX4－CA 的原理图符号。此时，绘图工具栏中的元器件按钮已处于选中状态。

(2) 放置元器件至图形编辑窗口(Placing Components onto the Schematic)。在对象选择器窗口中，选中 7SEG－MPX4－CA，将鼠标置于图形编辑窗口该对象的欲放位置并单击，完成放置该对象。同理，将 AT89C51 和 RES 放置到图形编辑窗口中，如图 6.15 所示。若对象位置需要移动，则将鼠标移到该对象上并右击，此时该对象的颜色变至红色，表明该对象已被选中，按住鼠标左键，拖动鼠标，将对象移至新位置后，松开鼠标，完成移动操作。

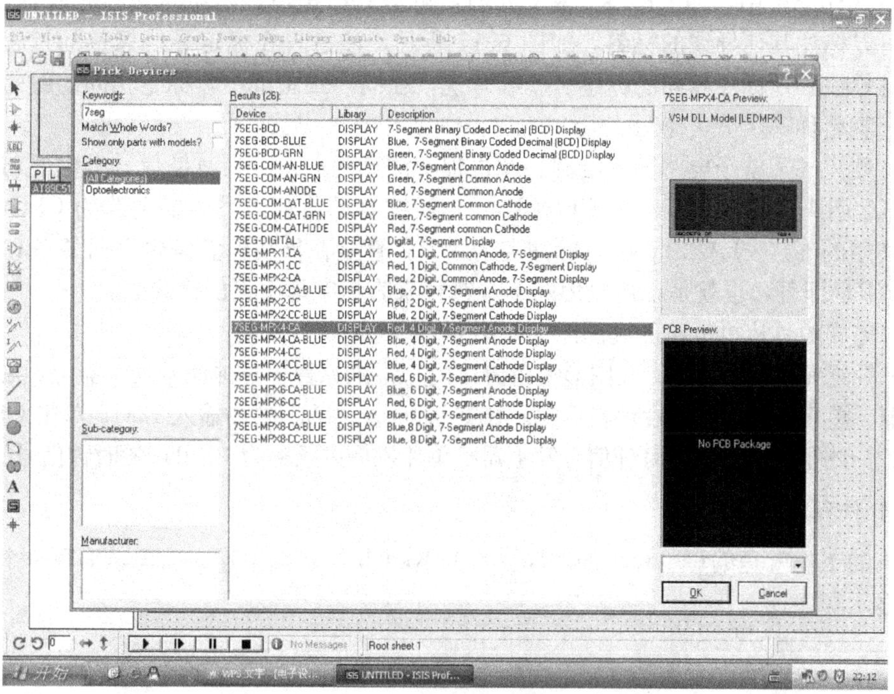

图 6.15　查找数码管

由于电阻 $R_1 \sim R_8$ 的型号和电阻值均相同，因此可利用复制功能作图。将鼠标移到 R_1，右击，选中 R_1，在标准工具栏中，单击“复制”按钮，移动鼠标，按住鼠标左键，将对象复制到新位置，如此反复，直到按下鼠标右键，结束复制。电阻名的标识，系统自动加以区分。

(3) 放置总线至图形编辑窗口。单击绘图工具栏中的总线按钮(按钮位置可参照本章开始处的介绍)，使之处于选中状态。将鼠标置于图形编辑窗口并单击，确定总线的起始位置；移动鼠标，屏幕出现粉红色细直线，找到总线的终止位置并单击，再右击，以表示确认并结束画总线操作。此后，粉红色细直线被蓝色的粗直线替代。

(4) 元器件之间的连线(Wiring Up Components on the Schematic)。Proteus 的智能化即可以在用户想要画线的时候进行自动检测。Proteus 具有线路自动路径功能(简称 WAR)，当选中两个连接点后，WAR 将选择一个合适的路径连线。WAR 可通过使用标准工具栏里的 WAR 命令按钮来关闭或打开，也可以在菜单栏的 Tools 下找到这个图标。同理可以完成其他连线。在此过程的任何时刻，都可以按 Esc 键或者右击放弃画线。

(5) 元器件与总线的连线。画总线的时候为了和一般的导线区分，一般喜欢画斜线来表示分支线。此时用户需要自己决定走线路径，只需在想要拐点处单击即可。如果想画斜线，可以关闭 WAR 命令，或在不关闭的情况下，按住 Ctrl 键，就可以画斜线了，如图 6.16 所示。

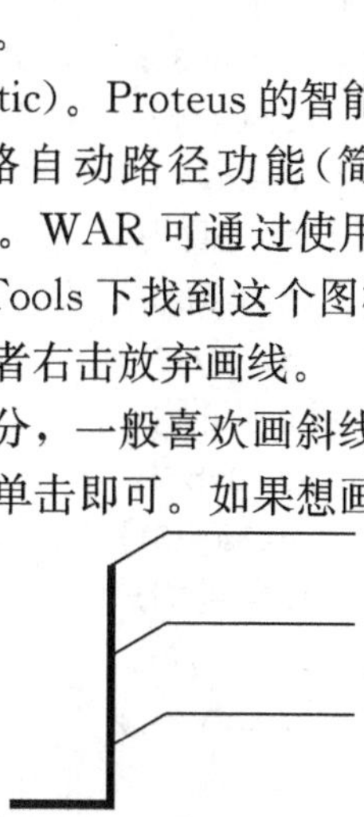

图 6.16　画总线与分支线

(6) 给与总线连接的导线贴标签(Part Labels)。单击绘图工具栏中的“导线标签”按钮，使之处于选中状态。将鼠标置于图形编辑窗口的欲标标签的导线上，跟着鼠标的指针就会出现一个“×”号，表明找到了可以标注的导线，单击，弹出编辑导线标签窗口。在 String 栏中，输入标签名称(如 a)，单击 OK 按钮，结束对该导线的标签标定。同理，可以标注其他导线的标签，如图 6.17 所示。注意，在标定导线标签的过程中，相互接通的导线必须标注相同的标签名。或者说，在同一张图纸中，标签相同的线是连在一起的，标签名称不区分大小写。

至此便完成了整个电路图的绘制。此过程中注意两点：①当时钟信号发生器与单片机的 XTAL2 引脚完成连线标注为 CLOCK 后，系统自动将信号发生器名改为 CLOCK，取代以前使用的 U1(XTAL2)；②若标注名为 WR，直接在导线标签编辑页面的 String 栏中输入 WR 即可，也就是说可以用两个 $ 符号来表示字母上面的横线。

(7) 完成的单片机电路原理图图纸如图 6.17 所示。

(8) 设置元器件的属性。在图形编辑窗口内，将鼠标置于时钟信号发生器上，右击，选中该对象，单击进入对象属性编辑页面。在 Frequency [Hz] 栏中输入 12M，单击 OK 按钮，结束设置。此番操作意味着时钟信号发生器给单片机提供频率为 12MHz 的时钟信号。

2. 软件程序编写

剩下的工作就是编写单片机的程序，打开 Keil 软件在其中建立工程，编写一个简单的数码管显示程序。

```
#include"AT89X51.h"
#define uchar unsigned char
#define uint unsigned int
uchar a[]={0xc0,0xf9,0xa4,0xb0,0x99,0x92,0x82,0xf8,0x80,0x90};//数显段码
void delay(uint t)
{
 uchar i;
 while(t--)
 for(i=0;i<125;i++);
}
void main()
{
   P0=a[3];
  P3=0xef;
   delay(3);
   P0=a[2];
  P3=0xdf;
   delay(3);
   P0=a[1];
  P3=0xbf;
   delay(3);
   P0=a[0];
  P3=0x7f;
   delay(3);
}
```

编译并生成 .HEX 文件。其详细步骤参见单片机相关章节。

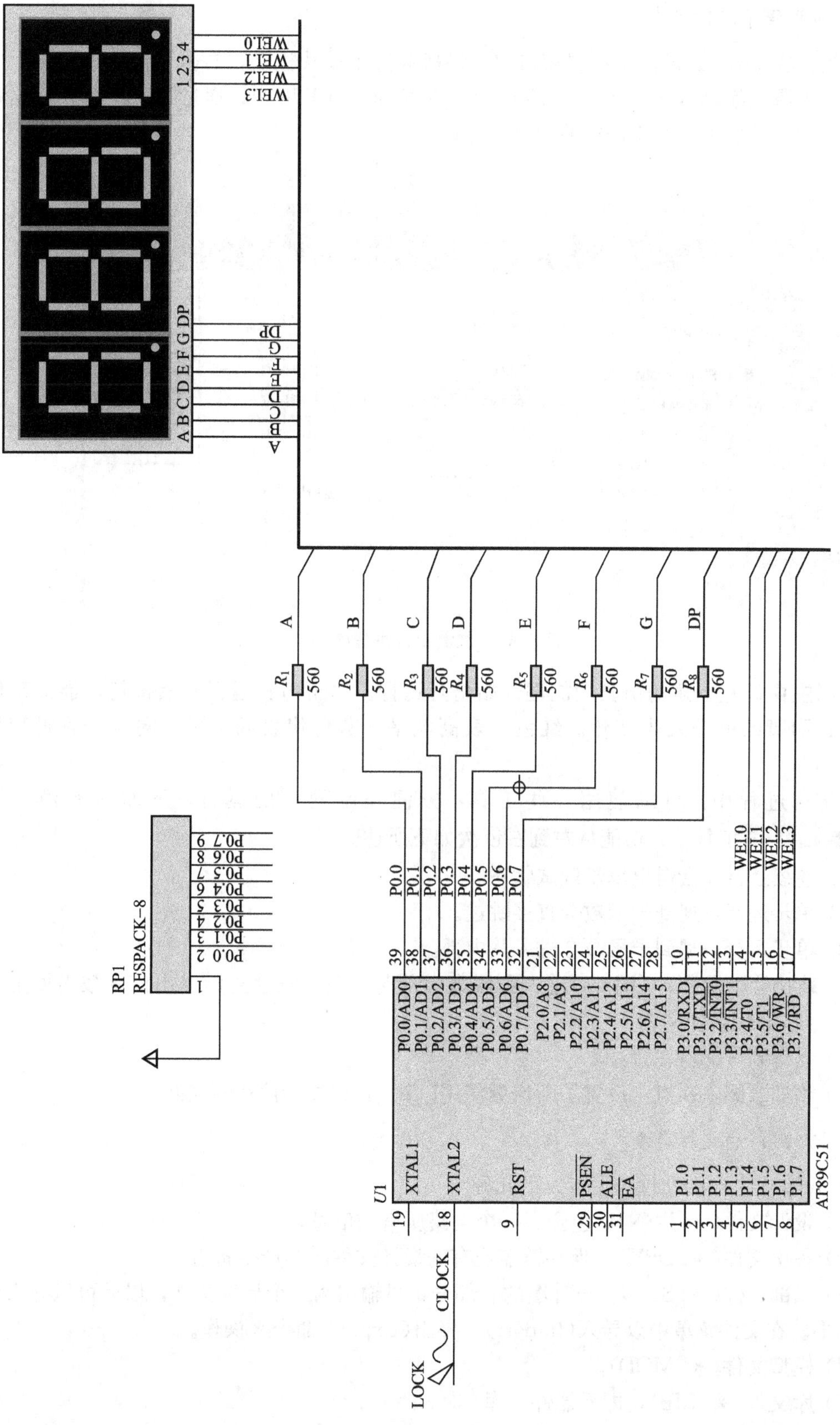

图 6.17 单片机电路原理图

3. 加载程序进行仿真

首先，在 Proteus 的图形编辑窗口内，将鼠标置于单片机上，右击，选中该对象，单击进入对象属性编辑页面，如图 6.18 所示。在 Program File 中，通过打开按钮，添加程序执行文件，然后单击 OK 按钮关闭对话窗口。

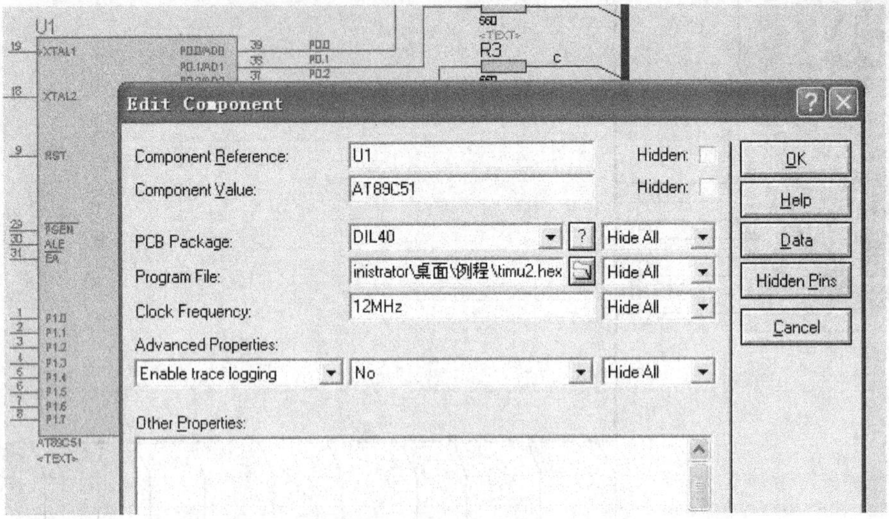

图 6.18　加载单片机程序

使用主窗口左下角的仿真功能键开始仿真运行。单击仿真运行开始按钮，能清楚地观察到：引脚的电平发生变化。红色代表高电平，蓝色代表低电平。同时，数码管被点亮。

在仿真过程中，可以使用一些工具，方便控制程序的运行，下面简要说一下工具条，功能从左到右依次如下所述。

(1) 连续运行，会退出单步调试状态。

(2) 单步运行，遇到子函数会直接跳过。

(3) 单步运行，遇到子函数会进入其内部。

(4) 跳出当前函数，当用(3)进入到函数内部时，使用它会立即退出该函数返回上一级函数，与(3)配合使用。

(5) 运行到鼠标所在行。

(6) 添加或删除断点，设置了断点后使用，程序会停在断点处。

4. Proteus 的文件类型

Proteus 中主要的文件类型有以下几种。

(1) 设计文件(＊.DSN)，包含了一个电路所有的信息。

(2) 备份文件(＊.DBK)，保存覆盖现有的设计文件时会产生备份。

(3) 局部文件(＊.SEC)，设计图的一部分，可输出为一个局部文件，以后可以导入到其他图中。在文件菜单中以导入(Import)、导出(Export)命令来操作。

(4) 模型文件(＊.MOD)。

(5) 库文件(＊.LIB)，即元器件和库。

(6) 网表文件(＊.SDF)，即当输出到 PROSPICE AND ARES 时产生的网表文件。

Proteus 系统中有符号库和约 30 个元器件库，每个库又有许多模型，合计约 8000 个。另外有关系统支持的库信息，请查看安装路径下最新的 LIBRARY.PDF 文件。随着版本的不断升级，系统中的库数和库中模型数也在不断增加，且越来越完善，同时也可以加载第三方元器件库。

5. Proteus 技巧

1) Proteus 中的元件屏蔽

仿真时，有时需要将某一部分屏蔽掉，而又不破坏整个原理图。关闭原理图中不需要参与仿真的元件的方法：选择需要屏蔽的元件，对其属性进行编辑，在 EDIT COMPONENT 的左下角，选择 Exclude from Simulation 选项即可。

2) 从元件列表中删除元件

在元件预览窗中删除元件的方法如下。

(1) 先在图纸中右键删除在器件箱中指定的元件。

(2) 执行“编辑(Edit)”→“整理选项(Tidy)”→“确定”命令。

(3) 整理选项(Tidy)可以删除图纸上没有物理连接和在图纸工作区域以外的所有元件。单击 Edit 中的 Tidy 可以删去所有没用到的元件。

思考与实践

1. 使用 AT89C51 单片机和 3 个按键(Button)以及 4 位数码管做一个连续累加器，3 个按键功能分别为 K_1 增 1，K_2 清零，K_3 停止计数。画出原理图，编程并运行仿真。

2. 使用 AT89C51 单片机和 8 位数码管做一个流水显示器，显示内容从 0～9，显示 0 时，从最左位开始显示，延时 0.5s 左右，移到第二位显示，延时 0.5s，再移到第三位显示……以此类推，直到显示到第八位。然后，从最左位开始，显示 1，移到第二位显示，延时 0.5s……这样一直循环显示。画出原理图，编程并运行仿真。

3. 用 ADC0832 和 89C51 设计一个数字电压表，量程为 0～5V，使用电位器模拟一个输入量。画出原理图，编程并运行仿真。

4. 使用 AT89C51 单片机和 3 个按键(Button)以及 4 位数码管做一个秒表，3 个按键功能分别为 K_1 开始计时，K_2 清零，K_3 停止计时。画出原理图，编程并运行仿真(提示：使用定时/计数器实现)。

项目 7

综合实例

教学目标及要求

1. 知识目标及要求

熟悉单片机应用系统的开发流程、电源设计、抗干扰方法等。

2. 技能目标及要求

(1) 熟悉单片机系统开发流程。

(2) 熟悉单片机外围接口电路的设计方法。

(3) 熟悉电子产品装配工艺。

(4) 熟悉程序设计与调试的技巧。

3. 素质目标及要求

(1) 培养学生发现问题、分析问题、解决问题的能力。

(2) 培养学生良好的职业素养。

7.1　数控稳压电源设计

7.1.1　设计要求

1. 基本要求

(1) 输出电压：范围0～15V，步进0.1V，纹波不大于5mV。
(2) 输出电流：800mA；稳压系数不小于0.001。
(3) 输出电压值由数码管显示，指示准确性为0.5%。
(4) 输出电压通过按键设定，可实现步进增减。
(5) 有过流保护，保护电流值可通过按键设定。

2. 发挥部分

(1) 关闭电源后再重新上电时，输出电压自动调整为此前设定的电压值。
(2) 可以自动扫描，实现输出电压按预先设定的曲线变化(步进0.1V)。
(3) 可以通过RS—232接口实现输出电压的远程控制。

7.1.2　方案设计与选择

1. 方案设计

方案1：原理框图如图7.1所示，采用数字逻辑控制。通过“+”、“—”两键操作，控制可逆计数器分别作加、减计数，可逆计数器的二进制数字输出一路用于驱动数显电路，指示电源输出电压的大小值；另一路进入D/A转换电路，将数字量按比例转换成模拟电压，然后经过射极跟随器控制调整输出级输出所需的稳定电压。该方案能够完成基本要求，发挥部分受到限制。

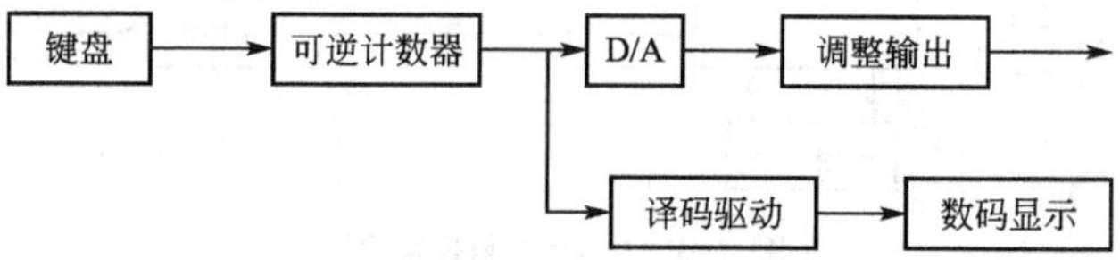

图7.1　方案1原理框图

方案2：原理框图如图7.2所示，采用单片机产生波形，经D/A转换电路，将数字量转换成模拟电压，然后运用功放电路扩大输出电流且使电压不变。该方案简单，在功率放大电路中电流值可达到要求，但电压变化大，难以达到准确的稳压效果。

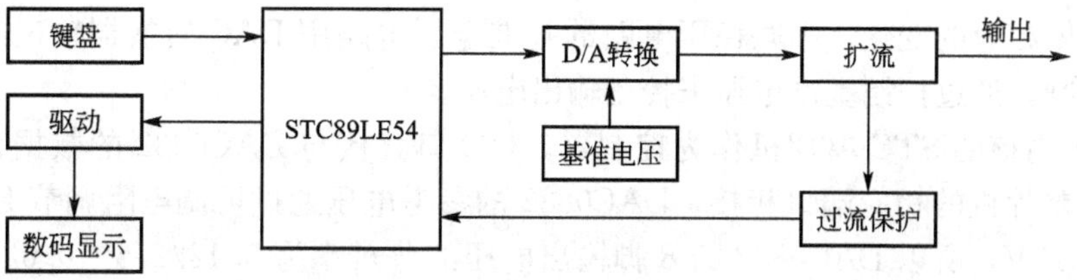

图7.2　方案2原理框图

方案3：原理框图如图7.3所示，单片机控制部分与方案2相同，后级经D/A转换电路将数字量转换成模拟电压，通过运算电路将电压放大5倍，然后将电压降低1.25V，该级输出的电压用来控制三端稳压器调整端的电压，从而达到控制输出的目的。

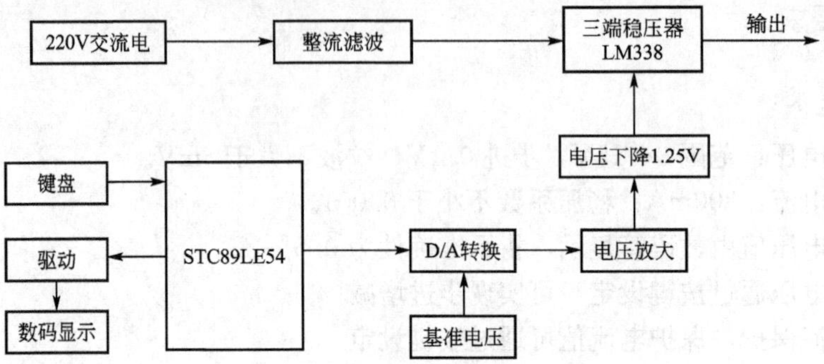

图7.3　方案3原理框图

方案4：原理框图如图7.4所示，单片机控制部分与方案2相同，后级经D/A转换电路将数字量转换成模拟电压量，通过放大电路放大2.5倍，放大后的电压通过控制串联稳压电路的基准电压达到控制输出电压的目的；应用反馈网络通过采样来补偿电源因负载产生的电压波动，从而增强电源的带负载能力。加上过流保护电路，当电流超过所设定的保护电流值时，电源断开停止输出。

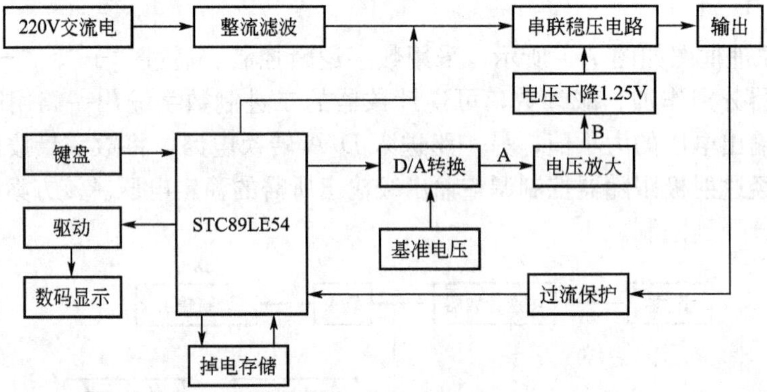

图7.4　方案4原理框图

2. 方案论证

本次设计的电压源电路是在串联稳压电路的基础上实现的。串联稳压电路以稳压管稳压电路为基础，利用晶体管的电流放大作用，增大负载电流；在电路中引入深度负反馈使输出电压稳定，并且通过改变反馈网络使输出电压可调。但本系统只是根据此原理，对串联稳压电路做相应的变化，串联稳压电路的基准电压电路用DAC转换器输出后放大的模拟电压量控制，通过控制基准电压来控制输出电压。

采用51内核的STC单片机作为控制器，I/O口直接与DAC0832的数据口相连，控制端口也与单片机的相应端口相接，DAC0832的参考电压通过可调电阻调节LM317的输出电压为5.12V，所以DAC0832的8脚输出电压的分辨率为5.12/256=0.02(V)，也就是说D/A输入数据端每增加1，电压增加0.02V。DAC0832的输出形式是电流，外接运算放大器后可以将其转换为电压输出。D/A 的 I_{out} 端接 OP07 运放构成的电流电压转换电路，将 DAC 转换器输出的电流转换成电压形式。

电流电压转换电路的电压输出端接放大器 OP07 构成的同相比例运算电路的输入端，经放大器放大 2.5 倍输出。所以，当 MCU 输出数据增加 1 的时候，最终输出电压增加 0.1V，当调节电压的时候，可以以每次 0.1V 的梯度增加或者降低电压。

综上，通过单片机控制 DAC0832 的输出电压为 0～3V，再通过同相比例运算放大电路将电压放大 2.5 倍，此时电压范围为 0～7.5V，然后通过串联稳压电路将电压放大 2 倍，并通过串联稳压电路中的比较放大电路和取样电路稳定电压，这样通过控制基准电压来达到控制输出电压 0～15V 的目的。

7.1.3　理论分析与参数计算

1. D/A 芯片的选择

本题要求输出电压范围为 0～15V，步进为 0.1V，分辨率为 0.1V，根据公式

$$n=\log_2\frac{V_{max}}{\Delta v}=\log_2\frac{15V}{0.1V}\approx 8$$

最小位数为 8 位，所以 D/A 选用 DAC0832 就可以满足要求。

2. 参考电压的计算

经上面分析，DAC0832 输出的电流经第一级运算放大器转换为电压，即 A 点电压范围为 0～3V，第二级运算放大器的放大倍数为 2.5 倍，即 B 点的电压输出范围为 0～7.5V。由于要达到步进 0.1V 的要求。DAC0832 的最大变化电压为 0.02V。根据公式

$$v_{01}=\frac{V_{REF}}{2^8 R}R_f N_B，\quad 且\quad R=R_f$$

计算得

$$V_{REF}=5.12V$$

7.1.4　硬件及软件设计

硬件设计分为 9 个部分，如下所示。

1. 单片机系统电路

单片机及其外围电路是数控直流电源的控制核心，本系统以 STC89LE54RD 单片机为核心，以 5 个独立按键和 4 位数码管，组成直观的人机界面，单片机通过对 D/A 转换器输出的控制达到对输出电压的控制，如图 7.5 所示。

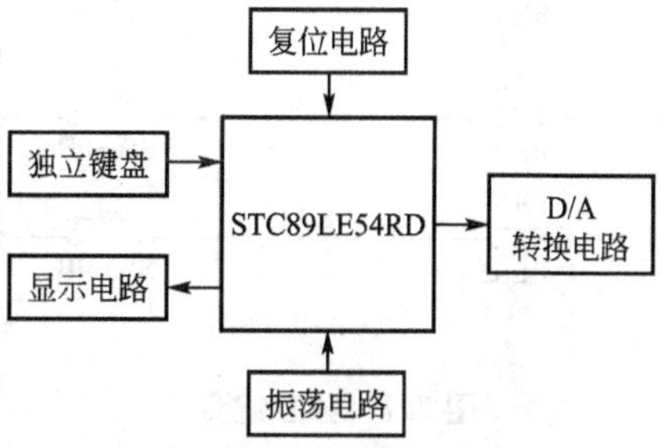

图 7.5　单片机系统框图

2. 数码管显示电路

根据要求输出电压值由数码管显示，通过数码管来显示输出电压的电压值和过流保护的保护电流值。单片机通过 74HC595 来控制数码管的显示，74HC595 是带锁存的移位寄存器，电路图如图 7.6 所示。

3. 独立键盘

通过按键可以方便地调节输出电压值和过流

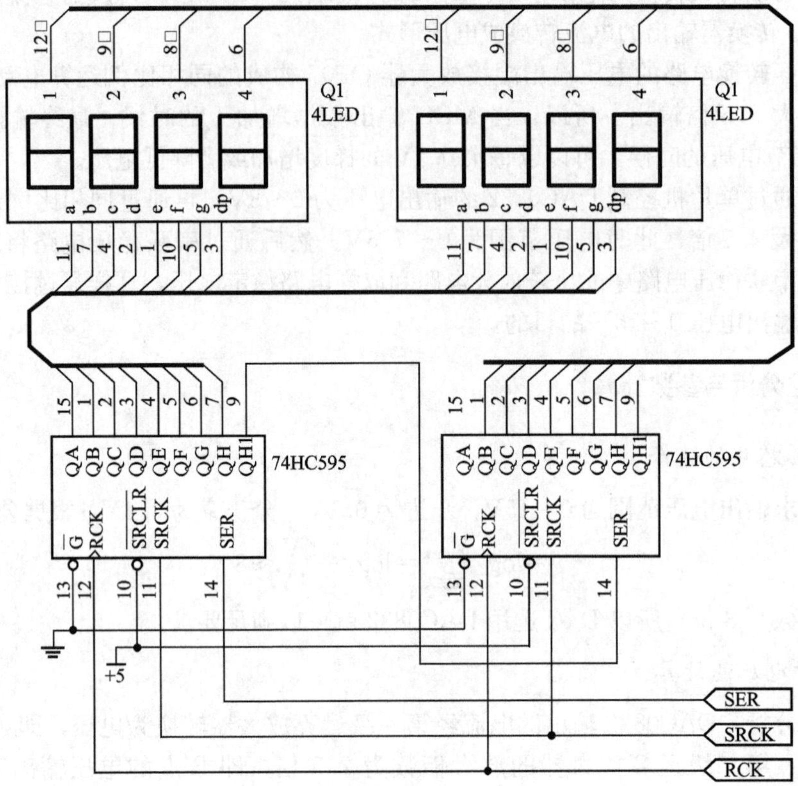

图 7.6 数码管显示电路

保护值，与数码管显示电路结合构成友好的人机界面，电路图如图 7.7 所示。

4. 掉电存储电路

采用 24LC08 实现对设定电压值的保存，电路图如图 7.8 所示。

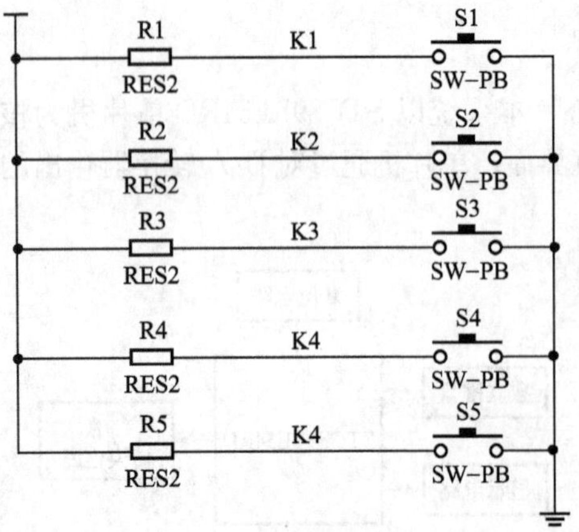

图 7.7 独立键盘

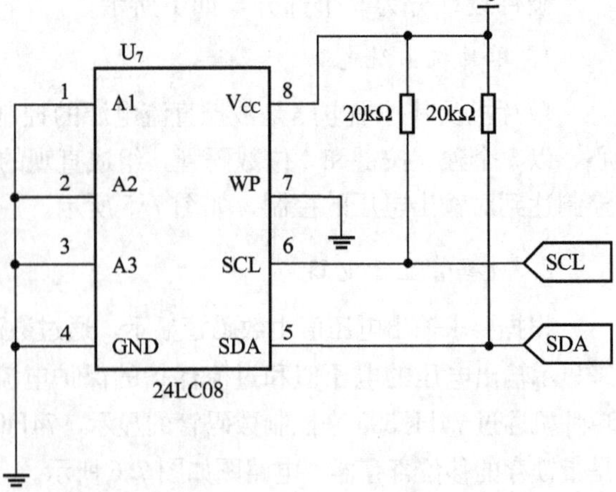

图 7.8 掉电存储电路

5. D/A 转换电路

D/A 转换电路将单片机送来的数字信号转换为模拟信号。数模转换电路采用 DAC0832 实现，DAC0832 是一个 8 位 D/A 芯片，外部供给基准电源；OP07 可将电流转换为电压，电路图如图 7.9 所示。

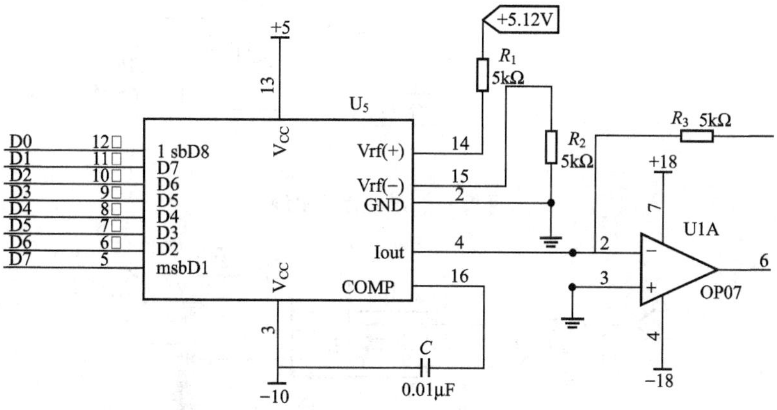

图 7.9　D/A 转换电路

6. 电压放大电路及电压跟随器

电压放大电路是将 D/A 转换电路的输出即 A 点的电压放大 2.5 倍，使 A 点的电压由 0～3V 范围扩大到 0～7.5V 范围；电压跟随器隔离前后电路，减小前后级之间的相互影响。电路图如图 7.10 所示。

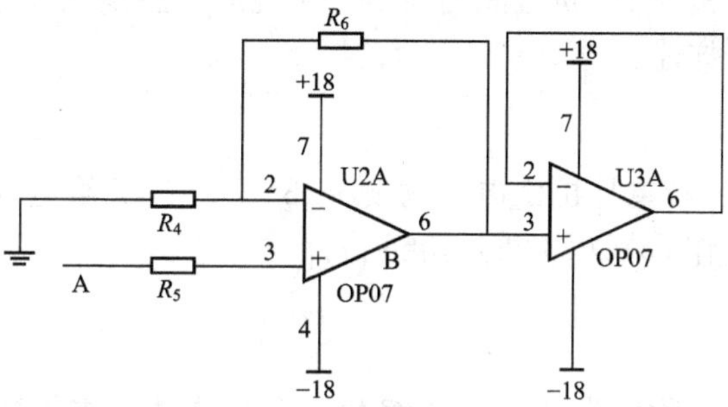

图 7.10　电压放大电路

7. 串联稳压电路

通过串联稳压电路，电压放大 2 倍，使输出电压范围达到 0～15V，同时通过该单元电路扩大电流，特别是通过 2 级三极管驱动达林顿管 TIP41，达到输出功率要求，从而稳定输出电压，电路图如图 7.11 所示。

在串联稳压电路调整管的集电极与整流滤波电路间加上过流保护电路。通过大功率精密电阻采样后，通过单片机进行数据处理判断电流是否超过设定的电流值，如果超过则通过单片机 I/O 口输出低电平使光耦控制继电器动作，让输出电路断开，起到过流保护的作用。过流保护电路图如图 7.12 所示。

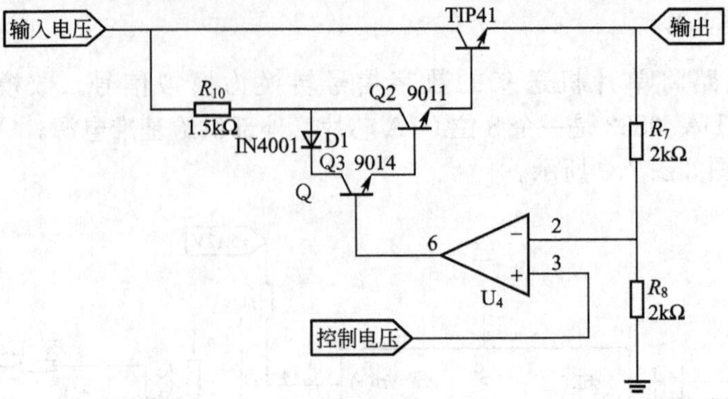

图 7.11　串联稳压电源

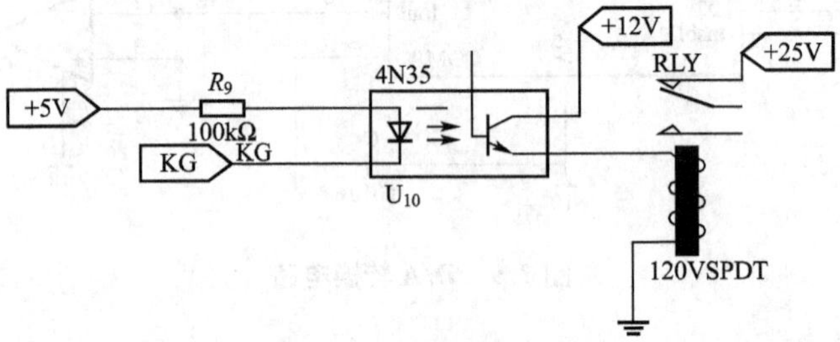

图 7.12　过流保护电路

8. 串口通信远程控制电路

本系统采用 RS-232 接口，RS-232 接口是串行数据接口标准，通过 MAX232 芯片及其外围电路实现单片机与 PC 机之间的通信，实现远程控制数控电源的输出。该部分在项目 5 已经介绍，不再详述。

9. 稳压电源部分

电源部分输出＋5V 给单片机供电，输出＋18V、－18V 给运放电路供电；另做一路＋5.12V 直流稳压电源作 DAC0832 的基准 V_{erf}。

7.1.5　软件设计

软件部分采用模块化程序设计的方法编写，系统软件由主控程序、数码管显示子程序、键盘子程序、掉电存储程序等组成。编程语言全部采用 C 语言，通过 Keil 和 Proteus 进行仿真。主程序流程图如图 7.13 所示。

7.1.6　系统测试和总结

1. 测试仪器及设备(见表 7-1)

2. 测试步骤

(1) 组装电路，使整个电路能够正常工作，掉电存储电路能在重新开机后显示上次断电时保存的数据。

(2) 在不带负载的情况下，通过按键调节电压值，使电压值从 0～15V 按步进 0.1V 增

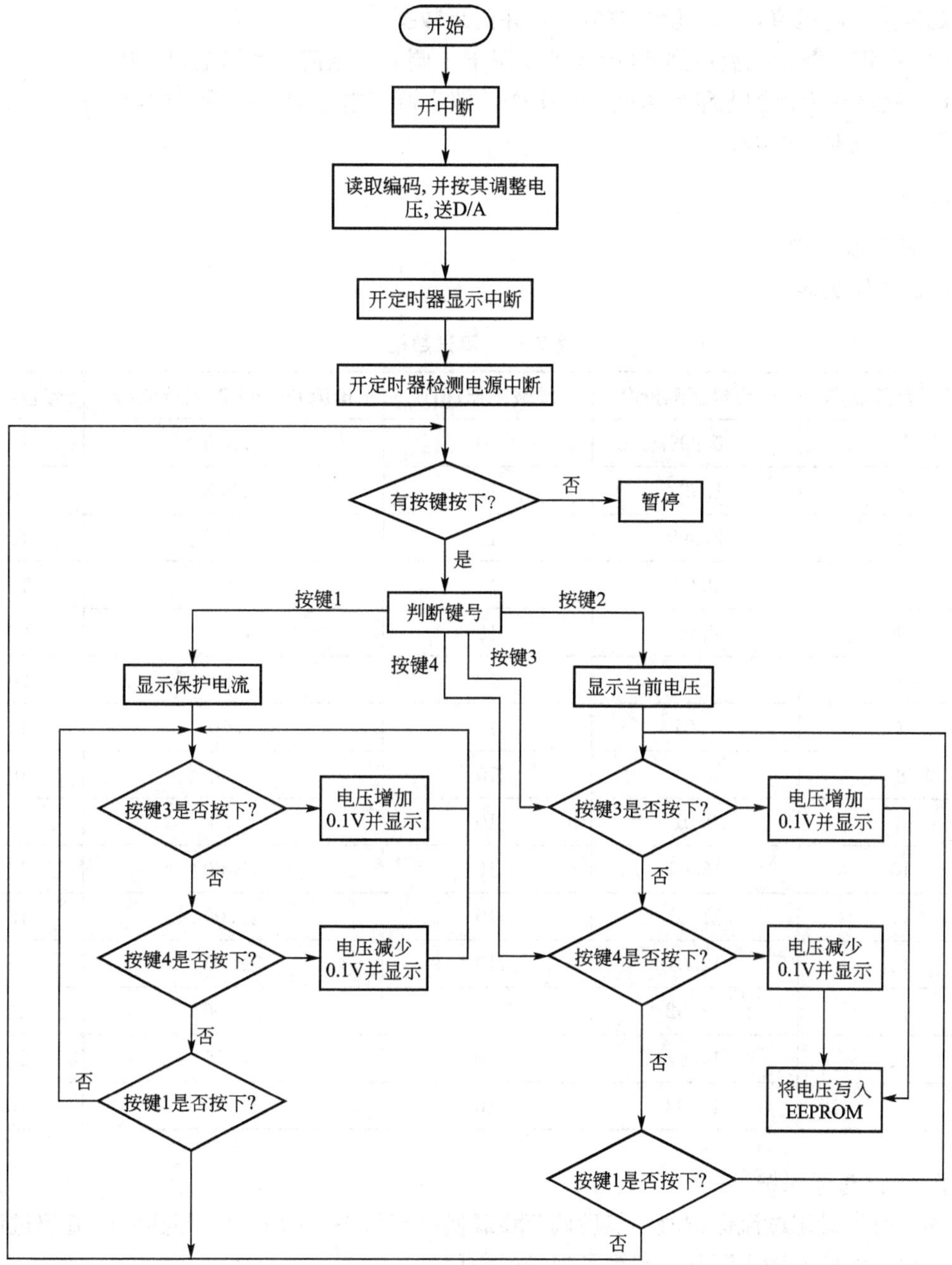

图 7.13　主程序流程图

表 7－1　测试仪器及设备

仪器名称	型号	用途	数量
计算机	联想 PC	调试程序	1
可跟踪直流稳压电源	SS1791C	提供电源	2
数字万用表	FLUKE17B	测量电压	1
示波器	THKTRONK	测量纹波	1

减，观察输出电压值，并测量纹波电压，并记录数据。

(3) 在带负载、电流达到800mA的情况下，调节电压值，测试输出电压值。

(4) 测试过流保护电路是否能正常工作，即当调节电流值超过设定的电流值时，观察电流保护电路是否断开。

3. 测试数据

1) 测试输出电压

测试数据见表7-2。

表7-2 测试数据

理论显示数据/V	输出电压测量/V	纹波电压/mV	电流800mA时电压值/V	偏差/mV
1	0.999	10	0.989	10
2	1.997	10	1.988	12
3	2.999	10	2.988	12
4	3.98	10	3.99	10
5	4.99	10	4.98	20
6	6.00	10	5.98	20
7	7.01	10	7.00	10
8	8.01	10	8.00	10
9	9.01	10	8.99	10
10	10.01	10	10.00	10
11	11.01	10	11.00	10
12	12.01	10	12.00	10
13	13.02	10	13.00	20
14	14.02	10	14.00	20
15	15.02	10	15.00	20

2) 测试过流保护

测试时先设定过流保护值，然后调节负载使电流从小逐渐增加，当实际电流超过设定值时，保护电路使输入断开，起到了保护的作用。

7.2 自动循迹小车的设计

7.2.1 设计要求

(1) 自动寻迹小车从安全区域启动。

(2) 小车按指定路线运行，自动区分直线轨道和弯路轨道，在指定弯路处拐弯，实现灵活前进、转弯、倒退等功能。

(3) 小车完成指定运行任务后，自动返回出发起点，自动倒车、入库。

(4) 寻迹路线示意图如图 7.14 所示。

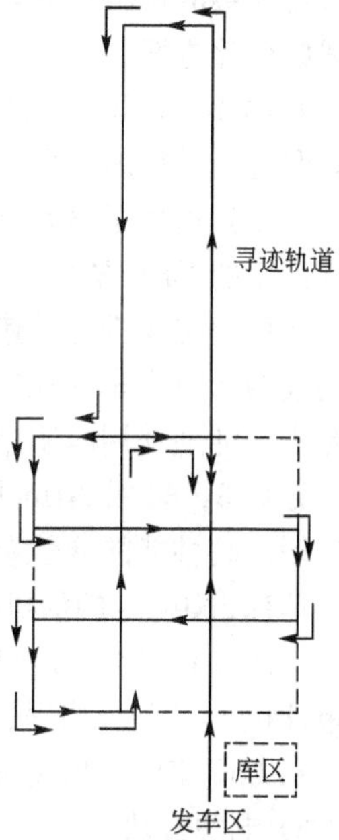

图 7.14 小车寻迹路线示意图

7.2.2 原理与模块方案分析

1. 小车循迹的原理

循迹是指小车在黑色地板上循白线行走，通常采取的方法是红外探测法。红外探测法即利用红外线在不同颜色的物体表面具有不同的反射性质的特点，在小车行驶过程中不断地向地面发射红外光，当红外光遇到白色纸质地板时发生漫反射，反射光被装在小车上的接收管接收；如果遇到黑线则红外光被吸收，小车上的接收管接收不到红外光。单片机就是根据是否收到反射回来的红外光来确定黑线的位置和小车的行走路线。红外探测器探测距离有限，一般最大不应超过 3cm。

2. 模块方案比较与论证

根据设计要求，本系统主要由控制器模块、电源模块、寻迹传感器模块、直流电机及其驱动模块、电压比较模块等模块构成。为较好地实现各模块的功能，分别设计了几种方案并分别进行了论证。

1) 车体设计

方案 1：购买玩具电动车。购买的玩具电动车具有组装完整的车架车轮、电机及其驱动电路。但是一般说来，玩具电动车具有如下缺点：首先，玩具电动车装配紧凑，安装所需传感器十分不方便；其次，玩具电动车一般都是前轮转向后轮驱动，不能适应该题目的方格地图，不能方便迅速地实现原地保持坐标转 90°甚至 180°的弯角；最后，玩具电动车的电机多为玩具直流电机，力矩小，空载转速快，负载性能差，不易调速。因此放弃此方案。

方案 2：自己制作电动车。经过反复考虑论证，制定了左右两轮分别驱动，后万向轮转向的方案。左右轮分别用两个转速和力矩基本完全相同的直流电机进行驱动，车体尾部装一个万向轮。这样，当两个直流电机转向相反同时转速相同时就可以实现电动车的原地旋转，可以轻松地实现小车坐标不变的 90°和 180°的转弯。

在安装时，保证两个驱动电机同轴。当小车前进时，左右两驱动轮与后万向轮形成了三点结构，这种结构在前进时比较平稳，可以避免出现后轮过低而使左右两驱动轮驱动力不够的情况。

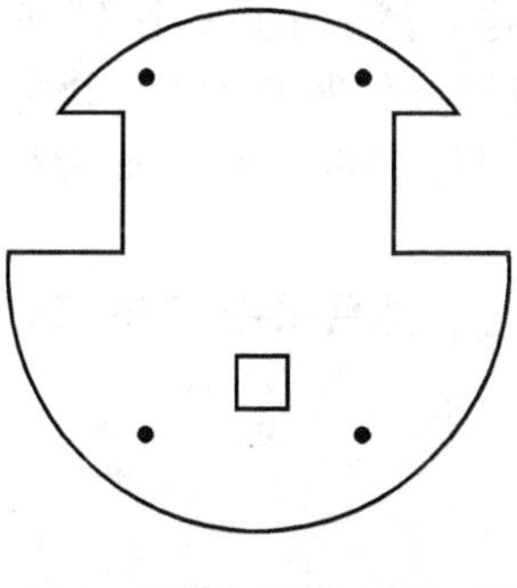
图 7.15 车体底盘图

对于车架材料的选择，经过比较选择了有机玻璃，比塑料车架更加牢固，比铁制小车更轻便、美观。

综上考虑，选择方案 2。车体底盘图如图 7.15 所示。

2) 控制器模块

方案 1：采用可编程逻辑器件 CPLD 作为控制器。CPLD 可以实现各种复杂的逻辑功能、规模大、密度高、体积小、稳定性高、I/O 资源丰富、易于进行功能扩展。采用并行的输入/输出方式提高了系统的处理速度，适合作为大规模控制系统的控制核心。但本系统不需要复杂的逻辑功能，对数据的处理速度的要求也不是非常高，且从使用及经济的角度考虑放弃此方案。

方案 2：采用凌阳公司的 16 位单片机，它是 16 位控制器，具有体积小、驱动能力高、集成度高、易扩展、可靠性高、功耗低、结构简单、中断处理能力强等特点，并且处理速度高，尤其适用于语音处理和识别等领域。但是当凌阳单片机应用语音处理和辨识时，由于其占用的 CPU 资源较多而使得凌阳单片机同时处理其他任务的速度和能力降低。

本系统主要进行寻迹运行的检测以及电机的控制。如果单纯地使用凌阳单片机，在语音播报的同时小车的控制容易出现不稳定的情况。从系统的稳定性和编程的简洁性考虑，放弃了单纯地使用凌阳单片机而考虑其他的方案。

方案 3：采用 Atmel 公司的 ATmaga32L 单片机作为主控制器。ATmaga32L 是一个低功耗、高性能的 8 位单片机，片内含 32KB 空间的可反复擦写 100000 次的 Flash 只读存储器，具有 2Kbytes 的随机存取数据存储器(RAM)、32 个 I/O 口、2 个 8 位可编程定时计数器、1 个 16 位可编程定时/计数器、四通道 PWM，内置 8 路 10 位 ADC。并且 ATmaga 系列的单片机可以在线编程、调试，方便地实现程序的下载与整机的调试。

从方便使用的角度考虑选择了方案 3。

3）电源模块

由于本系统需要电池供电，所以考虑了以下 3 种方案为系统供电。

方案 1：采用 10 节 1.5V 干电池供电，电压达到 15V，经 7812 稳压后给电机供电，然后将 12V 电压经 7805 后再次降压、稳压后给单片机系统和其他芯片供电。但干电池电量有限，使用大量的干电池给系统调试带来很大的不便，因此放弃了这种方案。

方案 2：采用 3 节 4.2V 可充电式锂电池串联共 12.6V 给直流电机供电，经过 7812 的电压变换后给支流电机供电，然后将 12V 电压再次降压、稳压后给单片机系统和其他芯片供电。锂电池的电量比较足，并且可以充电，重复利用，因此这种方案比较可行。但锂电池的价格过于昂贵，使用锂电池会大大超出项目的预算，因此放弃了这种方案。

方案 3：采用 12V 蓄电池为直流电机供电，将 12V 电压降压、稳压后给单片机系统和其他芯片供电。蓄电池具有较强的电流驱动能力以及稳定的电压输出性能。虽然蓄电池的体积过于庞大，在小型电动车上使用极为不方便，但由于车体设计留出了足够的空间，并且蓄电池的价格比较低。因此选择了此方案。

综上考虑，电源模块设计选择了方案 3。

4）稳压模块

方案 1：采用两片 7812 将电压稳压至 12V 后给直流电机供电，然后采用一片 7809 将电压稳定至 9V，最后经 7805 将电压稳定至 5V，给单片机系统和其他芯片供电。该方案中的 7809 和 7805 压降过大，使 7809 和 7805 消耗的功率过大，导致 7809 和 7805 发热量过大，因此，放弃了该方案。

方案 2：采用两片 7812 将电压稳压至 12V 后给直流电机供电，然后采用 2576 将电压稳至 5V。2576 的输出电流最大可至 3A，完全满足系统要求。

综上考虑，稳压模块设计选择了方案 2。

5）寻迹传感器模块

方案 1：采用光敏电阻组成光敏探测器。光敏电阻的阻值可以跟随周围环境光线的变化而变化。当光线照射到白线上面时，光线发射强烈，当光线照射到黑线上面时，光线发射较弱。因此光敏电阻在白线和黑线上方时，阻值会发生明显的变化。将阻值的变化值经过比较器就可以输出高低电平。该方案受光照影响很大，不能够稳定地工作。

方案 2：用红外发射管和接收管自行制作光电对管寻迹传感器。红外发射管发出红外线，当发出的红外线照射到白色的平面后反射，若红外接收管能接收到反射回的光线则检测出白线继而输出低电平，若接收不到发射管发出的光线则检测出黑线继而输出高电平。自行制作组装的寻迹传感器基本能够满足要求，但是工作不够稳定，且容易受外界光线的影响，因此放弃了该方案。

方案 3：用 RPR220 型光电对管。RPR220 是一种一体化反射型光电探测器，其发射器是一个砷化镓红外发光二极管，而接收器是一个高灵敏度硅平面光电三极管。它具有灵敏度高、体积小、受离散光的影响小等特点。当发光二极管发出的光反射回来时，三极管导通输出低电平，此光电对管调理电路简单，工作性能稳定。

综上考虑，寻迹传感器模块设计选择了方案 3。

6）电机模块

本系统为智能电动车，对于电动车来说，其驱动轮的驱动电机的选择十分重要。由于本系统要实现对路径的准确定位和精确测量，综合考虑了以下两种方案。

方案 1：采用步进电机作为该系统的驱动电机。由于其转过的角度可以精确的定位，可以实现小车前进路程和位置的精确定位。但步进电机的输出力矩较低，随转速的升高而下降，且在较高转速时会急剧下降，其转速较低，不适用于小车等有一定速度要求的系统。经综合比较考虑，放弃了此方案。

方案 2：采用直流减速电机。直流减速电机转动力矩大、体积小、质量轻、装配简单、使用方便，由于其内部由高速电动机提供原始动力，带动变速(减速)齿轮组，可以产生较大扭力。

所选用的直流电机减速比为 1∶74，减速后电机的转速为 100r/min。车轮直径为 6cm，因此小车的最大速度为

$$V=2\pi r\cdot v=\frac{2\times 3.14\times 0.03\times 100}{60}=0.314(\mathrm{m/s})$$

能够较好地满足系统的要求。因此选择了此方案。

7）电机驱动模块

方案 1：采用专用芯片 L298N 作为电机驱动芯片。L298N 是一个具有高电压大电流的全桥驱动芯片，它响应频率高，一片 L298N 可以分别控制两个直流电机，而且还带有控制使能端。使用该芯片作为电机驱动，操作方便，稳定性好，性能优良。

方案 2：对于直流电机用分立元件构成驱动电路。由分立元件构成电机驱动电路，结构简单，价格低廉，在实际中广泛应用。但是这种电路工作性能不够稳定。

因此电机驱动模块设计选用了方案 1。

8）最终整体方案

经过反复论证，最终确定了如下方案。

(1) 车体用有机玻璃车架手工制作。

(2) 采用 ATmaga32L 单片机作为主控制器。

(3) 用蓄电池经 7812 稳压后为直流电机供电，将 12V 电压经 2576 降压、稳压后为单

片机系统和其他芯片供电。

(4) 用 RPR220 型光电对管进行寻迹。

(5) 用 L298N 作为直流电机的驱动芯片。

系统的结构框图如图 7.16 所示。

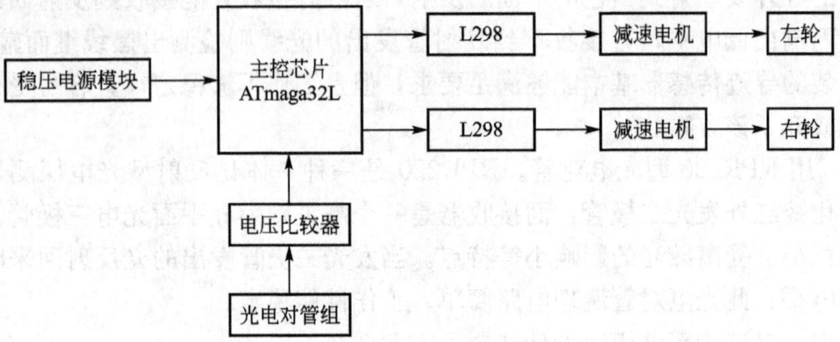

图 7.16 系统结构框图

7.2.3 硬件与软件设计

1. 硬件实现及单元电路设计

1) 微控制器模块的设计

采用 Atmel 公司的 ATmaga32L 单片机，不用烧写器而只用串口或者并口就可以往单片机中下载程序。

在开发过程中使用开发板，方便程序的调试和整机的测试，待系统调试完成后，将单片机从开发板上取下，安装在小车系统板的单片机座中，由于本次设计要求中，小车需要完成的任务比较简单，因此只在小车系统板的单片机系统中保留了晶振和复位电路，取消了 JTAG 编程口等冗余电路。

2) 光电检测电路的设计

设计并论证了两种光电对管检测及调理电路，电路原理图分别如图 7.17 和图 7.18 所示。

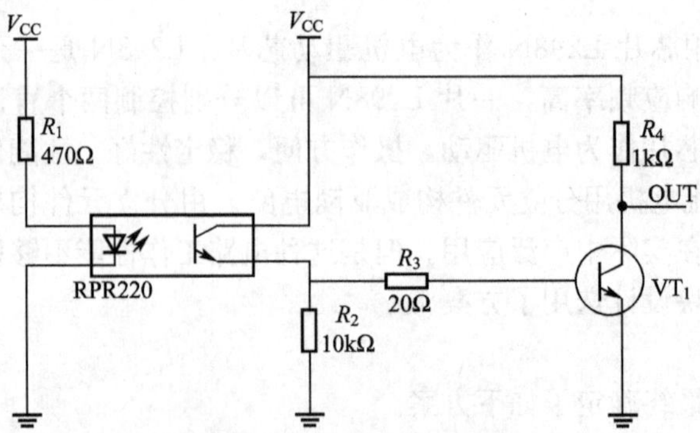

图 7.17 光电对管检测电路

在图 7.17 所示的电路中，R_1 起限流的作用，当有光反射回来时，光电对管中的三极管导通，R_2 的上端变为高电平，此时 VT_1 饱和导通，三极管集电极输出低电平。当没有光反射回来时，光电对管中的三极管不导通，VT_1 截止，其集电极输出高电平。经试验和示波器验证，该电路工作性能一般，输出含有杂散干扰波的成分。如果输出加施密特触发器就可以实现良好的输出波形，但是这种电路用电量比较大，给此种传感器调理电路供电的电池压降较快。

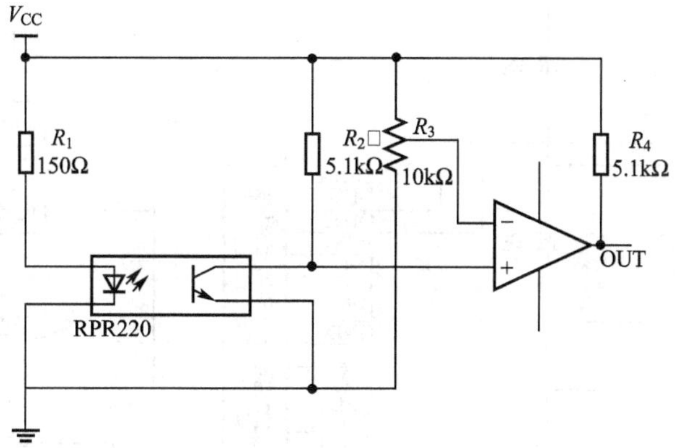

图 7.18　光电对管检测电路

在图 7.18 中，可调电阻 R_3 可以调节比较器的门限电压，经示波器观察，输出波形相当规则，可以直接供单片机查询使用。经试验验证给此电路供电的电池的压降较小。因此选择此电路作为传感器检测与调理电路。

3）寻迹光电对管的布局

考虑到设计要求，本次设计仅用对光电传感器就能完成设计要求，中间 4 对光电传感器用来校正小车的寻迹路线，保证小车运行的直线性。两侧的传感器用来检测小车过线，可以实现小车的转弯和小车走过的方格的计数。当车体中间通过白线时，小车在相应的坐标方向上加 1 计数。传感器的安装位置示意图如图 7.19 所示。车轮处的传感器记录小车的运行速度和里程数。

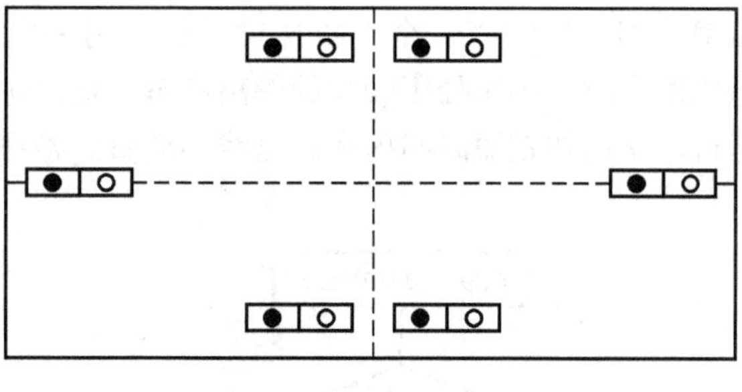

图 7.19　传感器安装位置示意图

4）电机驱动电路的设计

采用电机驱动芯片 L298N 作为电机驱动，驱动电路的设计如图 7.20 所示。

L298N 的 5、7、10、12 这 4 个引脚接到单片机上，通过对单片机的编程就可以实现两个直流电机的 PWM 调速以及正反转等功能，L298N 引脚说明可以查阅相关手册。

2. 软件实现

1）主程序流程图

系统主程序流程图如图 7.21 所示。

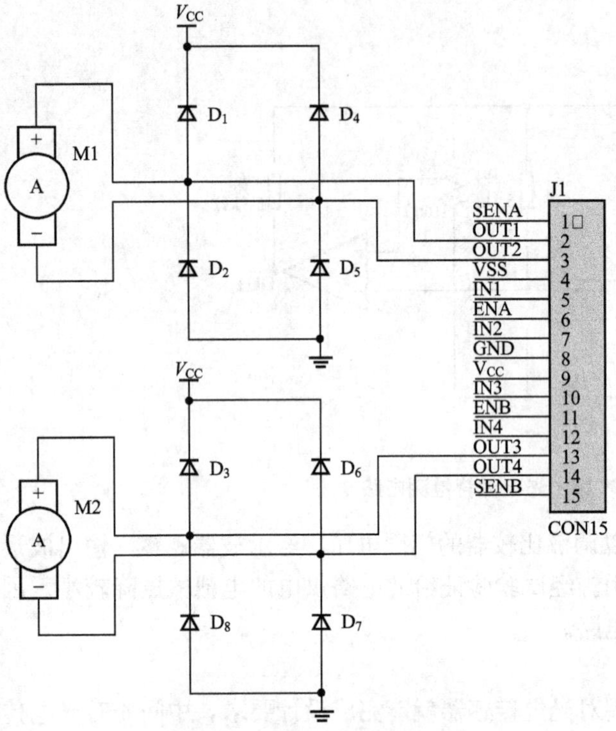

图 7.20　L298 与电机接线电路

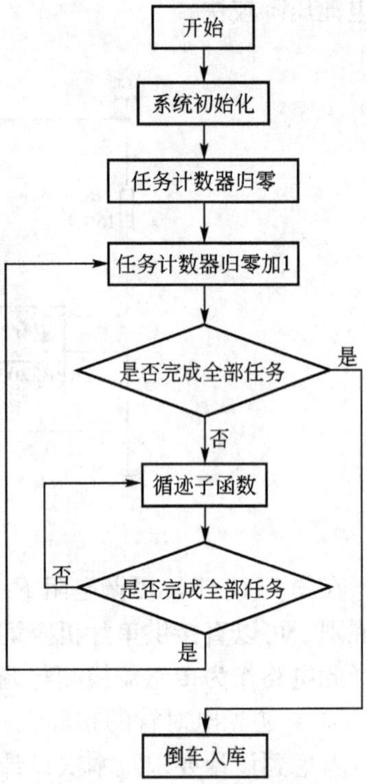

图 7.21　主程序流程图

2）传感器数据处理及寻迹程序流程

小车直线行进可分为 3 种状态，当中间 4 个传感器都检测到白线时，小车在跑道的正上方，这时控制两电机同速度全速运行；当检测到有一个传感器或者同侧的两个传感器偏出白线时，小车处于微偏状态，这时将一个电机速度调慢，另一电机速度调快，完成调整；当检测到有 3 个电机偏出时，小车处于较大的偏离状态，这时把一个电机的速度调至极低，另一电机全速运行，从而在较短时间内完成路线的调整。检测传感器子程序的流程图如图 7.22 所示。

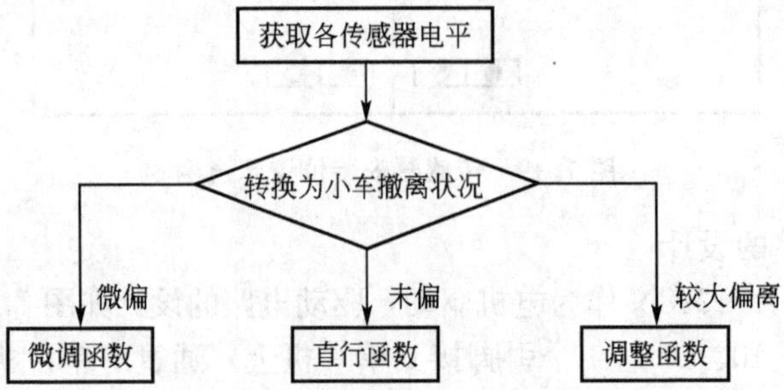

图 7.22　传感器信息处理子程序流程图

7.2.4　调试及总结

1. 系统功能测试

1）测试仪器及设备

测试仪器设备清单见表7-3。

表7-3　测试仪器设备清单

仪器名称	型号	用途	数量
PC机	联想	调试及下载程序	1
数字万用表	MASTECH	测量各电路工作情况	1
秒表		记录时间	1

2）功能测试

小车从启动区启动，走到第一列后竖直到底，然后返回场地中间的横向白线处，按照横向白线走到场地的尽头后转弯180°，返回启动区。所用时间总计28.666s。安全返回启动区后，自动倒车、入库。小车路线示意图如图7.23所示。

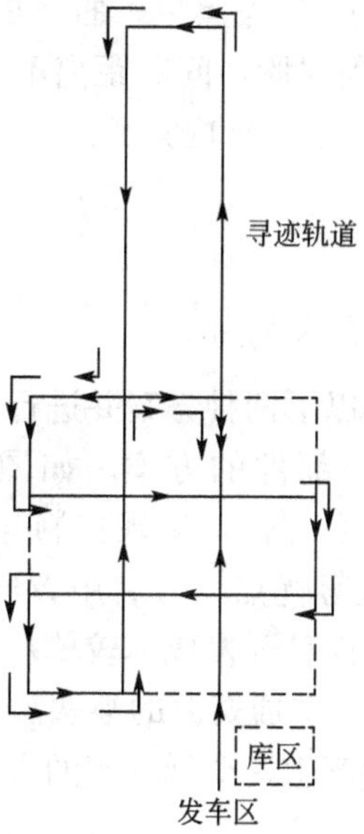

图7.23　小车路线示意图

测试表明，小车能够较好地完成设计要求。

7.3　悬挂运动控制系统的设计

7.3.1　任务及设计要求

1. 任务

设计一电机控制系统，控制物体在倾斜(仰角≤100°)的板上运动。

在一白色底板上固定两个滑轮，两只电机(固定在板上)通过穿过滑轮的吊绳控制一物体在板上运动，运动范围为80cm×100cm。物体的形状不限，质量大于100g。物体上固定有浅色画笔，以便运动时能在板上画出运动轨迹。板上标有间距为1cm的浅色坐标线(不同于画笔颜色)，左下角为直角坐标原点。

2. 要求

1) 基本要求

(1) 控制系统能够通过键盘或其他方式任意设定坐标点参数。

(2) 控制物体在80cm×100cm的范围内作自行设定的运动，运动轨迹长度不小于100cm，物体在运动时能够在板上画出运动轨迹，限300s内完成。

(3) 控制物体作圆心可任意设定、直径为50cm的圆周运动，限300s内完成。

(4) 物体从左下角坐标原点出发，在150s内到达设定的一个坐标点(两点间直线距离不小于40cm)。

2) 发挥部分

(1) 能够显示物体中画笔所在位置的坐标。

(2) 控制物体沿板上标出的任意曲线运动(图7.23)，曲线在测试时现场标出，线宽为1.5cm～1.8cm，总长度约50cm，颜色为黑色；曲线的前一部分是连续的，长约30cm；后一部分是两段总长约20cm的间断线段，间断距离不大于1cm；沿连续曲线运动限定在200s内完成，沿间断曲线运动限定在300s内完成。

7.3.2 方案论证与比较

1. 总体方案论证

根据题目的具体要求，拟定了以下两种方案并进行了综合的比较论证。

方案1：采用CPLD作为核心部件的方案。如图7.24所示，选用一片CPLD(如EPM7128LC84-15)作为系统的核心部件，实现控制与处理的功能。CPLD具有速度快、编程容易、资源丰富、开发周期短等优点，可利用VHDL语言进行编写开发。但CPLD在控制上较单片机有较大的劣势，而且开发成本较单片机高。此外，此系统的运动速度要求不高，CPLD的处理速度非常快，造成资源的浪费。并且采用该方案必将在控制上遇到许许多多不必要增加的难题，例如产生一个低频率的方波信号(用于控制步进电机)等。为此，放弃了此方案。

方案2：采用单片机作为核心部件的方案。如图7.25所示，采用单片机作为整个系统的核心，用其控制物体的行动轨迹，以实现其既定的性能指标。通过充分分析此系统可知，实现本系统的关键在于运动方程式的建立、电机控制以及光电传感器的检测与识别。其中电机控制以及光电传感器的检测与识别是典型的控制问题，采用可以进行位操作的单片机是十分理想的选择。而实现算法所需要的乘除法、平方、开根号等运算，对于实时性要求不高的系统来说，单片机完全能够胜任。另外，单片机还具有价格低廉、开发周期短、接口丰富等优势。因此采用了此方案。

2. 单片机的选型

根据控制要求，本系统具有以下特点：多开关量输入，需要较大存储空间，不需要

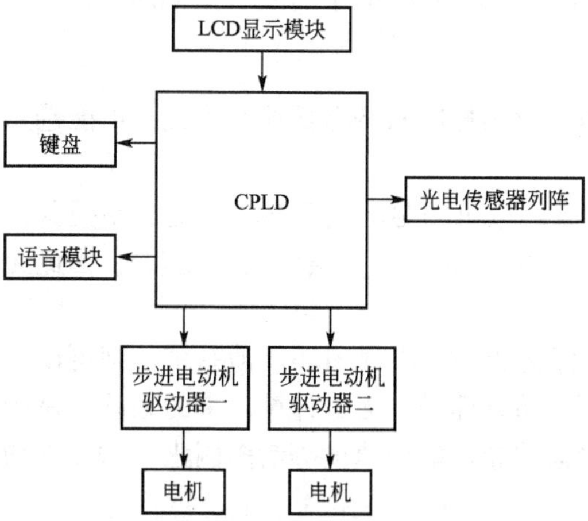

图 7.24　以 CPLD 为核心的系统框图

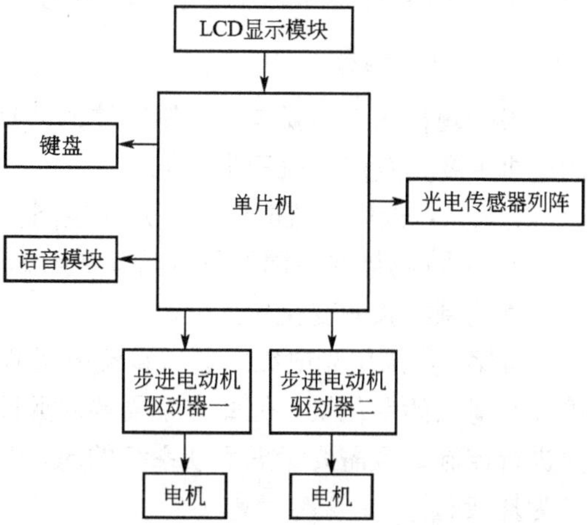

图 7.25　以单片机为核心的系统框图

D/A、A/D 功能。根据分析选定 AT89C52 单片机作为主控装置可以满足要求。52 系列单片机具有功能强大的位操作指令，I/O 口均可按位寻址，程序空间多达 8KB，并且价格非常低廉。

考虑到寻线系统复杂性，多路数字传感器输入，多路开关输入，两台步进电机的控制，再加上 RAM、显示器、键盘、语音播报模块，一片 89C52 单片机的 I/O 口远远不够，为此采用 3 片单片机，分别负责电机的控制、输入/输出设备的控制以及信息处理。

3. 存储器电路的选型

所设计的算法是先生成运动轨迹的坐标信息，然后再驱动步进电机按坐标信息运动。每个点需要存储两路(X、Y)信息，每路信息用两个字节，高字节存储整数(精确度为 cm)、低字节存储小数 (精确度为 mm)，如此可将取点精确度提高到 mm 级，比设计要求高一个数量级。因此，一个点需要 4 个字节的存储空间。如要提高曲线的圆滑程度，提高取点精度是一个有效的方法。设定物体运动的最远距离为 200cm，取点精度为 0.5cm 一个点，则需要存储 1000 个点，即需要 4KB 的存储空间。89C52 单片机的数据存储空间为 256 字节，只能存储 64 个点，远远达不到设计要求。因此，需要外扩一个 8KB 的静态存储器，为数据提供足够的存储信息。

4. 键盘与显示电路的选型

1) 键盘电路的选型

由于本次设计要求输入悬挂物体的坐标参数，再加上人机交互界面的设计，要求有较多的按键，所以采用 3×3 键盘，通过扫描方式控制。

2) 显示电路的选型

配合单片机使用的显示电路较常见的是数码管和液晶显示器。虽然数码管显示明亮且造价低，但其只能显示数字，经过考虑选用点阵型液晶显示器 CO0411(128×64)作为显示部件。

5. 电源电路的选型

本设计选用的单片机和光电传感器电路需要 5V 电压工作，步进电机需要 9V 电压工作，自制电源电路设置了两路 9V、一路 5V 输出。由于步进电机正常运转需要 600mA 电流，小于 78 系列稳压芯片的最大输出电流(1A)，故电压转换电路采用 78 系列芯片。

6. 电机的选型

根据题目的设计要求，控制物体的移动可以转化为控制两条绳长的变化量，可能选用的电机主要是直流电机和步进电机。

方案 1：选用直流电机进行开环控制。由于直流电机的驱动电压与转速的关系受其负载影响很大(物体在不同的位置与其产生的对电机的拉力是一个复杂的函数关系)，因此无法精确控制绳长的变化量。

方案 2：采用光电编码器对直流电机测速，即构成一个测速闭环反馈系统，则可以精确控制绳长的变化量，但此方案需要对此闭环反馈系统建模，通过计算出来的系统传递函数进行控制，且需要考虑反馈系统的超调量、稳态误差、响应速度等诸多因素，软硬件均较为复杂。

方案 3：利用步进电机构成开环系统进行控制。虽然开环系统无抗干扰能力，存在累计误差，精度不高，但其结构简单、成本低、稳定性好，容易实现。如果此系统的精度可以满足设计要求，则此方案较为理想。为此，先进行简单的论证。

证明：

(1) 判断两绳在竖直方向上不同两点的受力规律。

如图 7.26 所示，可知 $\begin{cases} F_1 \cdot \cos\theta_1 = F_2 \cdot \cos\theta_2 \cdots & (7-1) \\ F_1 \cdot \sin\theta_1 + F_2 \cdot \sin\theta_2 = G \cdots & (7-2) \end{cases}$

如图 7.27 所示，根据式(7-1)可知物体自下而上运动时，

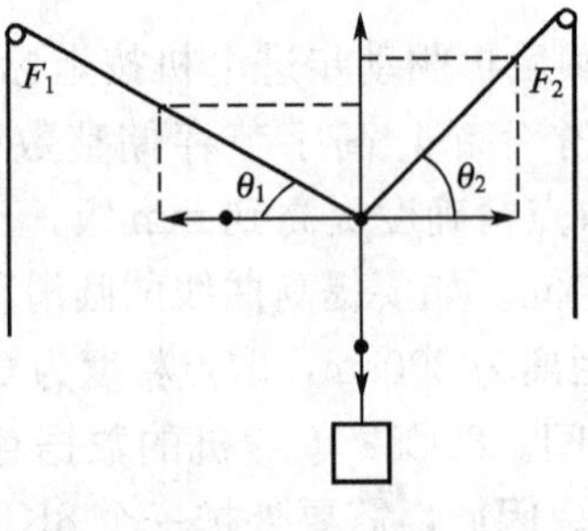

图 7.26 受力分析图

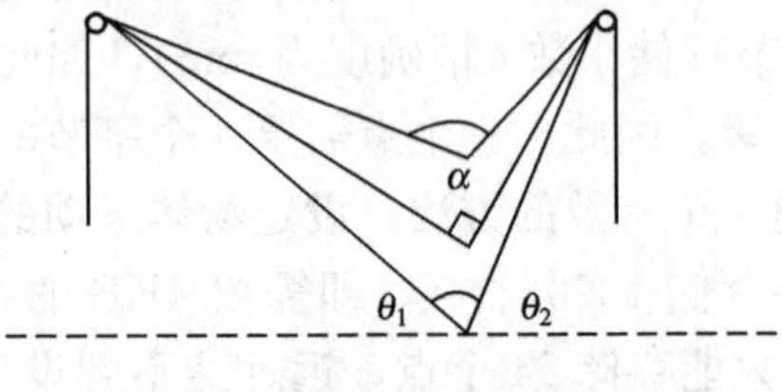

图 7.27 垂直方向各点力的比较

因为 θ_1、θ_2 单调递减，且 $0° < \theta_1 < 90°$，$0° < \theta_2 < 90°$。

所以 $\cos\theta_1$、$\cos\theta_2$ 单调递增。

所以 F_1、F_2 变化规律相同。

根据式(7-2)可知物体自下而上运动时，

因为 θ_1、θ_2 单调递减，且 $0° < \theta_1 < 90°$，$0° < \theta_2 < 90°$。

所以 $\sin\theta_1$、$\sin\theta_2$ 单调递减。

又因为 F_1、F_2 变化规律相同。

所以 F_1、F_2 单调递增，即竖直方向上随着物体的上升，两条绳子的拉力均变大。

所以可以判断，两绳在最高的一条坐标线上的拉力最大。

(2) 判断两绳在水平方向上两点的运动规律。

如图 7.28 所示，由式(7-1)、式(7-2)可求得

$$\begin{cases} F_1 = G \cdot \cos\theta_2 / \sin(\theta_1 + \theta_2) \\ F_2 = G \cdot \cos\theta_1 / \sin(\theta_1 + \theta_2) \end{cases}$$

因为 F_1、F_2 变化规律相同。

所以在这里只研究 F_1 即可。

根据 F_1 所满足的力学方程式可得，物体在中点时 F_1 为最大，同理可得，物体在中点时 F_2 亦为最大。

故要计算物体在坐标系内运动时电机所需要的最大静力矩，只需按坐标为(55，100)时计算。

G 为重物的重力，实测重物的质量为 300g，则 $G=2.94$N，如图 7.29 所示。

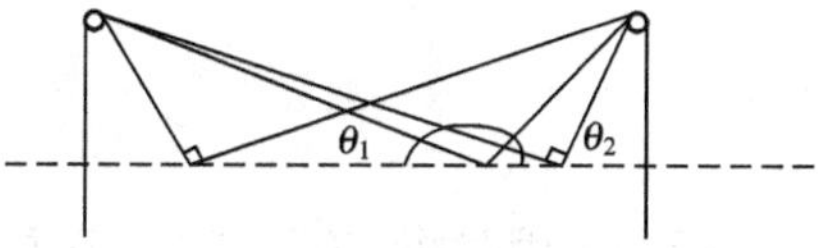

图 7.28　水平方向各点力的比较

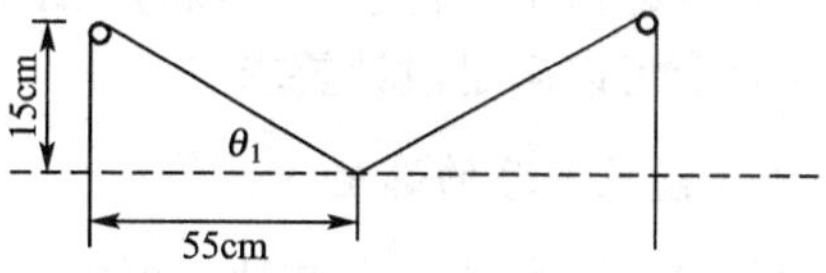

图 7.29　电机最大静力矩受力

所以 $F_1=F_2=G/\sin\theta_1=11.72$N。

电机转轴半径为 2.5cm。

电机所需的最大静力矩为

$$2.5\times0.3=0.75(\text{kg}\cdot\text{cm})$$

(3) 判断电机的精度是否满足要求。

根据题目设计要求，坐标分辨率为 1cm，如移动最小分辨率 n 为 0.1cm，则完全可以满足题目要求的精度(误差小于 4cm)，设电机转轴半径 r 为 5cm，则步进电机步进角 $\Delta\varphi=360°\times n/r=7.2°$

考虑到系统设计的实用性和与电机驱动芯片(L298)的匹配，计划选用低压、低电流的小型步进电机，经过选择，决定采用 39BYGB6410，其电压为 6V，电流为 600mA，静力矩为 2.5kg·cm，步进角为 1.8°。可见，电机的静力矩与步进角满足设计要求，消耗功率也较小，故采用此款步进电机较为适合。

7. 步进电机驱动电路的选型

步进电机选用的是 39BYGB6410 型，工作电压为 6V，电流为 600mA 。选用步进电机驱动芯片 L298，其最大输入电压为 45V、最大输出电流为 2A，完全满足步进电机的需求。另外，该驱动芯片仅需外接少量的去耦电容以及保护二极管，稳定性好。其输入控制端与信号端为 TTL 电平，与单片机电平兼容，十分方便。

8. 光电传感器的选型

红外探测器以其发射功率大、抗干扰能力强等特点而在工业生产中有着广泛的应用，红外探测器按其工作模式可大致分为主动式与被动式，主动式红外探测器自带红外光源，通过对光源的遮挡、反射、折射等光学手段可以完成对被探测物体位置的判别；被动式红外探测器本身没有光源，通过接受被探测物体的特征光谱辐射来测量被探测物的位置、温度或进行红外成像。在本题中要利用红外探测器检测黑白两种不同的灰度，显然选用主动式红外传感器比较合适，系统的造价可以降低、可靠性可以提高。

主动式红外传感器又可分为分立元件型、透射遮挡型和反射型。分立元件型发光管与接收管相互独立，用户在使用时可以根据需要灵活地设定发光管与接受管的位置，并可利用棱镜、透镜等完成特殊的目的，缺点是装置麻烦；透射遮挡型和反射型通过塑料模具将发光管与接收管封装在一起，非常方便用户使用。在本题中“巡线传感器”选用检测用反射型。

主动式红外探测器常用的驱动方式可分为直流直接驱动方式和交流调制方式，直流直接驱动方式装置简单但检测距离和抗干扰能力都比较差；交流调制方式由于采用交流耦合方式解决了放大器的直流漂移问题，从而可以大大提高检测的距离，同时由于环境光产生的干扰多数情况是信号的直流或低频分量，可以由滤波器加以隔绝，因此交流调制方式抗干扰能力也比较强，缺点是系统相对复杂。

考虑到本题目中，传感器的放置距纸面仅 1～2mm 且光干扰较小，所以选用直流直接驱动方式完全可以满足设计要求。

9. 语音播报电路的选型

选用 ISD4000 集成语音芯片，可以提供 60s 录放音，应用时将“0”～“9”等语音录进芯片，放音时用单片机控制语音芯片以实现播报坐标。

7.3.3 硬件与软件设计

1. 硬件电路设计

1）系统原理框图

针对题目设计要求，受计算机组成结构的启发，用模块化思想对系统进行总体设计。该系统分为 4 个部分：输入输出模块、主控模块、传感器与信息处理模块、执行模块。系统硬件结构如图 7.30 所示。

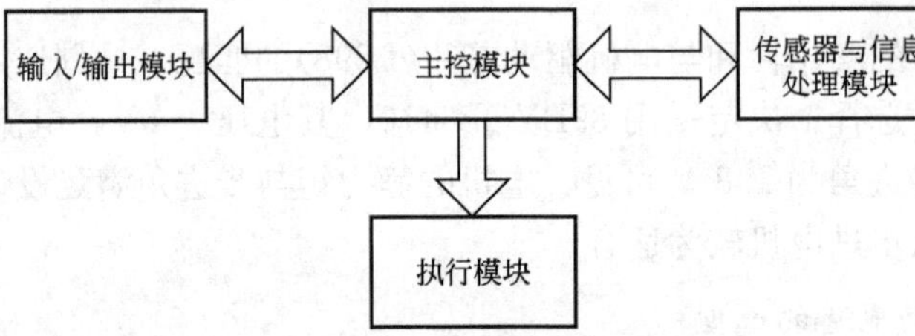

图 7.30 各功能模块示意图

系统总原理框图如图 7.31 所示。

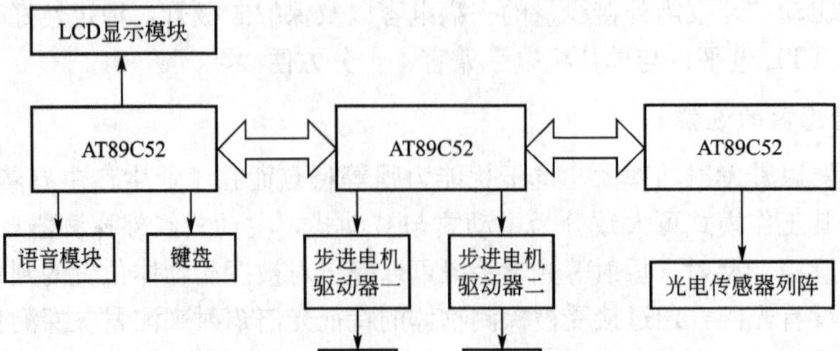

图 7.31 系统总原理框图

2）路面引导黑线检测模块的设计

采用 7 对红外对管，安装于重物笔尖周围，除中央位置的对管外，其余 6 对分布在半径为 1.2cm 圆周上，间距为 1.2cm，如图 7.32 所示。当对管工作时红外线照射到纸面发生反射，由于黑线和白纸反射系数不同，因而可根据接收到的反射光强弱检验重物是否走偏，并将信息实时送给单片机，单片机就会发出控制信号对小车进行位置调整。发射接收的具体电路如图 7.33 所示。

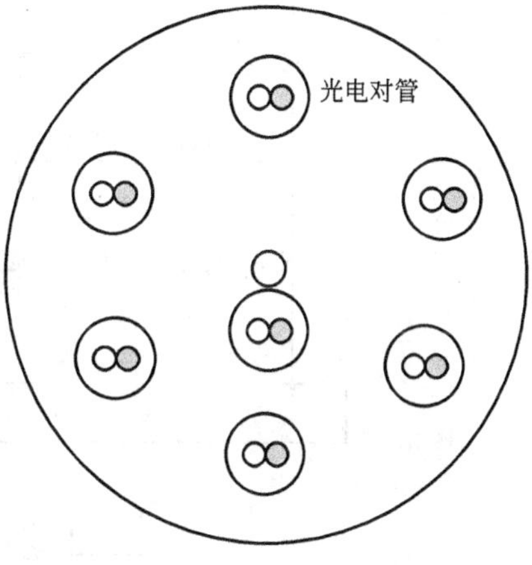

图 7.32　传感器分布图

红外发光二极管的导通压降为 1V，这里用 7 对红外对管，为了简化连线，可以将 7 个红外发光二极管并联。经测定，工作电流在 18mA 时，红外发光二极管的灵敏度、稳定性都较好，则 7 个红外发光二极管的总工作电流为 126mA，则电阻的取值为 $R=(5-1)\times10^3/126=31.74(\Omega)$。这里用一个可调电阻器替换固定电阻，便于调整发射功率，改变发光二极管的灵敏度。

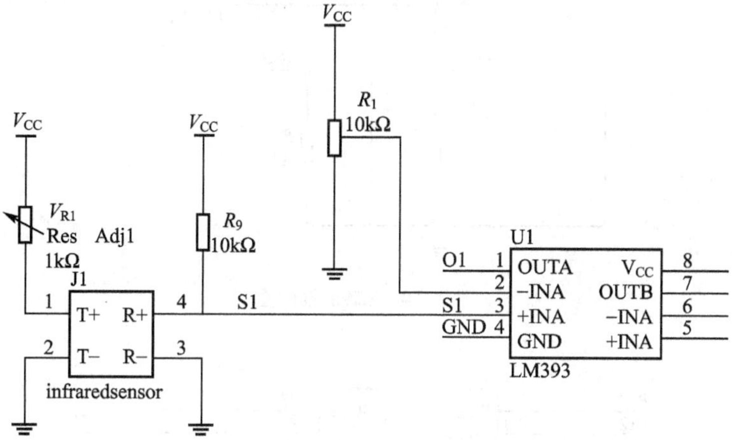

图 7.33　光电检测电路

实验数据表明，不同的对管其灵敏度也不同，那么在设计电路时，必须分别给每个对管设定不同的门限，以调节门限，从而实现小车的自动寻道控制。

3）步进电机驱动电路设计与参数计算

步进电机驱动采用 L298 专用驱动芯片，其电路原理图如图 7.34 所示。

4）语音模块的设计

采用 ISD4000 可提供 20 秒录放音，其电路如图 7.35 所示。

2. 系统软件设计

系统程序流程图如图 7.36 所示。

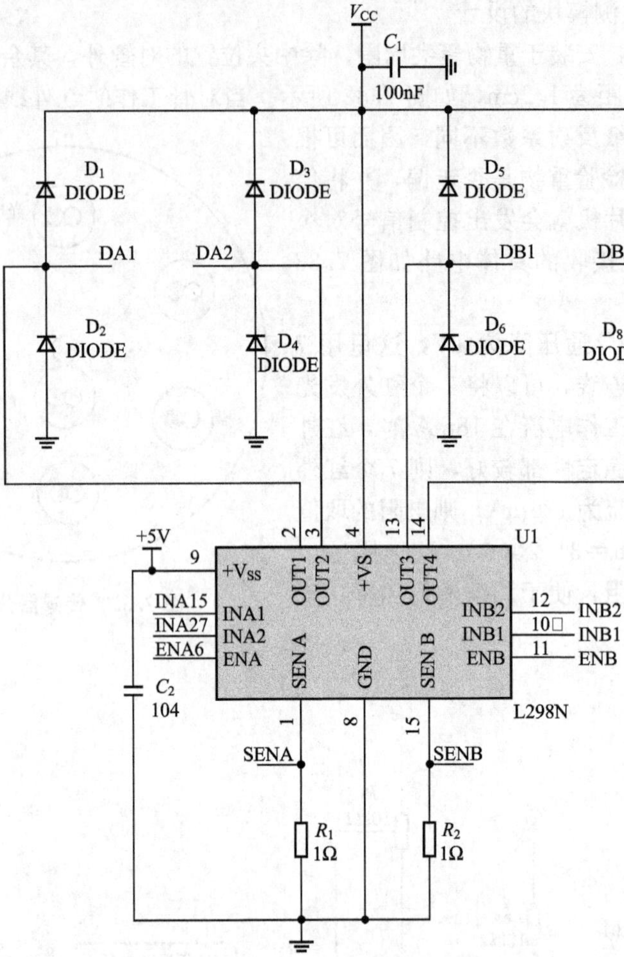

图 7.34　L298 原理图

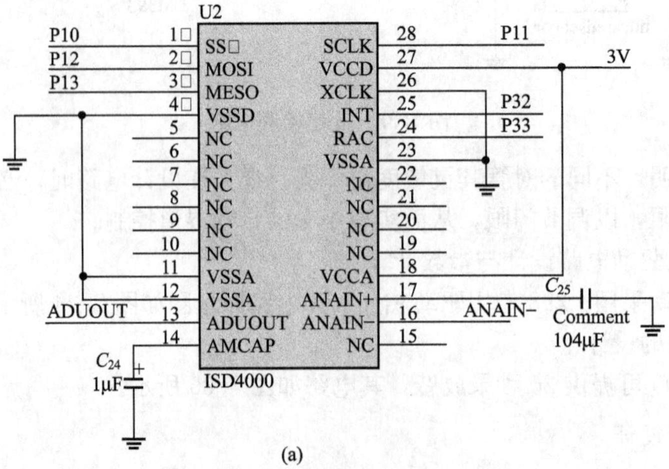

图 7.35　语音模块电路图

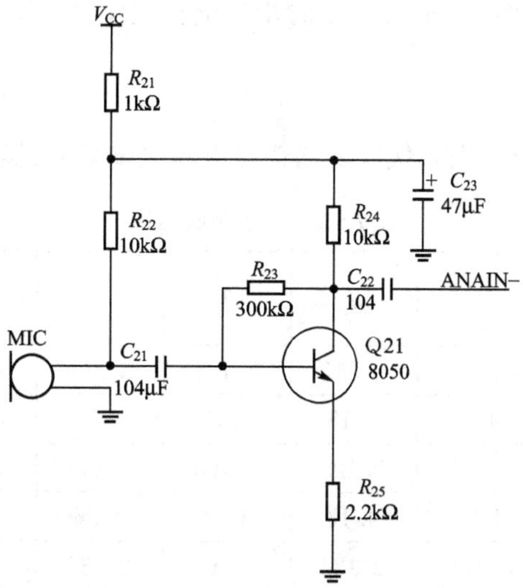

(b)

图 7.35 语音模块电路图(续)

(a) ISD4000 外围电路；(b) 功放电路

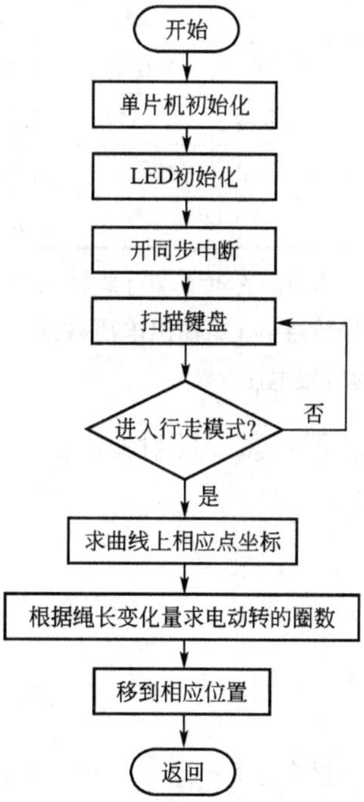

图 7.36 系统程序流程图

7.3.4 系统调试

1. 系统调试

1) 步进电机的调试

通过改变输入信号的频率调整步进电机的速度，步进电机的频率范围为 78.5～

312.25Hz。经测试，当频率为156.25Hz时步进电机工作最为平稳。

2）光电传感器的调试

具体设计过程如下。

发射电路恒以5V电压发射，接收电路输出电压测试结果见表7-4。

表7-4　电压测试结果　　单位：V

输出电压 \ 传感器序号		1	2	3	4	5	6	7
第一组	白 i1	2.4	2.310	2.165	2.140	2.226	2.132	2.125
	黑 i1	4.2	4.18	4.72	4.22	3.998	4190	4.180
第二组	白 i2	2.155	2.125	2.166	2.142	2.223	2.134	2.122
	黑 i2	4.26	4.17	4.73	4.26	3.998	4.194	4.174
第三组	白 i3	2.146	2.134	2.163	2.138	2.227	2.129	2.128
	黑 i3	4.252	4.186	4.700	4.211	3.999	4.187	4.183
第四组	白 i4	2.143	2.126	2.167	2.147	2.219	2.135	2.121
	黑 i4	4.248	4.173	4.730	4.220	3.989	4.197	4.171
第五组	白 i5	2.150	2.131	2.161	2.138	2.232	2.127	2.139
	黑 i5	4.255	4.182	4.680	4.210	4.001	4.183	4.185
白 ij(均)＝∑白 ij/5		2.209	2.1298	2.1644	2.141	2.2254	2.1314	2.125
黑 ij(均)＝∑黑 ij/5		4.253	4.1792	4.712	4.2144	3.996	4.1902	4.1786
门限电压		3.5						

注释：(1) 黑 ij(均)：路面引导黑线反射 i 号传感器 j 组输出电压数据。

(2) 白 ij(均)：白纸反射 i 号传感器 j 组输出电压数据。

(3) 门 i：i 号传感器选取的门限电压。

门限电压的选取原则：使比较器对黑线反射输出高电平，白纸反射输出低电平。

2. 系统测试

1）测试仪器

秒表、卷尺等。

2）“设置坐标参数”功能测试

经测试，该项功能正常。

3）“沿自设轨迹运动”功能测试(表7-5)

表7-5　“沿自设轨迹运动”功能测试表

次数	吻合程度	时间/s	次数	吻合程度	时间/s
1	好	50	3	好	51
2	好	50.4	4	好	49.7

4）“画圆”功能测试(表7-6)

曲线较为平滑，斜率较大时会出现轻微颤抖，但可以通过算法修正。

表 7-6 "画圆"功能测试表

次数	半径	时间/s	吻合程度
1	50	36	好
2	50	35.8	好
3	50	36.6	好
4	50	37	好

5) "到达自定坐标点"功能测试(表 7-7)

表 7-7 "到达自定坐标点"功能测试表

次数	理论值	实际值	误差	时间/s
1	100	100.7	0.7	20
2	100	99	1	21
3	100	99.5	0.5	20.7
4	100	100.1	0.1	20

7.4 模拟路灯控制系统

7.4.1 控制要求

设计并制作一套模拟路灯控制系统。控制系统结构示意图如图 7.37 所示，路灯布置示意图如图 7.38 所示。

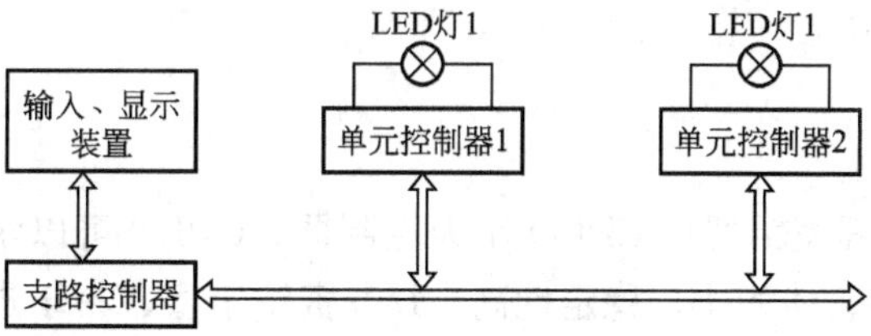

图 7.37 路灯控制系统示意图

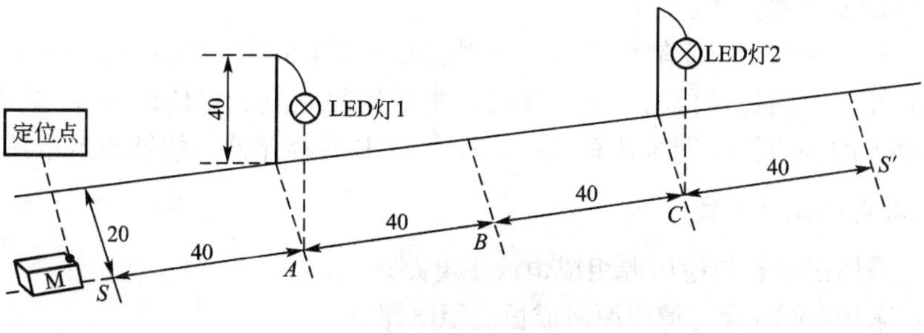

图 7.38 路灯布置示意图(单位：cm)

1. 基本要求

(1) 支路控制器有时钟功能，能设定、显示开关灯时间，并控制整条支路按时开灯和关灯。

(2) 支路控制器应能根据环境明暗变化，自动开灯和关灯。

(3) 支路控制器应能根据交通情况自动调节亮灯状态：当可移动物体 M(在物体前端标出定位点，由定位点确定物体位置)由左至右到达 S 点时(图 7.38)，灯 1 亮；当物体 M 到达 B 点时，灯 1 灭，灯 2 亮；若物体 M 由右至左移动时，则亮灯次序与上相反。

(4) 支路控制器能分别独立控制每只路灯的开灯和关灯时间。

(5) 当路灯出现故障时(灯不亮)，支路控制器应发出声光报警信号，并显示有故障路灯的地址编号。

2. 发挥部分

(1) 自制单元控制器中的 LED 灯恒流驱动电源。

(2) 单元控制器具有调光功能，路灯驱动电源输出功率能在规定时间按设定要求自动减小，该功率应能在 20%～100%范围设定并调节，调节误差≤2%。

(3) 其他(性价比等)。

3. 说明

(1) 光源采用 1 W 的 LED 灯，LED 的类型不作限定。

(2) 自制的 LED 驱动电源不得使用产品模块。

(3) 自制的 LED 驱动电源输出端需留有电流、电压测量点。

(4) 系统中不得采用接触式传感器。

(5) 本要求(3)需测定可移动物体 M 上定位点与过“亮灯状态变换点”(S、B、S'等点)垂线间的距离，要求该距离≤2cm。

7.4.2 系统方案的确定

1. 控制器的选择

方案 1：采用可编程逻辑器件 CPLD 作为控制器。CPLD 可以实现各种复杂的逻辑功能，其规模大、密度高、体积小、稳定性高、I/O 资源丰富、易于进行功能扩展。它采用并行的输入/输出方式，提高了系统的处理速度，适合作为大规模控制系统的控制核心。但本系统不需要复杂的逻辑功能，对数据的处理速度的要求也不是非常高，并且从使用及经济的角度考虑放弃此方案。

方案 2：采用 STC89C52 单片机作为控制核心。STC89C52 单片机是宏晶科技推出的新一代超强抗干扰、高速、低功耗的单片机，指令代码完全兼容传统 8051 单片机，12 时钟机器周期和 6 时钟机器周期可任意选择，具有 8KB 的存储器，能够满足本系统要求。

2. 恒流源电路设计方案

方案 1：采用三极管与稳压源组成恒流源电路。

方案 2：采用 MOS 管与稳压源组成恒流源电路。

经过设计、分析发现，使用 MOS 管线性差，实现精确控制比较困难，因此选择方案

1。单片机输出调节的数字信号，通过数模转换器转换成模拟电压，再通过三极管放大电路调节功率三极管的基极电流，从而调节恒流源的输出电流，改变LED灯的发光强度。

3. 车辆位置检测方案

方案1：采用多普勒传感器搭建位置检测电路。多普勒传感器抗干扰能力强，不受温度、噪声、气流、尘埃、光线等影响，适合恶劣环境，并且检测范围比较宽，能够检测一片区域内任何物体的移动，灵敏度高。通过传感器调理电路把检测信号送入单片机进行处理，可以实现位置的检测。

方案2：采用接近开关，把接近开关装在路的下面，当有车辆通过时，接近开关检测到有物体存在，输出信号送给单片机完成检测任务。

方案3：采用对射式光电传感器完成位置检测。在马路的两侧装上对射式光电传感器，当有车辆通过时，装在马路两侧的光电管检测到信号。

对以上3种方案进行比较，方案1因为时间原因，多普勒传感器器件难以购得，且价格较贵。方案2检测的范围比较窄，灵敏度低，并且只能检测铁质物体。采用方案3检测精度高、灵敏度高，并且能够检测任何材质的物体，可以满足系统的要求。

4. 环境识别电路

方案1：采用光敏三极管组成的感光电路。

方案2：采用光敏二极管组成的感光电路。

方案3：采用光敏电阻组成的感光电路。

综合比较上述方案，光敏电阻价格低廉，在调整方面，精度也满足设计要求，故选择方案3。

5. 显示电路

方案1：采用点阵字符型LCD液晶显示，可以显示数字与阿拉伯字母等字符，随着半导体技术的发展，LCD的液晶显示越来越广泛地应用于各种显示场合。

方案2：采用8位共阴极LED数码管进行显示，外接74HC240作为数码管的驱动电路，每片驱动4个LED数码管。

比较这两种方案，数码管价格便宜，发光强度大，符合本系统的要求。

6. 时钟电路

本系统时钟功能采用时钟芯片DS1302。DS1302接口简单、价格低廉、高性能、低功耗，它可以对年、月、日、周日、时、分、秒进行计时，具有闰年补偿功能，工作电压为2.5～5.5V。采用3线接口与CPU进行同步通信，并可采用突发方式一次传送多个字节的时钟信号或RAM数据；带有主电源后备电源双电源引脚，同时提供了对后备电源进行涓细电流充电的能力。

综上确定了整个系统的方案，系统组成框图如图7.39所示。

7.4.3　原理分析及各部分硬件电路图

模拟路灯控制系统单片机外围电路主要包括车辆位置检测、灯光调整电路、时钟显示、故障报警等，下面分别对所设计电路原理进行分析。

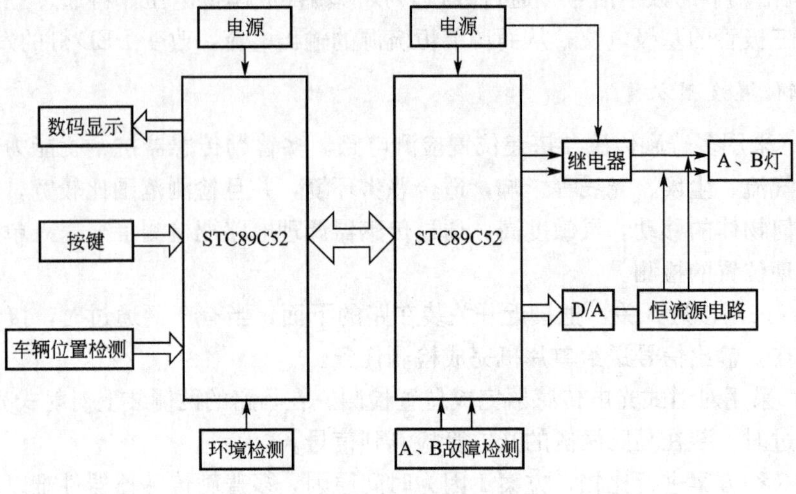

图 7.39　系统组成框图

1. STC89C52 最小系统

单片机最小系统包括电源电路、时钟振荡电路、复位电路，如图 7.40 所示。由于 P0 口输出驱动能力不够，因此外接上拉电阻可提高 P0 口的带负载能力；在单片机的电源和地之间接一个退耦电容，可提高单片机的抗干扰性能；单片机的时钟频率为 11.0592MHz。

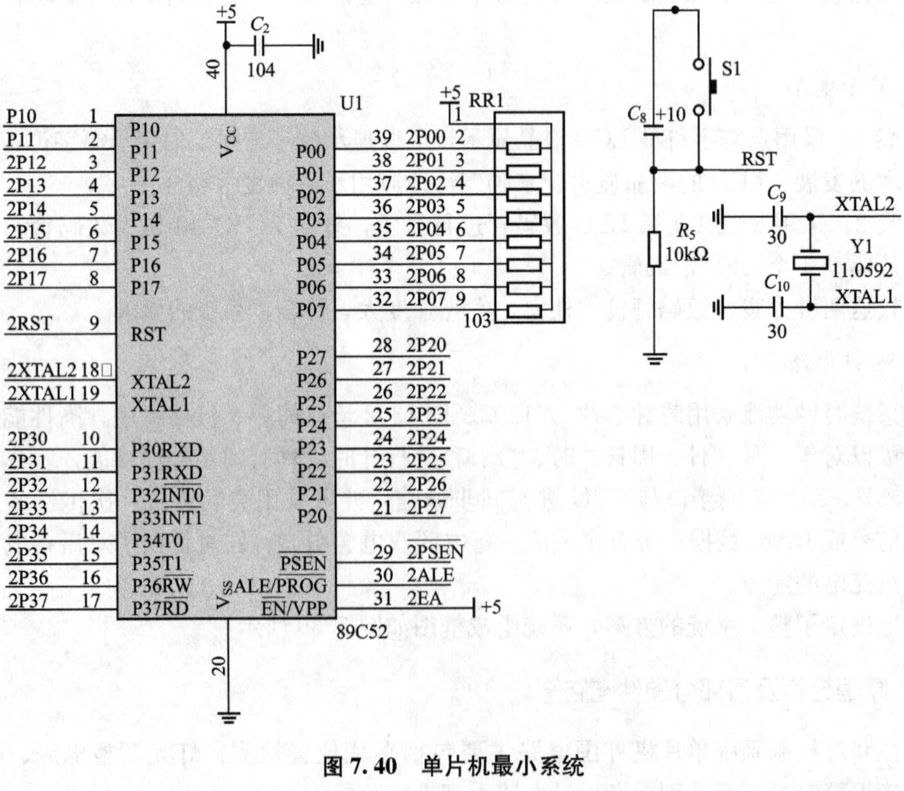

图 7.40　单片机最小系统

2. 车辆位置检测电路

车辆位置检测电路如图 7.41 所示。J7、J9、J11 接对射式光电传感器的发射端，J8、J10、J12 接对射式光电传感器的接收端。

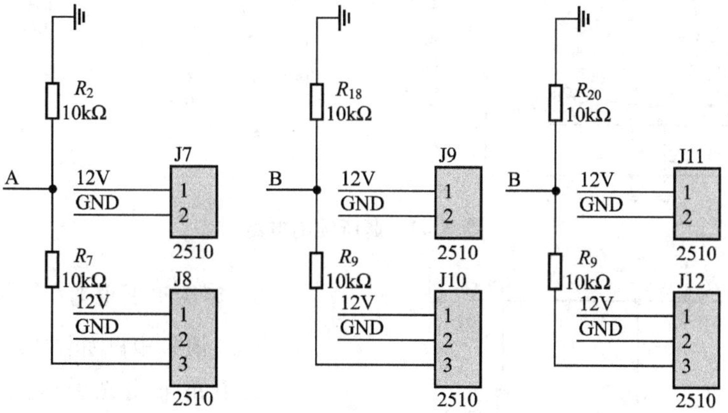

图 7.41　车辆位置检测电路

3. 恒流源调光电路

压控恒流源是系统的重要组成部分，它的功能是用电压来控制电流的变化，由于系统对输出电流大小和精度的要求比较高，所以选好压控恒流源电路特别重要，其电路图如图 7.42 所示。

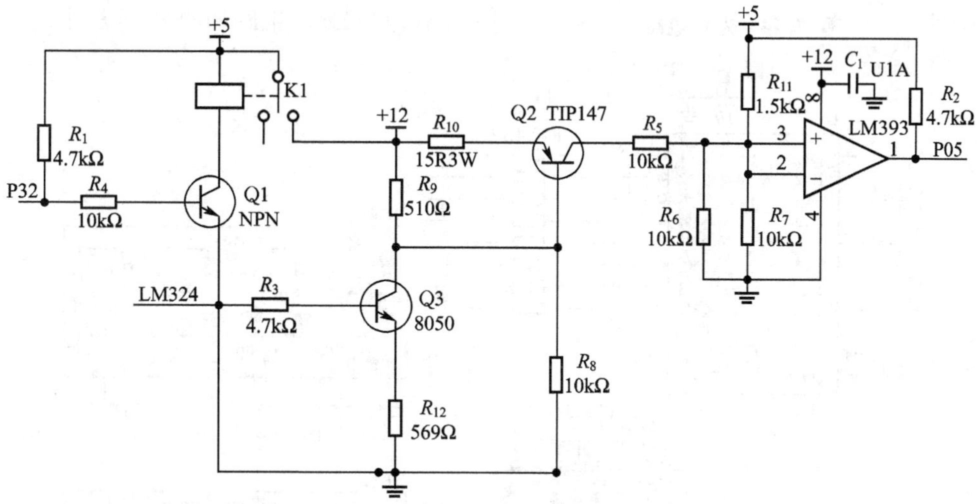

图 7.42　恒流调节电路

4. 调压控制电路

该调压电路采用 DAC0832 数模转换芯片，后端采用 LM324 两级放大，提高电压调整幅度，电路图如图 7.43 所示。

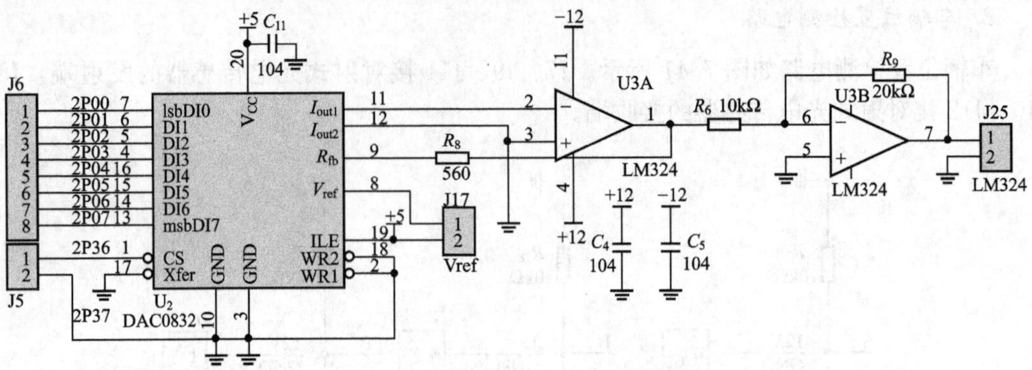

图 7.43 调压控制电路

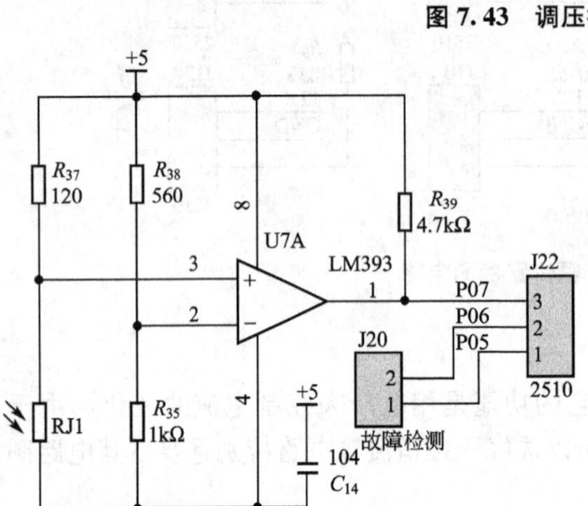

图 7.44 光敏电路

5. 环境识别电路

环境识别电路如图 7.44 所示。

此电路采用光敏电阻作为光检测元件，当有光照时光敏电阻的阻值较小，通过跟一个 120 欧电阻分压产生一个检测电平，此电平和一个阈值电平相比较，产生输出信号。阈值电压通过一个 560 欧电阻和 1KB 电阻产生，比较输出信号送给单片机，从而完成光线强弱的检测。

6. 数码显示电路

数码显示电路如图 7.45 所示。

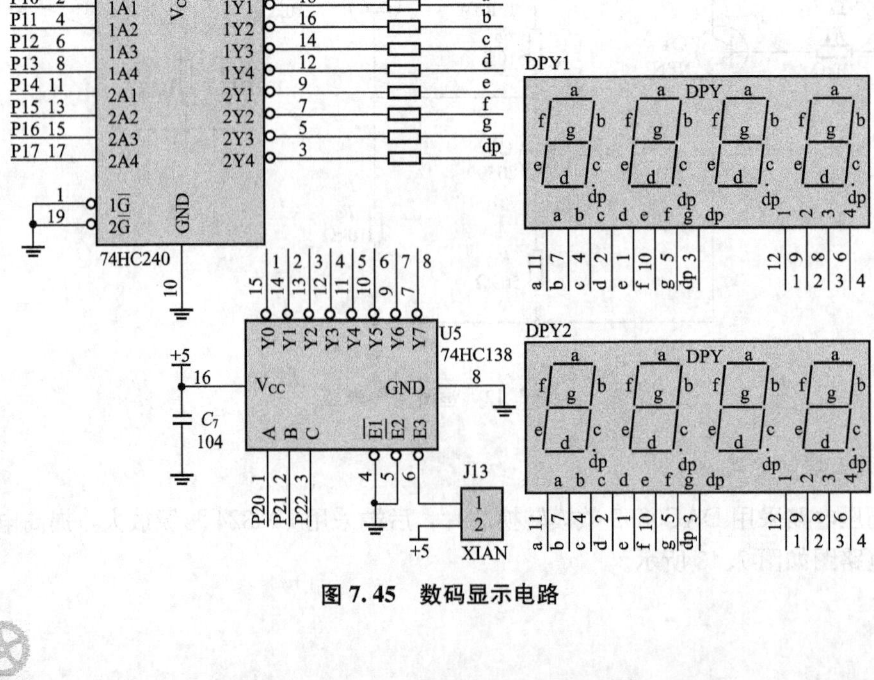

图 7.45 数码显示电路

数码管采用 8 位共阴极 LED 数码管，位选端接 74HC138 以节省 I/O 资源，字形码接反相器 74HC24。

7. 电源电路

电源电路如图 7.46 所示。

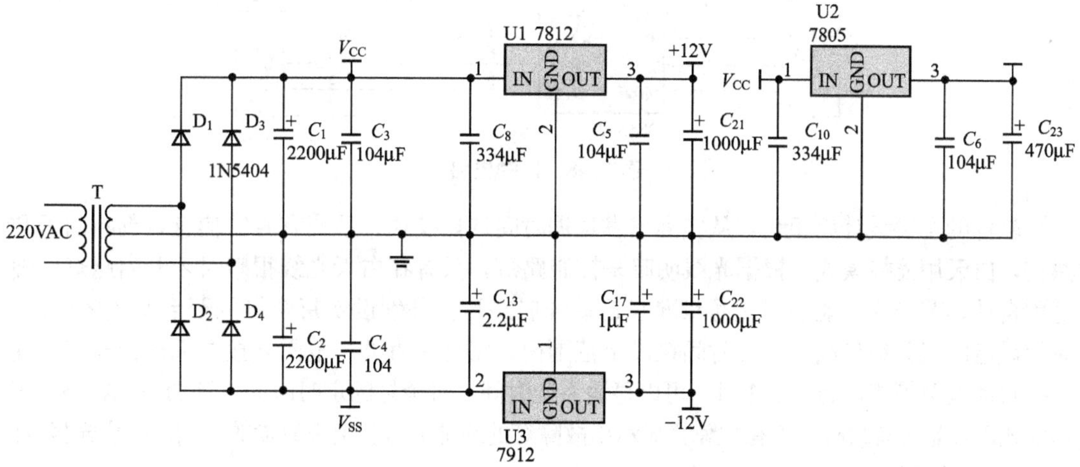

图 7.46 电源电路

系统需要＋12V、－12V、＋5V 3 种电源。220V 经变压器变压后经桥式整流后变成脉动的直流电，然后经电容滤波，瓷片电容高频退耦，经 7812 和 7912 稳压集成电路稳压后输出±12V 电压，另一路＋12V 经 7805 稳压输出 5V 电压。

8. 报警电路

报警电路如图 7.47 所示。

报警电路由一个三极管驱动，当单片机的 P3.6 口输出报警信号时，经三极管的驱动放大，驱动蜂鸣器发出报警信号。

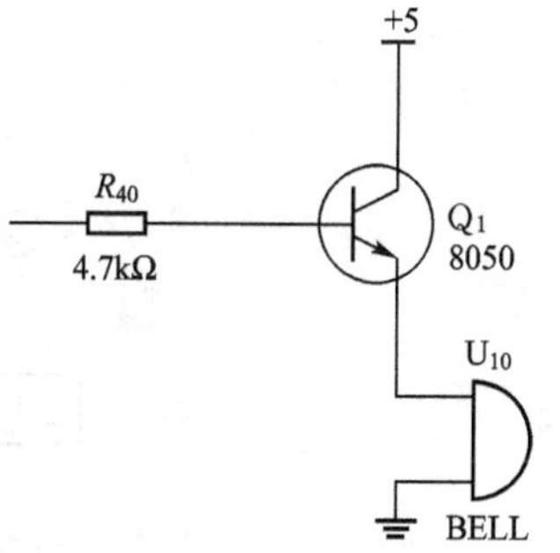

图 7.47 报警电路

9. 时钟电路

时钟电路由专用时钟芯片 DS1302 构成。DS1302 是美国 DALLAS 公司推出的一种高性能、低功耗、带 RAM 的实时时钟电路，它可以对年、月、日、周日、时、分、秒进行计时，具有闰年补偿功能，工作电压为 2.5～5.5V。采用 3 线接口与 CPU 进行同步通信，使用非常方便，电路图如图 7.48 所示。

7.4.4 软件设计

本系统的软件设计采用了模块化的软件设计思想，整个软件系统分为支路控制器部分和单元控制器部分。支路控制器部分主要由显示模块程序、按键操作菜单模块、总控程序模块、分支控制程序模块、自动调光控制模块、交通状况控制模块、报警程序模块、通信模块等组成；单元控制器部分主要由按键操作菜单模块、显示模块、调压模块等组成。

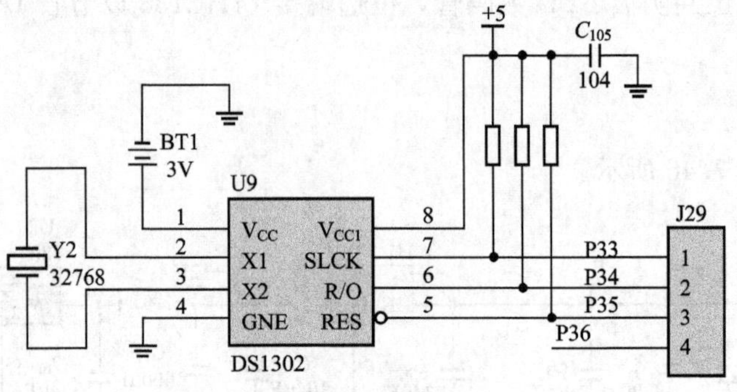

图 7.48　时钟电路

软件的主要设计思想是：从实际出发根据时间选择模式，系统有时钟信息，判断白天和黑夜，白天用光控模式，根据光线明暗来控制路灯，只有在白天光线很暗时才开启路灯。晚上用自动调节模式，能根据交通状况来自动开启路灯。分别设定每个灯的开启和关闭时间。时间设定的优先级最高，只要时间在设定范围内，路灯一直亮。范围外按白天光控模式，晚上按自动调节模式控制。工作时，可以显示系统时间、每个灯的定时时间、灯的亮灭状态、工作模式以及是否有故障。若有故障，显示出故障灯的地址编号和出现故障的时间，并声光报警。

程序流程图如图 7.49 所示。

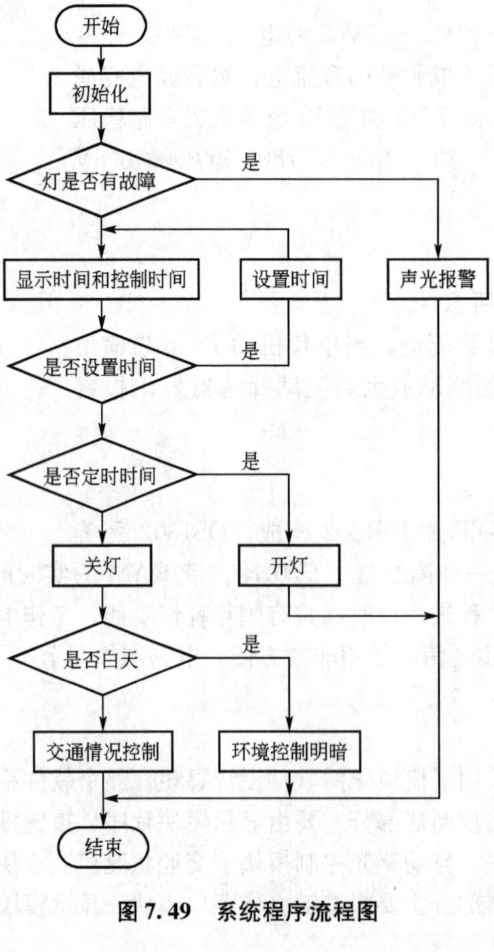

图 7.49　系统程序流程图

7.4.5　系统测试

1. 恒流源特性测试

不同负载的恒流源的输出测试数据见表 7-8。

表 7-8　恒流源输出特性

D/A　电流　负载	15Ω	30Ω	60Ω
60	44.8mA	44.6 mA	44.7 mA
80	87.1 mA	86.8 mA	86.4 mA
100	131.7mA	131.2 mA	130.6mA
120	174.4mA	174 mA	148.2mA

对测量数据进行分析，得出如下结论。

(1) 线性区：20～140mA 的区域，此区域的电流为一条直线，不随着负载的变换而变化，其大小只取决于 LM324 输出的基准电压高低。

(2) 非线性区：140mA 以上的区域，此区域的电流与 LM324 输出的基准电压不成线性关系。因为此时的三极管处于非线性区，不符合设计要求，可采用软件的方法解决。

2. 功率调整精度的测试

通过测试得数模转换的输出 D/A 值和流过 LED 的电流见表 7-9。

表 7-9　功率测试表

功率测试表			
设置值	电压/V	电流/mA	功率/W
58	2.93	68	0.199
62	2.96	79	0.234
70	3.01	100	0.31
75	3.03	115	0.347
81	3.05	127	0.399
87	3.07	147	0.451
93	3.09	163	0.505
98	3.11	177	0.55
103	3.13	191	0.598
109	3.14	207	0.65
114	3.16	221	0.698
120	3.17	236	0.748

(续表)

功率测试表			
设置值	电压/V	电流/mA	功率/W
126	3.18	252	0.801
132	3.19	267	0.852
137	3.2	280	0.896
144	3.22	296	0.953
155	3.23	311	1.004

思考与实践

1. 设计并制作一台简易电子广告牌，16×32点阵显示，示意图如图7.50所示。

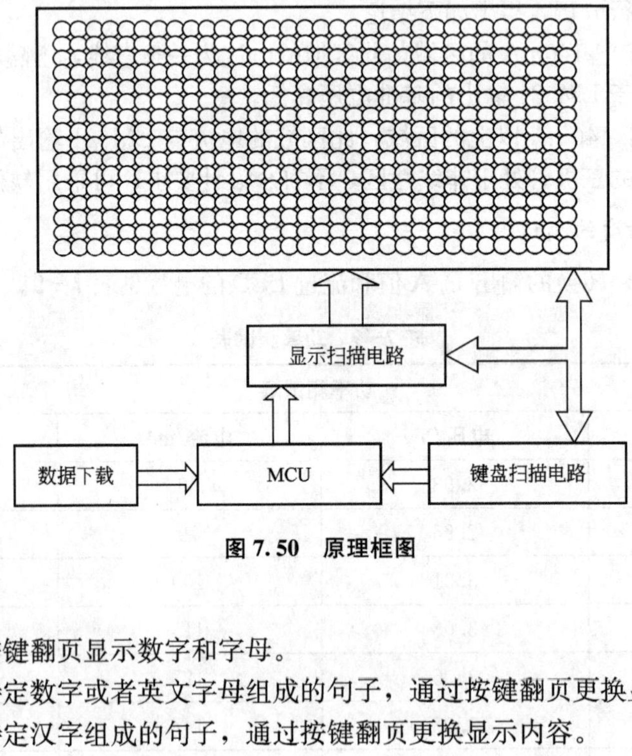

图7.50 原理框图

1) 基本要求

(1) 能通过按键翻页显示数字和字母。

(2) 能显示特定数字或者英文字母组成的句子，通过按键翻页更换显示内容。

(3) 能显示特定汉字组成的句子，通过按键翻页更换显示内容。

2) 发挥部分

(1) 实现句子的左右滚屏显示。

(2) 实现预存信息，定时更新。

(3) 实现和PC通信，通过PC串口直接对显示信息进行更新(需做PC客户程序)或者是增加其他附加功能。

2. 设计制作一个消防智能小车模型，能到指定区域进行抢险灭火工作。以蜡烛模拟火源，随机分布在场地中，场地如图7.51所示。

1）基本要求

（1）智能小车从安全区域启动，自动寻找火源灭火。

（2）除安全区外，场地随机出现 3 个火源，要求智能小车能够发现一个并全部扑灭。

（3）抢险完毕后机器人能够返回至安全区域。

（4）救火总时间不超过 N 秒。

2）发挥部分

（1）可以追踪移动火源进行扑灭。

（2）能够扑灭 3 个火源。

（3）能够有声音报警。

（4）能够自动计算和显示路程和扑灭的火源数。

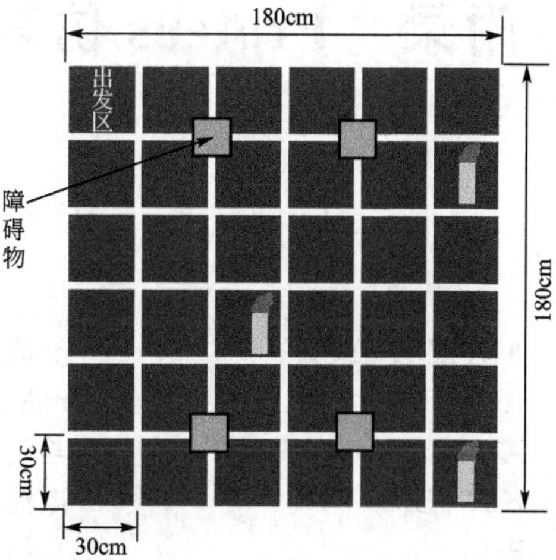

图 7.51　场地示意图

附录　Proteus 仿真库元件中英文对照表

英文	中文
7407	驱动门
ALTERNATOR	交流发电机
AMMETER - MILLI	mA 安培计
AND	与门
BATTERY	电池/电池组
BUS	总线
CAP	电容
CAPACITOR	电容器
CLOCK	时钟信号源
CRYSTAL	晶振
D - FLIPFLOP	D 触发器
FUSE	保险丝
GROUND	地
LAMP	灯
LED - RED	红色发光二极管
LM016L	2 行 16 列液晶。可显示 2 行 16 列英文字符，有 8 位数据总线 D0～D7，RS、R/W、EN3 个控制端口(共 14 线)，工作电压为 5V。没背光，和常用的 1602B 功能和引脚一样(除了调背光的两个线脚)
LOGIC ANALYSER	逻辑分析器
LOGICPROBE	逻辑探针
LOGICPROBE [BIG]	逻辑探针。用来显示连接位置的逻辑状态
LOGICSTATE	逻辑状态。单击可改变该方框连接位置的逻辑状态
LOGICTOGGLE	逻辑触发
MASTERSWITCH	按钮。手动闭合，无自锁
MOTOR	电动机
POT - LIN	三引线可变电阻器
POWER	电源
RES	电阻
RESISTOR	电阻器
SWITCH	按钮。手动按一下就是一个状态
SWITCH - SPDT	二选通一按钮
VOLTMETER	伏特计

VOLTMETER-MILLI	mV 伏特计
VTERM	串行口终端
Electromechanical	电机
Inductors	变压器
Laplace Primitives	拉普拉斯变换
Memory Ics	存储集成电路
Microprocessor Ics	微处理器类
Miscellaneous	各种器件。AERIAL-天线；ATAHDD；ATMEGA64；BATTERY；CELL；CRYSTAL-晶振；FUSE
METER	仪表
OR	或门
Modelling Primitives	各种仿真器件。是典型的基本元器模拟，不表示具体型号，只用于仿真，没有 PCB
Optoelectronics	各种发光器件。发光二极管、LED、液晶等
PLDs & FPGAs	可编程逻辑器件
Resistors	各种电阻
Simulator Primitives	常用的器件
Speakers & Sounders	电声元件
Switches & Relays	开关，继电器，键盘
Switching Devices	晶闸管
Transistors	晶体管(三极管，场效应管)
TTL 74 series	74 系列通用逻辑电路
TTL 74ALS series	74 系列通用逻辑电路
TTL 74AS series	74 系列通用逻辑电路
TTL 74F series	74 系列通用逻辑电路
TTL 74HC series	74 系列通用逻辑电路
TTL 74HCT series	74 系列通用逻辑电路
TTL 74LS series	74 系列通用逻辑电路
TTL 74S series	74 系列通用逻辑电路
CMOS 4000 series	4000 系列通用逻辑电路
Analog Ics	模拟电路集成芯片
Capacitors	电容集合
Connectors	排座，排插
Data Converters ADC，DAC	模数、数模转换
Debugging Tools	调试工具
ECL 10000 Series	各种常用集成电路

参考文献

[1] 胡斌．电子元器件应用实战［M］．北京：电子工业出版社，2009.
[2] 李伟民，苏伯贤．电子整机装配实训［M］．北京：北京理工大学出版社，2007.
[3] 王忠诚，孙唯真．电子电路及元器件［M］．北京：北京电子工业出版社 2006.
[4] 关静．数字电路应用设计［M］．北京：科学出版社，2009.
[5] 袁维义．电机与电气控制［M］．北京：化学工业出版社，2006.
[6] 陈圣林，侯成晶．传感器技术及应用电路［M］．北京：中国电力出版社，2009.
[7] 田良．综合电子设计与实践［M］．南京：东南大学出版社，2002.
[8] 彭介华．电子技术课程设计指导［M］．北京：高等教育出版社，1997.
[9] 黄智伟．全国大学生电子设计竞赛［M］．北京：电子工业出版社，2005.
[10] 孙余凯，吴鸣山等．传感器技术基础与技能实训教程［M］．北京：电子工业出版社，2006.
[11] 王雪文，张志勇．传感器原理及应用［M］．北京：电子工业出版社，2004.
[12] 曲波，肖圣兵，吕建平．工业常用传感器选型指南［M］．北京：清华大学出版社，2002.
[13] 周坚．单片机 C 语言轻松入门［M］．北京：北京航天大学出版社，2006.
[14] 张文涛．PROTEUS 仿真软件应用［M］．武汉：华中科技大学出版社，2010.